集成电路基础与实践技术丛书

U0287635

SoC设计高级教程
——技术实现

Advanced SoC Design Tutorial
Technical Implementation

／ 张 庆 ／ 编著

电子工业出版社

Publishing House of Electronics Industry

北京·BEIJING

内 容 简 介

本书是编著者结合多年的工程实践、培训经验及积累的资料，并借鉴国内外经典教材、文献和专业网站的文档等编著而成的。

本书全面介绍了 SoC 的重要设计和技术实现。本书首先介绍了 SoC 的电源、时钟和复位管理，接着介绍了 SoC 的低功耗设计方法、时序分析与签核、验证、可测性设计，最后介绍了虚拟化设计和安全设计。本书特别注重介绍近年来出现的一些 SoC 设计新概念、新技术、新领域和新方法。

本书可供从事 SoC 设计的专业工程师和从事芯片规划和项目管理的专业人员使用，也可供集成电路设计和电子等相关专业的师生使用。

图书在版编目（CIP）数据

SoC 设计高级教程 ： 技术实现 / 张庆编著. -- 北京 ：
电子工业出版社，2025. 1. -- （集成电路基础与实践技
术丛书）. -- ISBN 978-7-121-49250-1

Ⅰ. TN402

中国国家版本馆 CIP 数据核字第 2024FW9250 号

责任编辑：牛平月

印　　刷：三河市华成印务有限公司

装　　订：三河市华成印务有限公司

出版发行：电子工业出版社

　　　　　北京市海淀区万寿路 173 信箱　　　　邮编：100036

开　　本：787×1092　　1/16　　印张：25　　　字数：640 千字

版　　次：2025 年 1 月第 1 版

印　　次：2025 年 1 月第 2 次印刷

定　　价：128.00 元

凡所购买电子工业出版社图书有缺损问题，请向购买书店调换。若书店售缺，请与本社发行部联系，联系及邮购电话：(010) 88254888，88258888。

质量投诉请发邮件至 zlts@phei.com.cn，盗版侵权举报请发邮件至 dbqq@phei.com.cn。

本书咨询联系方式：niupy@phei.com.cn。

前言

多年来，编著者在担任团队和项目负责人期间做过一系列技术培训，组织技术培训的原因有很多。一是一些优秀员工被选中担任新项目或新团队的负责人，虽然他们具有良好的职业素养，在以往的工作中也积累了不少 SoC 设计的知识和经验，很多人对一些 IP 或部分设计环节尤为熟悉，但普遍缺乏对 SoC 系统或子系统的完整理解，对 SoC 设计全流程的认识不足，如何帮助他们尽快进入角色，具备把控团队和项目的技术能力，成为加强团队建设和保证项目顺利进行的关键。二是每年都有刚毕业的新员工加入团队，现有团队也会不断更新，为了维持团队运转和项目开展，需要进行人力资源的调度，相应的技术交流和培训非常有必要，其既可以使员工了解自己负责的部分在整个 SoC 设计中的作用，又可以使员工清楚项目对相应工作的要求，以及前后相邻工作之间的协作关系，从而发掘职业兴趣，激发工作热情，更快、更好地适应新的工作任务，融入团队。三是通过专业培训，可以加强 SoC 设计方法学的传播，推广和落实设计规范，强化设计指导，尤其是对一些案例的重点介绍，有助于员工加深印象，形成良好的设计习惯，保证团队设计风格的统一性。四是不同设计环节的团队往往使用不同的工具和专业术语，经常出现交流不畅甚至无法沟通的情形，较为明显的是前端设计工程师与后端设计工程师之间沟通困难，严重的话会直接影响项目的进度和质量，因此需要加强团队的技术沟通能力，技术培训提供了一个机会，通过介绍各个主要设计环节的知识，帮助设计工程师了解彼此的工作，熟悉对方所使用的概念和方法，甚至使用对方的专业术语来描述和讨论问题，从而提高团队的工作质量和效率。

一些技术培训偏重基本概念、原理和方法的介绍，较适合初中级设计工程师参加；一些技术培训偏重专题的技术交流，较适合中高级设计工程师参加；还有一些技术培训是跨专业知识的介绍，除设计工程师外，还适合芯片架构师、芯片规划人员和项目管理人员参加。这些技术培训都得到了广大员工的热烈回应，获得了很多积极的反馈。

近年来，SoC 设计产业蓬勃发展，大量公司和新项目都急需优秀的从业人员，加之新人不断进入 SoC 设计行业，很多人跨越了原本的专业领域，需要进行培训，以便尽快适应新工作。担任新项目和新团队的负责人也需要学习新知识。在朋友和同事的鼓励下，编著者在以往培训经验的基础上，结合多年的工程实践，经过整理、完善和充实资料，编写了本书。

内容选择和组织

目前，市面上已经有很多关于 SoC 设计的专业书籍，各种期刊和网站上也可以找到大量文章。本书在内容选择和组织上符合读者的需求。本书假定读者已具备基本的芯片设计知识和经验，旨在让每位读者都能够对 SoC 设计有全面和深入的理解，为从事复杂 SoC 的开发打下坚实的基础。本书偏重专业培训和交流，不是学术专著。

第一，本书深入和全面地介绍了 SoC 设计，使读者能够尽可能多地获取芯片设计的知识，满足芯片架构师、建模工程师、项目规划和管理人员、中高级设计工程师的需求。

第二，本书着重整理和介绍了 EDA（电子设计自动化）工具所依赖的基本概念和方法，但避免成为特定工具的使用手册。

第三，本书注重更为复杂的设计应用和领域，添加了安全设计和虚拟化设计等专题内容。

第四，本书提供了大量的插图，配合文字叙述，可以帮助读者更易理解设计本意。

内容体系

本书共 8 章，分为三个部分。

第一部分包括第 1～3 章，主要介绍了 SoC 的基础设计。第 1 章介绍了稳压器、电源管理设计、电源分配网络和电源完整性。第 2 章介绍了 SoC 时钟管理、SoC 复位管理，以及时钟和复位模块设计。第 3 章介绍了多层次的低功耗设计方法，包括系统级低功耗设计、算法及架构级低功耗设计、寄存器传输级低功耗设计、综合中的低功耗设计和物理级低功耗设计。

第二部分包括第 4～6 章，主要介绍了 SoC 设计的重要环节。第 4 章介绍了时序分析、芯片级设计约束和时序签核。第 5 章介绍了 SoC 模块级和系统级验证、门级验证、DFT 验证、低功耗验证和通用验证方法学。第 6 章介绍了可测性设计，包括扫描测试、内建自测试、IP 测试，以及 SoC 的 DFT 和实现。

第三部分包括第 7～8 章，分别介绍了两个 SoC 设计专题，即虚拟化设计和安全设计。第 7 章主要介绍了内存虚拟化，第 8 章介绍了安全设计，主要包括 ARM TrustZone 和 RISC-V 安全扩展。

在阅读和学习本书的过程中，建议读者同步查阅其配套书籍《SoC 设计高级教程——系统架构》，以便获得更全面和深入的知识。

有关 SoC 设计的基本概念和方法，已在《SoC 设计基础教程——系统架构》和《SoC 设计基础教程——技术实现》中介绍，建议读者先行阅读。

鉴于全书覆盖范围较广，读者可以按章节顺序阅读，也可以根据兴趣和需要挑选阅读。

补充阅读

在国内外的专业网站上，有很多对 SoC 设计的专业介绍、心得、总结和翻译资料，覆盖了几乎所有 IP、EDA 工具和设计环节，编著者列出了成书过程中参考过的文献，感兴趣的读者可扫描前言后面的二维码进一步阅读。

本书读者

本书的读者是具有初步设计经验的专业工程师、芯片规划和项目管理的专业人员。通过阅读本书，SoC 架构设计师和芯片设计工程师可以加深对 SoC 和 SoC 设计全流程的了解， IP 设计工程师可以加深对全芯片和其他模块的设计方法及流程的了解。此外，本书为芯片规划和项目管理人员提供了深入的技术细节。

本书的部分内容可以用作大学的教学内容和企业的培训内容，供老师、具有电子技术知识的高年级本科生和研究生，以及从事 SoC 设计的专业人员阅读。

结语

虽然编著者在动笔时充满了热情和勇气，但是在写作过程中不断遭遇挫折甚至感到痛苦，以致有点难以为继，一方面工作量超出了编著者最初的估计，有些内容超出了编著者的认知和经验，另一方面写作期间的工作变动和任务调节影响了写作进度，有些内容只能忍痛舍弃。所幸终于成文，非常感谢所有予以支持的朋友和同事。

限于编著者水平，书中难免存在疏漏之处，欢迎读者予以指正，以便再版时修正。

致谢

本书初稿曾经供小范围读者阅读，他们给出了很多建议。在修改稿的基础上，多位技术专家认真审读了全文，并提出了很多修改意见。审读专家有林忱（第 1 章）、夏茂盛（第 2 章）、安英杰（第 3 章）、田宾馆（第 4 章）、潘宏亮（第 4 章）、骆建平（第 4 章）、李季（第 5 章）、贾俊波（第 6 章）、何勇（第 6 章）、刘怀霖（第 7 章）、刘少永（第 7 章）、陈朝凯（第 8 章）、刘贵生（第 8 章）。另外，众多朋友花费时间，帮助制作了大量插图，他们是（按笔画排序）：马腾、王一涛、王利静、王魏、巨江、田宾馆、刘洋、刘浩、孙浩威、李季、李涛、李敬斌、杨天赐、杨慧、肖伊璠、张广亮、张珂、陆涛、周建文、胡永刚、柳鸣、韩彬、焦雨晴、谭永良、樊萌、黎新龙等。没有他们的付出，本书难以成文出版，编著者在此向他们深深致谢。

在本书选题和撰写过程中，编著者得到了电子工业出版社牛平月老师的大力帮助和支持，在此致以衷心的感谢。

本书参考文献和延伸阅读请扫码获取。

本书提供两个附录：附录 A 专业术语的中英文对照和附录 B 设计术语索引，请扫码获取。

参考文献和延伸阅读　　　　　　　　附录

目录

第1章　电源管理 1

　1.1　稳压器 1

　　1.1.1　线性稳压器 2

　　1.1.2　开关稳压器 7

　　1.1.3　电源监测与保护 13

　1.2　电源管理设计 18

　　1.2.1　电源管理器件 18

　　1.2.2　电源管理电路设计 19

　　1.2.3　芯片电源供应 25

　1.3　电源分配网络 28

　　1.3.1　电源分配网络的构成 28

　　1.3.2　电源分配网络的特性 35

　1.4　电源完整性 37

　　1.4.1　电压波动及影响 37

　　1.4.2　电源阻抗 39

　　1.4.3　去耦电路 41

　　1.4.4　分层解耦 50

　　1.4.5　片上电源分配网络的电源完整性 53

　小结 55

第2章　时钟和复位管理 57

　2.1　SoC 时钟管理 57

　　2.1.1　时钟抖动 59

　　2.1.2　PLL 63

　　2.1.3　SoC 时钟架构设计 75

　2.2　SoC 复位管理 83

　　2.2.1　复位源 83

　　2.2.2　复位类型 86

        2.2.3　SoC 复位架构设计 ·· 87

        2.2.4　复位域跨越 ··· 91

    2.3　时钟和复位模块设计 ·· 95

    小结 ·· 99

第 3 章　低功耗设计方法 ·· 100

    3.1　系统级低功耗设计 ·· 101

        3.1.1　评估芯片功耗 ··· 101

        3.1.2　功耗管理 ··· 102

    3.2　算法及架构级低功耗设计 ·· 103

        3.2.1　算法级低功耗设计 ·· 103

        3.2.2　架构级低功耗设计之一 ····································· 105

        3.2.3　架构级低功耗设计之二 ····································· 107

    3.3　寄存器传输级低功耗设计 ·· 115

    3.4　综合中的低功耗设计 ·· 124

    3.5　物理级低功耗设计 ·· 127

        3.5.1　工艺选择 ··· 127

        3.5.2　门级功耗优化 ··· 129

        3.5.3　物理级功耗优化 ·· 131

    小结 ··· 136

第 4 章　时序分析与签核 ·· 137

    4.1　偏差与时序影响因素 ·· 137

        4.1.1　偏差 ··· 137

        4.1.2　工艺角 ··· 140

        4.1.3　环境角 ··· 142

        4.1.4　片上变化 ··· 143

        4.1.5　串扰 ··· 144

        4.1.6　IR 压降 ··· 147

    4.2　静态时序分析 ··· 148

        4.2.1　时序路径分析模式 ·· 148

        4.2.2　时序分析模式 ··· 151

    4.3　基于变化感知的时序分析 ·· 156

        4.3.1　AOCV ··· 158

        4.3.2　SOCV/POCV ··· 160

4.4　芯片级设计约束 163

4.4.1　扁平式芯片级设计约束 163

4.4.2　模块级时序模型 167

4.4.3　裕量 170

4.5　时序签核 173

4.5.1　场景 173

4.5.2　信号完整性分析 178

4.5.3　电源完整性和功耗分析 182

4.5.4　时序收敛 186

4.5.5　ECO 193

小结 198

第 5 章　验证 200

5.1　SoC 验证 201

5.1.1　验证方法 201

5.1.2　验证流程 204

5.1.3　验证计划 206

5.1.4　验证平台 209

5.1.5　验证层次 211

5.1.6　验证质量管控 211

5.2　IP 和模块级验证 214

5.2.1　IP 验证 214

5.2.2　模块级验证 216

5.3　系统级验证 219

5.4　门级验证 221

5.4.1　门级仿真的作用 228

5.4.2　不定态产生、传播和抑制 231

5.4.3　门级仿真方法 236

5.4.4　门级混合仿真 243

5.5　DFT 验证 246

5.6　低功耗验证 251

5.6.1　电源意图规范验证 251

5.6.2　低功耗形式验证 252

5.6.3　低功耗仿真 253

5.7　ATE 测试的仿真向量 256

5.8　通用验证方法学 259

5.8.1　验证技术的发展历程 260

5.8.2　UVM 组件 261

5.8.3　UVM 常用类的派生与继承 262

5.8.4　UVM 验证平台运行机制 263

5.8.5　UVM 结构与通信 265

小结 267

第 6 章　可测性设计 269

6.1　SoC 测试 269

6.1.1　SoC 测试方法与结构 269

6.1.2　SoC 的 DFT 技术 274

6.2　扫描测试 274

6.2.1　嵌入式确定性测试 276

6.2.2　模块级扫描设计 285

6.3　内建自测试 288

6.3.1　MBIST 电路 289

6.3.2　模块级 MBIST 设计 293

6.4　IP 测试 297

6.4.1　IP 的直接测试 297

6.4.2　基于 IEEE 标准的 IP 测试 298

6.4.3　高速和数模混合电路测试 302

6.4.4　先进 DFT 技术 306

6.5　SoC 的 DFT 和实现 311

6.5.1　测试目标和策略 311

6.5.2　DFT 技术应用 313

6.5.3　测试模式下的时钟设计 314

6.5.4　模块级 DFT 设计和实现 325

6.5.5　芯片级 DFT 设计和实现 328

小结 342

第 7 章　虚拟化设计 344

7.1　虚拟化 344

7.1.1　虚拟化技术基础 344

7.1.2　虚拟化技术 349

7.2 内存虚拟化 352

  7.2.1 虚拟内存 352

  7.2.2 处理器访问内存 353

  7.2.3 设备访问内存 355

小结 361

第8章 安全设计 362

8.1 SoC 安全设计 363

  8.1.1 安全解决方案 363

  8.1.2 TEE 364

  8.1.3 信任根 365

  8.1.4 安全启动 371

  8.1.5 安全调试 374

  8.1.6 安全岛 375

8.2 ARM TrustZone 376

  8.2.1 处理器的安全设计 378

  8.2.2 总线隔离机制 380

  8.2.3 内存和外设隔离机制 381

8.3 RISC-V 安全扩展 383

  8.3.1 处理器的安全设计 383

  8.3.2 隔离机制 384

小结 386

第 1 章

电源管理

复杂 SoC 中众多模块可能需要多档电源，同时芯片常被划分为多个电源域，可以各自独立上电与掉电。

稳压器用来产生不同的供电电源以满足芯片内部需求，可使用电源管理芯片将多路输出电源封装在一个芯片内，实现高效率的多电源应用场景；也可在芯片内部集成专门的电源管理单元，作为外部供电系统与内部功能单元之间的桥梁。

电源分配网络将电源功率分配给各种需要供电的芯片和器件，使在 PCB 上任何位置的电压在任何负载下均可以保持正确和稳定。电源完整性分析就是研究电源分配网络如何正确稳定地工作的。

本章首先介绍稳压器，然后讨论电源管理设计，最后介绍电源分配网络和电源完整性。

1.1 稳压器

AC/DC 转换器是通过开关稳压器将一种交流电压转换为另一种（或几种）直流电压的装置，DC/DC 转换器则是通过线性稳压器或开关稳压器将一种直流电压转换为另一种（或几种）直流电压的装置，如图 1.1 所示。

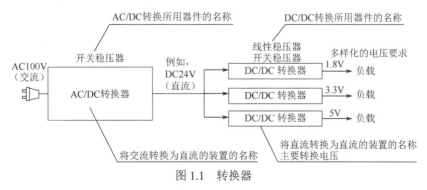

图 1.1　转换器

1.1.1 线性稳压器

在嵌入式系统中，电源通常提供一个 5V 电压，而在系统板上，运算放大器需要 1.8V 的供电电压。使用电阻分压器产生 1.8V 电压最为简单，但是如果采用固定分压策略，如图 1.2（a）所示，那么在不同的工作条件下，运算放大器的电源引脚电流可能有所不同，其电压会随负载而变化；而且同一系统中 5V 供电可能被多个其他负载共用，其电压也会随负载而变化。因此，电阻分压器无法向运算放大器提供稳定的 1.8V 电压来确保正常运行。为此，需要利用电压调节环路，即如图 1.2（b）所示的反馈环路来调节顶部电阻 R_1，以便在电源上动态调节 1.8V。

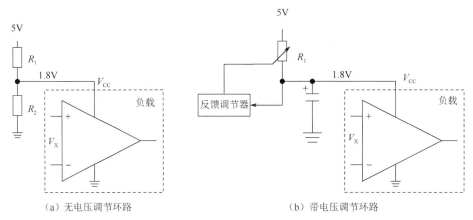

（a）无电压调节环路　　　　　　　　　（b）带电压调节环路

图 1.2　电阻分压器

线性稳压器（Linear Regulator）基本上由 IN（输入）、OUT（输出）、GND（接地）三个引脚构成，分为电压固定型和电压可变型两种，其中电压可变型添加了用于反馈输出电压的反馈引脚 FB。电压可变型线性稳压器原理图如图 1.3 所示。

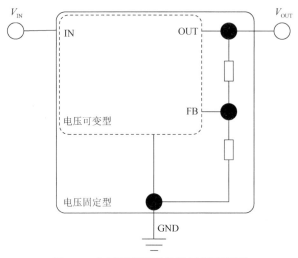

图 1.3　电压可变型线性稳压器原理图

线性稳压器内部电路基本上由误差放大器、基准电压源、输出晶体管构成。其工作原理是当输入或负载变化后，输出电压开始变化，误差放大器连续比较反馈电压与基准电压，调整输出晶体管，使输出电压维持恒定。输出晶体管可以是 MOSFET，或者双极晶体管，如图 1.4 所示。

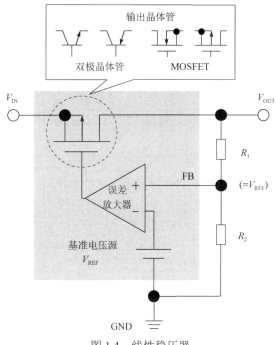

图 1.4　线性稳压器

误差放大器的非反相引脚（FB）电压与基准电压（V_{REF}）相同，因此输出电压（V_{OUT}）由两个电阻（R_1 和 R_2）的阻值比决定，即

$$V_{OUT}= [\,(R_1+R_2) \,/\, R_2\,] \times V_{REF}$$

压差（Dropout Voltage）是指保持线性稳压器稳定工作所需的输入/输出最小电压差，按其大小差异，线性稳压器可分为三类：标准线性稳压器、准低压差线性稳压器和低压差线性稳压器。早期标准线性稳压器采用单个 NPN 管来驱动 NPN 达林顿管，其压差为 2.5～3V；其后的准低压差线性稳压器改由单个 PNP 管来驱动 NPN 管，压差降为 1.2～1.5V；之后的低压差线性稳压器采用 PNP 管作为调整管，其压差降为 0.3～0.6V；最新的低压差线性稳压器采用 MOS 管，可以将压差进一步降为 0.1～0.3V。

1. 线性稳压器的转换效率

在图 1.5 中，V_{IN} 为输入电压，I_{OUT} 为最大输出负载电流，I_Q 为线性稳压器消耗的对地工作电流（静态电流），则线性稳压器的转换效率 η 为

$$\eta = \frac{I_{OUT}V_{OUT}}{\left(I_{OUT} + I_Q\right)V_{IN}}\times100\%$$

线性稳压器的设计关键是在最小的输入电压下，线性稳压器正常工作且其内部电路上的功耗尽可能小。过大的静态电流 I_Q 和过高的压差 $V_{DROPOUT}$ 会限制线性稳压器的转换效率。对于固定的输出电压，转换效率随输入电压的增大而线性降低，假定 $V_{IN}=3.5V$ 和 $V_{OUT}=1.0V$，

则线性稳压器工作时的最大转换效率为 1.0/3.5≈28.6%。标准线性稳压器压差高、转换效率低，而低压差线性稳压器压差低、转换效率高。

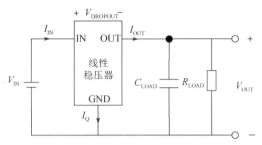

图 1.5　线性稳压器的转换效率

2. 低压差线性稳压器的关键参数

低压差线性稳压器（Low Dropout linear Regulator，LDO）是当压差较低时仍能正常工作的线性稳压器，其压差只有几百毫伏。在正常的 V_{IN} 范围内，V_{OUT} 都稳定在一个固定值，即期望的电压值。LDO 能够在极低输入电压下工作。例如，如果需要 1V 的输出稳压，则 LDO 可以在低至 1.2V 的输入电压下工作。此外，LDO 还能提供非常低的噪声和极其稳定的输出电压，以应对电源和负载的变化。

表 1.1 所示为某型号 LDO 的关键参数，其中压差、输出噪声电压、纹波抑制比和静态电流最为重要。

表 1.1　某型号 LDO 的关键参数

LDO 电气特性						
TA=−40～+85℃，典型值 TA =+25℃						
参数名称	参数含义	测试条件	最小值	典型值	最大值	单位
V_{IN}	输入电压		1.7		4.5	V
V_{OUT}	输出电压		0.9	1.2	1.5	V
I_{OUT}	输出电流				600	mA
I_Q	静态电流	经济（ECO）模式			8	μA
		全功率（Full Power）模式			32	μA
I_{OFF}	待机电流				2.5	μA
Accuracy（ACCU）	精度	全功率（Full Power）模式	−3		3	%
		经济（ECO）模式	−5		5	%
Load Regulation	负载调整率	I_{LOAD}=10～300mA		2	5	
Line Regulation	线性调整率	I_{LOAD}=10～300mA		0.5	5	
Output Noise Voltage	输出噪声电压			30		μV
RSRR	纹波抑制比	f=10～1000Hz，I_{LOAD}≥10mA		65		dB
t_{START}	启动时间			100		μs
$R_{DISCHARGE}$	放电电阻		250	400	500	Ω

1）压差

压差是在保证输出电压和电流的情况下，V_{IN} 与 V_{OUT} 的最小电压差。此压差可以理解为 LDO 输出电流在 PMOS 上的压降。

压差不是一个固定值，与输出电流有关。输出电流越小，对压差要求越小，LDO 效率越高。LDO 不应工作在接近极限的大电流状态，否则效率很低，发热严重以致容易烧毁。

2）输出噪声电压

输出噪声电压是当输入电压 V_{IN} 无纹波时，在给定频率范围内，V_{OUT} 的噪声电压均方根值（RMS）。该噪声电压主要来自 LDO 内部的基准电压源和误差放大器，通常在 μV 级别。噪声频谱密度是 LDO 输出噪声电压的一种表示方式，只有高精度、低噪声电路才需要关注。

3）纹波抑制比

纹波抑制比又称电源抑制比（Power Supply Rejection Ratio，PSRR），是输出电压纹波与输入电压纹波之比，通常用对数形式表示，单位是 dB，如图 1.6 所示。PSRR 用来衡量 LDO 对不同频率输入电压纹波的抑制能力，与频率有关，与输出电流也有关。在通常情况下，轻负载的 PSRR 高于重负载。

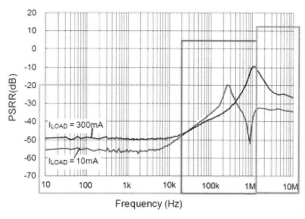

图 1.6　电源抑制比

DC/DC 转换器的噪声频率范围为 100kHz～1MHz。作为下一级，LDO 需要滤除来自 DC/DC 转换器的大量噪声。

4）静态电流

静态电流（I_Q）是指当外部负载电流为 0 时，LDO 内部电路所需电流。静态电流从 LDO 的 GND 端流出，如图 1.7 所示。

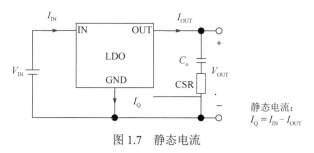

图 1.7　静态电流

静态电流是衡量 LDO 在轻负载下自身功耗的一个重要指标，越小越好。在消费类电子领域，小静态电流有利于更长的续航时间。静态电流受温度和输入电压影响较大。在常温下，静态电流一般在 μA 或 nA 级别，某些大功率 LDO 可到 mA 级别。

以下是其他一些参数。

（1）最大输出电流。

最大输出电流是 LDO 能够保持输出电压不变时的最大电流。

（2）效率。

LDO 的效率计算方法如下。

$$\eta = \frac{\text{PowerOut}}{\text{PowerIn}} \times 100\% = \frac{I_{\text{OUT}} V_{\text{OUT}}}{(I_{\text{OUT}} + I_{\text{Q}}) V_{\text{IN}}} \times 100\%$$

如果忽略非常小的 I_{Q}，则效率公式可简化为

$$\eta = \frac{V_{\text{OUT}}}{V_{\text{IN}}} \times 100\%$$

（3）最小输入电压。

最小输入电压决定了是否能开启 LDO 的调整管，若要输出期望的输出电压，则输入电压必须大于此值。

当 V_{IN} 小于 1V 时，V_{IN}-V_{OUT} 可能无法开启调整管，以致 LDO 无法工作，需要选用 NMOS 作为调整管，如图 1.8 所示。

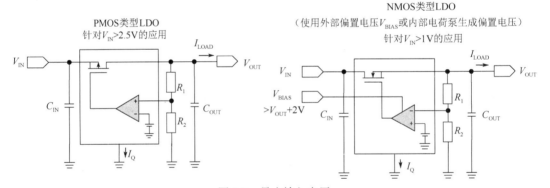

图 1.8　最小输入电压

（4）线性调整率和负载调整率。

线性调整率是指输出电压变化与输入电压变化之比（$\Delta V_{\text{OUT}} / \Delta V_{\text{IN}}$），负载调整率则是指输出电压变化与输出电流变化之比（$\Delta V_{\text{OUT}} / \Delta I_{\text{OUT}}$），有些厂家用负载瞬态响应（Load Transient Response）和线性瞬态响应（Line Transient Response）来表示。

在通常情况下，输出电压随输入电压的减小和输出电流的增大而减小。增大环路增益可以提高线性调整率及负载调整率。

（5）自放电功能。

LDO 关闭后，输出电容上仍然存有电量，导致下次输出时产生快速电压跳变。虽然此跳变的幅度不高，但对后级电路仍具有破坏性。带自放电功能的 LDO 能在输出关闭后，泄放输出电容上的电量。

（6）精度。

控制精度的主要因素有温度的变化、输入电压的变化、输出电流的变化和外部分压器电阻的容差。

1.1.2 开关稳压器

线性稳压器只能实现降压转换，且转换效率低。如果输入电压与输出电压不是很接近，就需要考虑使用开关稳压器（Switching Regulator）。

开关稳压器通过控制开关元件的关断/打开时间来获得稳定的输出电压。当接通开关元件时，从输入端向输出端供电，直至输出电压达到所需值，开关元件即关闭，不再消耗输入功率。通过高速重复开闭操作，可以将输出电压调节到规定值，如图 1.9 所示。

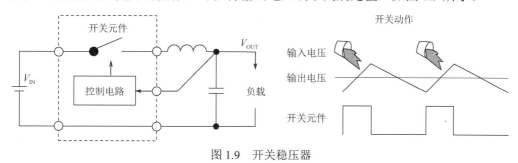

图 1.9　开关稳压器

开关稳压器的优点是效率高、输出电流大和静态电流小。随着集成度的提高，许多新型开关稳压器仅需外接几个电感和滤波电容。但是，其输出脉动电压和开关噪声较大，成本也相对较高。

1. 开关稳压器分类

开关稳压器分类如图 1.10 所示。

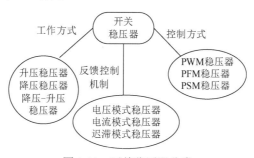

图 1.10　开关稳压器分类

1）按工作方式分类

开关稳压器按工作方式不同，主要分为升压稳压器、降压稳压器、降压-升压稳压器，如图 1.11 所示。

- 升压（Boost）稳压器：输出电压大于输入电压，极性相同。
- 降压（Buck）稳压器：输出电压小于输入电压，极性相同。
- 降压-升压（Buck-Boost）稳压器：输出电压小于或大于输入电压。有两种不同架构的电路实现，其中一种是反向架构，其输出电压的极性与输入电压相反。

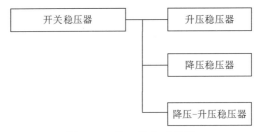

图 1.11　按工作方式分类

图 1.12 所示为降压稳压器，其基本工作原理如下。

① 检测输出电压，与基准电压进行比较。

② 当输出电压低于设定的输出电压时，开关打开（ON），电流方向如图 1.12（a）所示。

③ 电感存储磁能。

④ 当输出电压高于设定的输出电压时，开关关断（OFF），电流方向如图 1.12（b）所示。

⑤ 存储的磁能转换为电流经负载输出，再返回到电感。

⑥ 当电感的磁能消失，输出电压开始减小时，开关再度 ON。

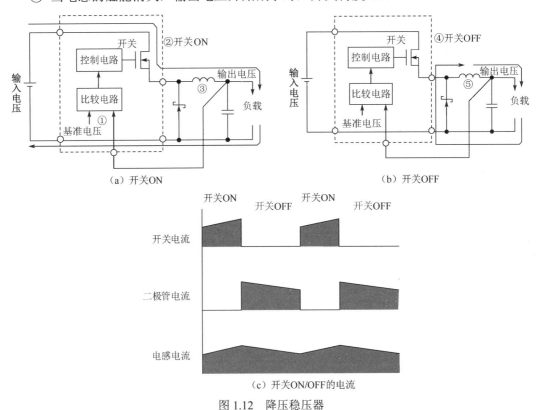

图 1.12　降压稳压器

2）按反馈控制机制分类

大多数开关电源采用闭环反馈电路，以便在各种瞬态和负载条件下提供稳定电压。三种反馈方法分别为电压模式控制（VMC）、电流模式控制（CMC）和迟滞模式控制。

（1）电压模式稳压器。

电压模式稳压器使用采样输出电压而进行负反馈的控制模式，将外部生成的锯齿（或三角）信号作为 PWM（脉冲宽度调制）发生器的输入，如图 1.13 所示。电压模式稳压器控制较简单、可缩短 ON 时间、抗噪能力强，但相位补偿电路较复杂。

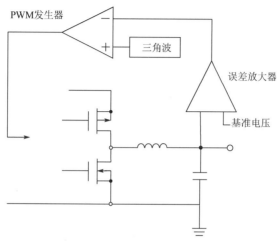

图 1.13　电压模式稳压器

（2）电流模式稳压器。

电流模式稳压器使用采样输入电流和输出电压而进行负反馈的控制模式，将电流波形信号直接用作 PWM 发生器的输入，如图 1.14 所示。电流模式稳压器控制较复杂，但相位补偿电路较简单，此外反馈环路的稳定性高，负载瞬态响应较快速。

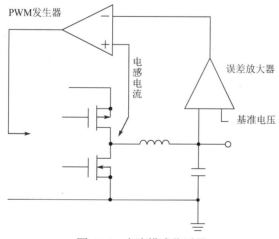

图 1.14　电流模式稳压器

（3）迟滞模式稳压器。

迟滞模式稳压器检测并控制输出的纹波，也称为纹波控制稳压器。其比较器直接监控输出电压，根据检测结果控制开关 ON/OFF，如图 1.15 所示。迟滞模式稳压器瞬态响应极为高速，无须进行相位补偿；但开关频率会变化、抖动大、需要使用 ESR（等价串联电阻）较大的输出电容。

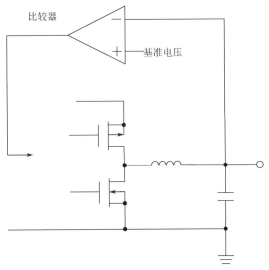

图 1.15　迟滞模式稳压器

3）按控制方式分类

开关稳压器按控制方式不同，可分为三种类型：PWM 稳压器、PFM 稳压器和 PSM 稳压器。

（1）PWM 稳压器。

在 PWM（Pulse Width Modulation，脉冲宽度调制）稳压器中，控制电路输出频率不变，通过调整其占空比而达到输出电压稳定的效果，如图 1.16 所示。PWM 稳压器控制电路简单，易于设计与实现；输出纹波小，频率特性好，线性度高，在重负载下效率极高，但效率随负载变轻而下降，尤其在轻负载下，其效率很低。

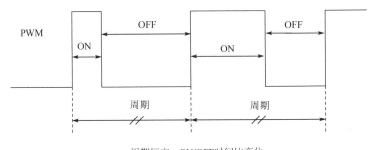

周期恒定，ON/OFF时间比变化

图 1.16　PWM 稳压器

（2）PFM 稳压器。

在 PFM（Pulse Frequency Modulation，脉冲频率调制）稳压器中，调制信号的频率随输入信号幅度而变化，如图 1.17 所示。PFM 稳压器分为固定 ON 时间型稳压器和固定 OFF 时间型稳压器。以固定 ON 时间型稳压器为例，ON 时间恒定，而 OFF 时间可变，导致周期改变；当负载变重时，ON 次数增加，也就是说，重负载时频率会变高，轻负载时频率会变低。

（3）PSM 稳压器。

在 PSM（Pulse Skip Modulation，脉冲跨周期调制）稳压器中，驱动信号的频率和宽度都保持恒定。当负载最重时，驱动信号满频工作；当负载变轻时，驱动信号就会跨过一些周期，期间开关功率管一直保持 OFF。当负载变化时，PSM 稳压器通过改变被跨过周期的数量及跨周期出现的次数来实现系统调整和控制。

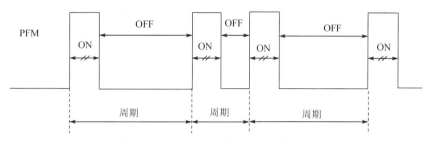

ON时间恒定引发OFF时间变化，导致周期变化

图 1.17　PFM 稳压器

开关式 AC/DC 转换器及 DC/DC 转换器通过 ON/OFF 转换进行电压斩波和电容平滑处理，以稳定提供目标输出电压。但是，这种转换在 ON/OFF 时会产生瞬间漏电流（贯通电流）。也就是说，单位时间内 ON/OFF 转换次数越多，漏电流所导致的损耗越大，效率越低。

当周期恒定（PWM 稳压器）时，即使 ON/OFF 时间比有变化，其次数在单位时间内仍恒定，因此自身功耗也恒定，致使轻负载时效率降低。相反，当使用电流较小时，通过频率调制（PFM 稳压器）将周期拉长，可以减少单位时间内 ON/OFF 转换次数，从而减少损耗。这种技术称为轻负载模式，如图 1.18 所示。

通常重负载（使用电流）时使用周期恒定的 PWM 稳压器，轻负载（不使用电流）时使用周期变化的 PFM 稳压器。

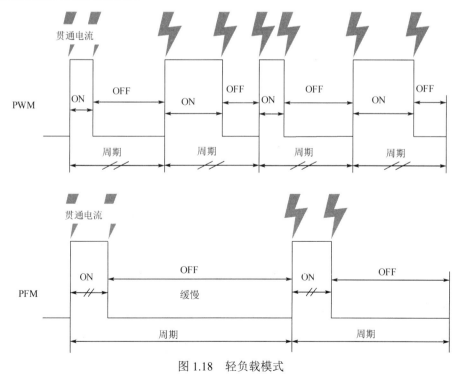

图 1.18　轻负载模式

在轻负载模式下，PFM 稳压器比 PWM 稳压器更具效率，其开关损耗与系统输出功率成正比，而与负载变化关系不大；但是输出电压的纹波较大，不适用于对电源电压精度要求很高的系统。

2．开关稳压器主要性能指标

1）开关稳压器的电源效率

开关稳压器的电源效率与转换器类型、输入电压与输出电压的比等因素有关。根据经验，大多数非隔离式开关稳压器能提供 85%～95%的电源效率。对于降压稳压器，其电源效率可用下式计算。

$$电源效率（Z）= 输出功耗/ 输入功耗（\%）$$

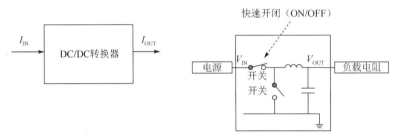

图 1.19　开关稳压器的电源效率

2）开关稳压器的关键参数

表 1.2 所示为某型号开关稳压器的关键参数。

表 1.2　某型号开关稳压器的关键参数

Buck 电气特性						
TA=-40～85℃，TA 典型值=25℃						
参数名称	参数含义	测试条件	最小值	典型值	最大值	单位
V_{IN}	输入电压		3		5.5	V
V_{OUT}	输出电压		1.1	1.2	1.5	V
I_{OUT}	输出电流				4000	mA
		经济模式			5	mA
I_Q	静态电流	$I_{OUT}=0$，非开关		27	40	μA
		经济模式			9	μA
I_{OFF}	待机电流			2.2		μA
Load Regulation	负载调整率	$I_{LOAD} = 10～4000mA$		12	50	
Line Regulation	线性调整率	$V_{BAT}=3.6～5.0V$		12	50	
Peak Inductor Current	电感峰值电流			4500		mA
RDS（ON）of P-Channel FET	P 沟道场效应晶体管的开态电阻	$I_{LX}=200mA$		70		mΩ
RDS（ON）of N-Channel FET	N 沟道场效应晶体管的开态电阻	$I_{LX}=200mA$		60		mΩ
f_{SW}	开关频率			3		MHz
LX Leakage Current	电感漏电流	$V_{BAT} =5V$，$V_{LX} =5V$			1	μA

续表

Buck 电气特性						
TA=−40～85℃，TA 典型值=25℃						
参数名称	参数含义	测试条件	最小值	典型值	最大值	单位
Efficiency	效率	经济模式，I_{OUT}=300μA，V_{IN}=3.6/4.2V，V_{OUT}=1.2V		78/76		%
		PFM，I_{OUT}=5mA，V_{IN}=3.6/4.2V，V_{OUT}=1.2V		83/82		
		PWM，I_{OUT}=0.25I_{OUTMAX}，V_{IN}=3.6/4.2V，V_{OUT}=1.2V		83/83		
		PWM，I_{OUT}=0.4I_{OUTMAX}，V_{IN}=3.6/4.2V，V_{OUT}=1.2V		80/80		
		PWM，I_{OUT}=0.5I_{OUTMAX}，V_{IN}=3.6/4.2V，V_{OUT}=1.2V		77/78		
		PWM，I_{OUT}=0.8I_{OUTMAX}，V_{IN}=3.6/4.2V，V_{OUT}=1.2V		70/71		
t_{START}	启动时间			100		μs
$R_{DISCHARGE}$	放电电阻		250	375	500	Ω
C_{OUT}	输出电容		4.7		200	μF

- 输入电压：芯片可工作的输入电压范围。除最大电压外，许多芯片也规定了可工作的最小电压。
- 输出电压：输出端设定的电压范围。
- 输出电流：可输出的电流值。
- 负载调节：电源输出电压相对于负载电流（输出电流）改变时的变化，以百分比或实际变动值来表示。
- 冲击电流：输入电压按规定时间间隔接通或断开时，输入电流达到稳定状态前所通过的最大瞬间电流。
- 输出电阻（也称等效内阻或内阻）：在额定电压下为负载电流变化与由此引起的输出电压变化之比。
- 开关频率：PWM 时为已设定的固定频率，PFM 时则随条件而变化。通常当频率变高时，可以使用小数值的输出电容和电感。因此需要权衡频率和尺寸。
- 响应时间：当负载电流突然变化时，输出电压从开始变化到达到新的稳定值所需的调整时间。

1.1.3　电源监测与保护

通常电源工作在关闭、未定、部分性能和全性能模式下，电源工作模式如图 1.20 所示。

1．主要操作

1）关闭

当电源电压低于欠压锁定（UVLO）阈值时，设备关闭。除 UVLO 电路本身外，所有内部模块均被禁用。设备关闭时的输入电流通常很小。需要指出，上电和断电时的 UVLO 阈值不同，分别对应图 1.20 中的 $V_{IT}+$ 和 $V_{IT}-$。

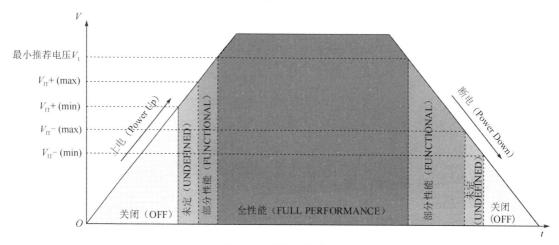

图 1.20　电源工作模式

2）未定

指定的 UVLO 阈值具有一定的容差，如图 1.20 中上电时的 $V_{IT}+(min)$ 与 $V_{IT}+(max)$，断电时的 $V_{IT}-(max)$ 与 $V_{IT}-(min)$，以允许工艺和温度变化。因此，当电源电压处在一段范围内时，用户无法确定设备能否正常工作，即无法确定该设备已关闭或处于工作状态。

3）部分性能

当电源电压高于最大 UVLO 阈值但低于建议的最小工作电压时，将启用所有设备功能，但未必能实现全部完整性能。例如，DC/DC 转换器可能会正确调节，但无法提供其全部输出电流。

4）全性能

电源电压处于工作条件时可以达到全部完整性能。在关键任务应用（如航天器）中，UVLO 阈值通常高于系统达到其全部性能所需的最小工作电压。这样的系统非常健壮，但是对于大多数商业应用而言属于过度设计，不具备成本效益。

2. 电源监测与保护电路

电源监测与保护电路提供过压/欠压保护、过载保护、短路保护，以及掉电检测和浪涌保护等功能，还提供电量不足警告、看门狗定时器和其他更精细的功能。

如果检测到超限电压，则对电压或电流进行调整或关断电源，以保护负载不受损坏。如果输入电压意外反向或输出电压短路，则反向电压保护可防止系统损坏。当工作电压处于过压或欠压状态时，保护电路应实行保护。在过压最小值与欠压最大值之间的电压，通常称为正常工作电压。

1）过压锁定

当电源电压高于过压保护（Over Voltage Protection，OVP）阈值时，输出驱动器将被关闭，停止开关操作，直至下一次接通，称为过压锁定（Over-Voltage Lockout，OVLO），如图 1.21 所示。

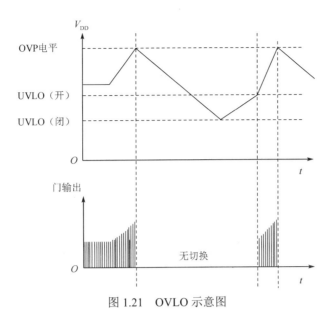

图 1.21　OVLO 示意图

2）欠压锁定

当电源电压低于欠压锁定（Under-Voltage Lockout，UVLO）下限时，需要阻止芯片工作以进行保护，防止过低电压导致芯片功能和性能不确定，从而无法预测系统行为。在图 1.22 中，如果输入电压低于 UVLO 下限，则将停止内部操作，直至超过 UVLO 上限之后再重新启动。为防止出错，基于 UVLO 上下限的操作具有一定的迟滞。

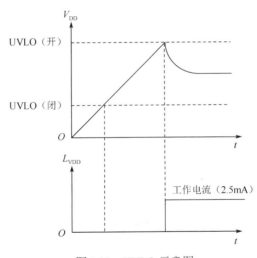

图 1.22　UVLO 示意图

当设备开启时，消耗电流会导致电源电压下降。如果没有迟滞，则该压降将立即引起设备关闭，导致在设备打开之前可能出现多次开闭电源的情况。

在图 1.23 中，当芯片初始上电，输入电压大于 $V_{UV（开）}$ 时，芯片退出 UVLO 状态，开始正常工作；当芯片输入电压高于 $V_{OV（闭）}$ 时，芯片进入 OVP 状态。当芯片输入电压低于 $V_{OV（开）}$ 时，芯片退出 OVP 状态，开始正常工作；当芯片输入电压低于 $V_{UV（闭）}$ 时，芯片开始进入 UVLO 状态，不工作。设置迟滞电压范围（Hysteresis）是为了避免在某一个阈值附近电压不断上下变化，导致在保护和不保护之间不断切换。当迟滞电压大于输入电压的最大峰峰值变化时，可以保证工作状态的干净过渡，此时应根据预期的最大噪声和纹波选择其带宽。

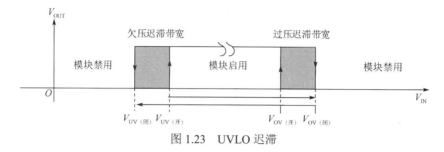

图 1.23　UVLO 迟滞

3）掉电检测（Brown-Out Detection，BOD）

掉电是指电源电压的短暂下降。在图 1.24 中，电源电压在一段时间内低于 UVLO 下限，之后恢复到 UVLO 上限以上，其中 t_1 和 t_2 是两个可编程值。如果 $t<t_1$，则电源正常工作；如果 $t_1<t<t_2$，则电源将发出警告或执行相应操作，并通告外部控制器；如果 $t>t_2$，则电源将再次打开。

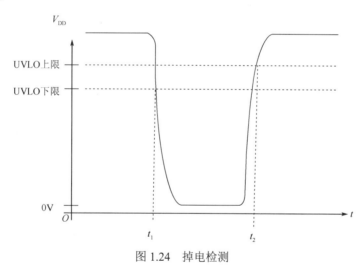

图 1.24　掉电检测

4）短路保护

当启动短路保护（Short-Circuit Protection）功能时，内部限流器将连续激活一段时间并关闭输出。

5）过载保护

过载保护（Overload Protection）是一种电源负载保护功能，以避免输出端出现短路等而导致过负载输出电流对电源和负载产生损坏。当输出负载电流大于规定值或期望值，即电源达到最大功率限制时，输出电压开始下降，而当输出电压降到 UVLO 阈值时，电源将进入回弹（Bouncing）模式，输出电压将自动恢复。

6）过热保护

当电源内部发生异常或因使用不当，电源的总体工作温度高于期望值或最大额定值时，需要启动过热保护（Over-Temperature Protection，OTP）功能，如图 1.25 所示。在图 1.25

中，当温度超过 120℃时，电源管理芯片（PMIC）会通过中断等方式告知主机；当温度超过 150℃时，将直接提供过热保护功能并关闭电源管理芯片；当温度低于 110℃时，电源管理芯片可以重新启动。

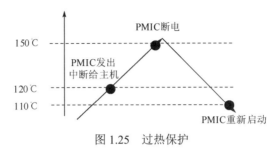

图 1.25　过热保护

7）软启动

软启动（Soft Start）是指在启动期间逐渐建立输出电压以限制输入电流，防止输出电压过冲和出现浪涌电流，如图 1.26 所示。

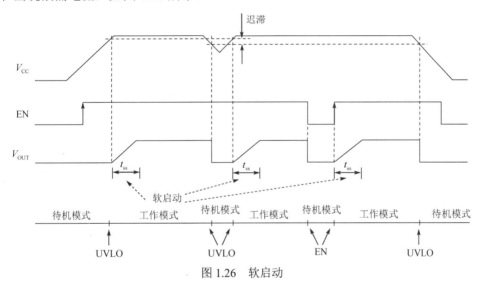

图 1.26　软启动

当电源采用交流输入时，浪涌电流是指电源接通瞬间，流入电源设备的峰值电流。

开关电源的输入电路大都采用电容滤波型整流电路，电容上的初始电压为零，电容充电瞬间会形成很大的浪涌电流，造成开关电源无法正常工作，为此几乎所有的开关电源都设置了防止浪涌电流的软启动电路，以保证电源正常可靠运行。

- 启动时间：从施加交流输入电压到输出电压达到设定值的 90%所需的时间。
- 上升时间：输出电压从设定值的 10%上升到设定值的 90%所需的时间。
- 电源周期（Power Cycle）：关闭设备然后重新打开设备（通常是计算机）的行为。某些功率设备具有保护功能，在过流或热关断等异常工作条件下，通过插入电源周期而将设备锁定在安全状态。

1.2 电源管理设计

典型的 SoC 供电系统和内部电源管理单元如图 1.27 所示。其中 PMIC 是 SoC 外部的电源管理芯片，PMU 是 SoC 内部的电源管理单元。

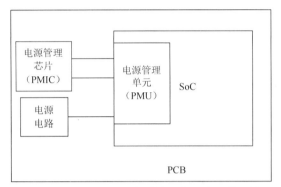

图 1.27　典型的 SoC 供电系统和内部电源管理单元

1.2.1　电源管理器件

1．电源管理芯片

电源管理芯片（Power Management IC，PMIC）在单一芯片内集成了多种电源轨（Power Rail）和电源管理功能，提供了更高的空间利用率和系统电源效率，如图 1.28 所示。

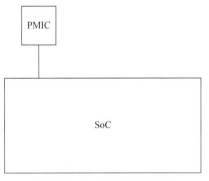

图 1.28　SoC 外部的 PMIC

2．电源管理单元

电源管理单元（Power Management Unit，PMU）将传统分立的若干类电源管理芯片或电路，如 LDO 和 DC/DC 转换器都集成到芯片内部，以实现更高的电源转换效率和更低的功耗，以及更少的组件数量。

很多时候 PMU 等同于 PMIC，但是通常专指 SoC 内部的 PMU，如图 1.29 所示。

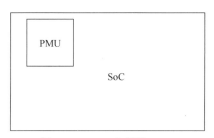

图 1.29　SoC 内部的 PMU

1.2.2　电源管理电路设计

电源管理电路由 LDO、基准电压源、安全模块、DC/DC 转换器、电池充电器、控制逻辑和串行接口组成，提供芯片所需的不同电源、电压和电流。集成电源管理电路的 SoC 示例如图 1.30 所示。

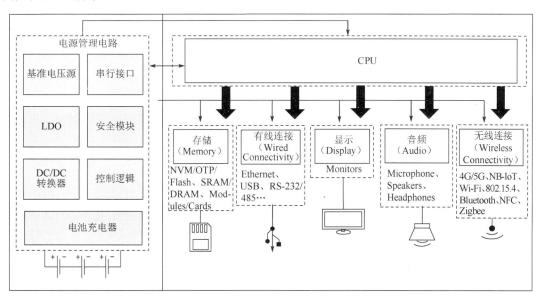

图 1.30　集成电源管理电路的 SoC 示例

（1）基准电压源。

基准电压源几乎是所有 ASIC/SoC 器件中电源管理电路的必要组成部分，其主要作用是在工艺、电压和温度（PVT）变化的情况下提供一个恒定电压给各种模块，如运算放大器、比较器、数据转换器等。此外，低功耗和良好的电源抑制比（PSRR）是高性能和可靠基准电压源的要求。

电路设计中一般采用几乎不依赖于温度和电源变化的带隙（Band Gap）基准技术。带隙基准电压源与电源和工艺参数的关系很小，但与温度的关系是确定的。

（2）安全模块。

电源管理电路中包括许多安全模块，如上电复位（POR）模块、电压监控器和温度传感器等。

上电复位模块的作用通常是延缓逻辑电路的启动，直到电源电压达到足够水平，以实现系统中的有效逻辑状态。

电压监控器和温度传感器用于故障监测和防护，当达到设定阈值时，将触发安全操作，甚至关闭系统，其设计关键是精度和迟滞。

（3）控制逻辑和串行接口。

系统需要正确控制各种电源轨的上电和断电顺序，并能够在指定低功耗状态下关闭某些电源轨。通常使用逻辑状态机来控制电源轨上电和断电的正确时机和顺序，以及建立各种低功耗状态。由微控制器通过串行接口（如 I2C）来控制 PMIC 内部的逻辑状态机。

（4）电池充电器。

电池充电器具有便携性，可实现充电和监控功能，可设计为线性充电器或开关充电器。线性充电器结构很简单，不需要电感等大型外部元件，因此解决方案尺寸较小，成本较低，适用于小型电池单元和低功率充电应用，如可穿戴设备或物联网；开关充电器使用较大的电流对电池单元进行快速充电，适用于大功率应用，如手机、笔记本电脑和汽车。

（5）电源管理电路的基本功能。

电源管理电路的基本功能如下。

- 输出电压的开关控制。
- 输出电压的上电、断电顺序控制。
- 输出电压的调整。
- 输出电压的过压、欠压和过流保护。
- 超温保护。
- 输入电源自动切换。
- 电池充电控制和电量检测。

图 1.31 所示为典型的 PMIC 内部模块框架图。

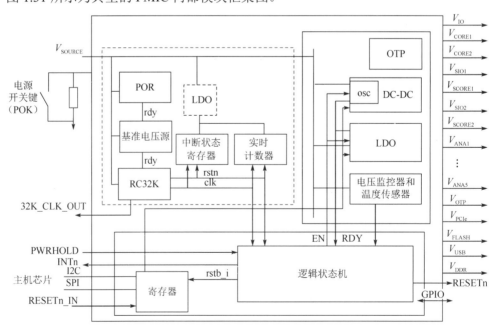

图 1.31　典型的 PMIC 内部模块框架图

1．控制与操作

1）电源开关键

电源开关键（Power On/Off Key，POK）可根据按键持续时间长短来决定芯片的不同状态，如图 1.32 所示。按键持续时间短意味着芯片上电；按键持续时间长将产生中断，引发软件断电；按键持续时间很长则将导致硬件断电。

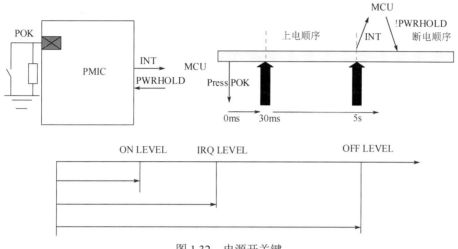

图 1.32　电源开关键

2）电源打开

利用 POK、实时计数器（RTC）和芯片插入操作都可以打开电源，如图 1.33 所示。

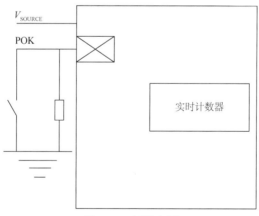

图 1.33　打开电源

3）电源分阶段和间隔

多个电源可以分阶段上电，其中处于同一阶段的电源可以同时上电，而各阶段之间存在时间间隔。通过编程可以改变各个电源所属阶段及阶段间隔。

例如，下面 8 个电源可以按 7 个阶段顺序上电，其中有 2 个电源同处 Stage 4（第 4 个阶段）。

- DC/DC1 on Stage 1。

- DC/DC2 on Stage 2。
- DC/DC3 on Stage 6。
- DC/DC4 on Stage 4。
- ALDO1 on Stage 3。
- ALDO2 on Stage 5。
- DLDO1 on Stage 0。
- DLDO2 on Stage 4。

各阶段之间的时间间隔有 4 种选择，分别是 30μs、200μs、500μs、2ms。

4）电源上电顺序

除保证各个模块的正常供电外，电源设计还应该注意各模块的上电顺序。在图 1.34 中，I/O 引脚首先通电，其后 POR、基准电压源和内部振荡器各自开始工作，待稳定后电源管理逻辑才开始运行，并逐阶段提供电压；直至所有电源供应稳定后，释放复位信号，外部芯片开始工作。

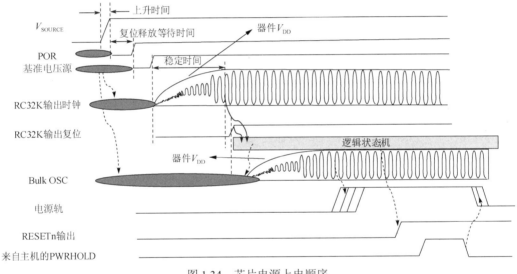

图 1.34　芯片电源上电顺序

多个电压源输出之间保持一定顺序，具体顺序取决于不同的应用。多个电压源上电顺序如图 1.35 所示。

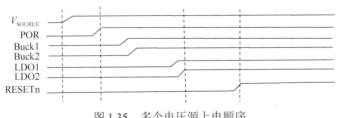

图 1.35　多个电压源上电顺序

电源管理电路控制电源轨的上电和掉电顺序，通常使用三种方法，以上电为例，电源轨上电顺序调度方法如图 1.36 所示。

- 顺序式（Sequential）：先打开一个电源轨，经延迟打开下一个电源轨。延迟大小需要保证在下一个电源轨启动之前，前一个电源轨已经稳压。
- 比例式（Ratiometric）：多个电源轨同时启动并同时达到额定电压，这就要求电源轨的上升斜率与电源轨电压成比例，以便同时实现稳压。
- 同时式（Simultaneous）：多个电源轨同时启动以最大限度地减少电压的瞬时差异。

图 1.36　电源轨上电顺序调度方法

PMIC/PMU 可以工作在如下模式。

- 全速模式（Full Mode）：产生大电流和快速响应，提供电源给处理器、存储器和数字外设，为复位后默认模式，功耗正常。
- 经济模式（ECO Mode）：产生小电流和慢速响应，提供电源给寄存器和存储器，以便保存其内容，功耗低。
- 关闭模式（Off Mode）：停止供电，导致寄存器和存储器内容丢失。

5）电源关闭

利用 POK、外部电源维持信号、内部掉电机制（输入过压、欠压，输出过压、欠压，过载，过温等）都可以关闭电源，如图 1.37 所示。

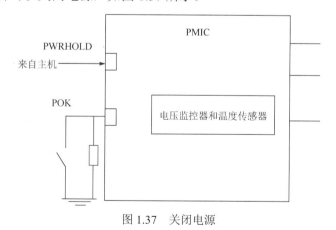

图 1.37　关闭电源

很多应用对电源的掉电顺序并无要求，可以同时掉电，但有时会要求掉电顺序与上电顺序相反，或者根据要求依序掉电。

6）复位

外部复位输入、内部 POR、内部复位机制（如 UVP 和掉电检测）都可以产生电源管理电路的复位信号，并输出给外部芯片或电路使用。

7）意外事件处理

过压、欠压、过温和掉电检测（BOD）都属于意外事件。意外事件并不一定触发掉电，常见的操作过程为提供警告输出，由外部电路或 CPU 决策或自动掉电，然后重新恢复供电以继续工作。

8）嵌入式实时计数器

嵌入式实时计数器可用于编程定时，一旦超时，就将设置寄存器位并产生中断，通常工作频率为 32.768kHz。

9）一次性可编程产品

一次性可编程（One-Time Programmable，OTP）产品含有内部时序校准数据、开机步骤顺序等信息，通常大小为 1K 位（128 个寄存器×8 位），在 PMIC 上电时将数据复制到对应寄存器上。

2．输出电压

1）开关稳压器

开关稳压器通过寄存器设置下列可调参数。

- 输出电压电平。
- 输出电压斜率。
- 频率和占空比。
- 模式控制（PWM、PFM、ECO 或自动模式）。
- 输出电容。

2）LDO

LDO 通过寄存器设置下列可调参数。

- 输出电压电平。
- 模式控制。

3）软启动控制

软启动限制浪涌电流并控制电压上升时间，电压通常单调递增。软启动控制如图 1.38 所示。

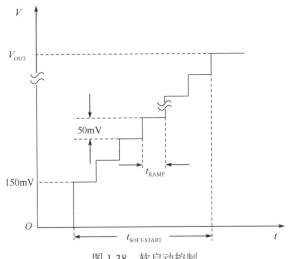

图 1.38　软启动控制

4）监控与保护

PMIC 具有负载监控和限流功能，适用于所有开关稳压器和 LDO。例如，当输出电压低于设定阈值时，PMIC 将自动断电。

3．接口

电源管理电路提供专用控制信号接口，以便外部芯片或电路可以操作内部寄存器，设定信号的状态，实现实时控制。通常使用串行接口，如 I2C、SPI，完成寄存器的配置和存取操作，也可使用专门接口，如系统复位接口、电源状态指示接口、电源休眠控制接口等。PMIC 接口如图 1.39 所示。

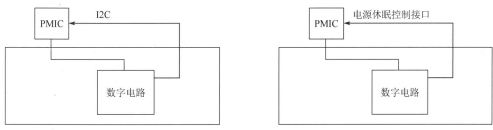

图 1.39　PMIC 接口

I2C 支持单次读/写操作、突发读/写操作，支持 3.4Mbit/s 传输速率；SPI 支持单次读/写操作、突发读/写操作，工作频率为 10MHz。

4．中断

电源管理电路会提供中断输出接口及内部相应的中断状态寄存器和中断使能（屏蔽）寄存器。中断信号通常低电平有效。在关闭 PMIC 之前，需要将保存的中断信息存入其内部常开电源域中。

1.2.3　芯片电源供应

在芯片级设计中，需要确定以下内容。
- 稳压器的放置位置。
- 电压域。

1．稳压器的放置位置

稳压器可以放置在 SoC 外部或内部，如图 1.40 所示。

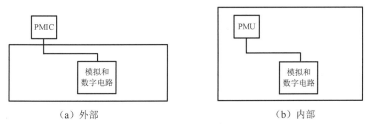

（a）外部　　　　　　　　　　　（b）内部

图 1.40　稳压器的放置位置

2. 电压域

芯片的电源提供芯片的模拟电路、数字电路和 I/O 引脚所需的电压，如图 1.41 所示。

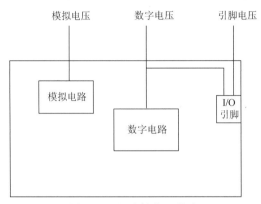

图 1.41　芯片的电源供应

1）多电压供应

多电压供应是指电源提供多个不同电压给内部模块，如图 1.42 所示。

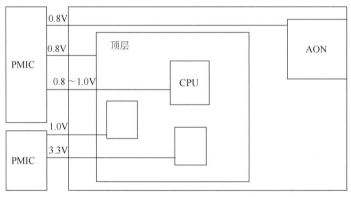

图 1.42　多电压供应

2）外部可开关电源

外部可开关电源可在芯片外部进行开关操作，如图 1.43 所示。

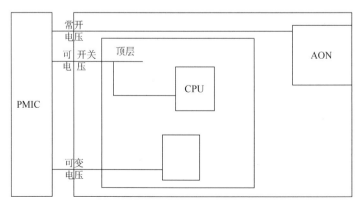

图 1.43　外部可开关电源

3）内部门控电源

内部门控电源可在芯片内部进行开关操作，如图 1.44 所示，此时芯片面积会相应增加。

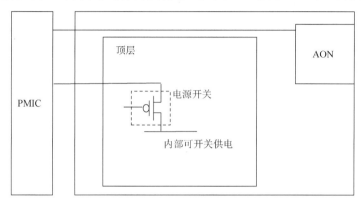

图 1.44　内部门控电源

4）模块级门控电源

在模块内部，可根据需要对不同组件提供不同的供电及开关机制，图 1.45 所示为模块级门控电源，读者可参阅《SoC 设计基础教程——系统架构》第 4 章低功耗技术。

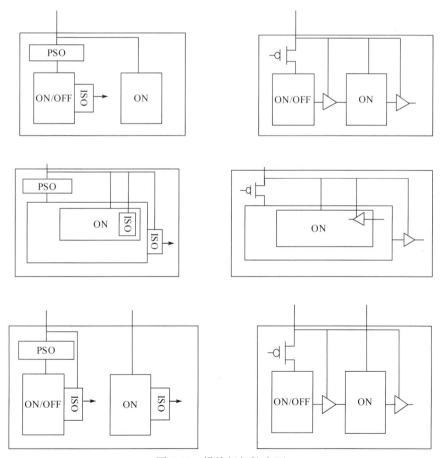

图 1.45　模块级门控电源

图 1.46 所示为 SoC 的电压域设计框图。PMIC（左侧）提供 2 路 LDO 电源，3 路 BUCK 电源，其中 1 路电压可调。PMIC 提供时钟和复位信号输出，而主芯片（右侧）提供电源关闭控制。芯片之间通过 I2C 通信。此外，系统还提供 1 路单独的 DC/DC 可调电源，以及 1 路专门的 Boost 稳压器输出。

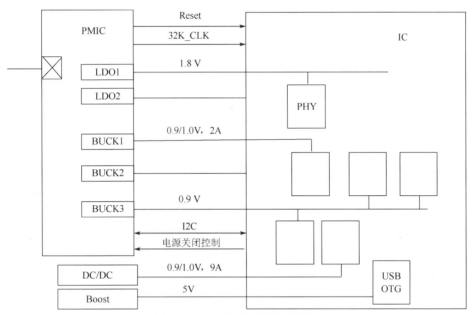

图 1.46　SoC 的电压域设计框图

1.3　电源分配网络

电流从电源出来，经过 PCB 上的走线，先到达芯片引脚，再经过封装到达裸片（Die），接着经过片上电源网络，最终将电能输送到每一个晶体管。输送电流的整个通道称为电源分配网络（Power Distribution Network，PDN），如图 1.47 所示。

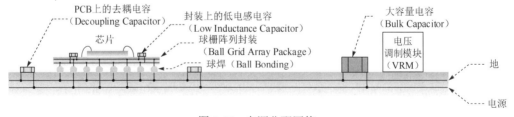

图 1.47　电源分配网络

1.3.1　电源分配网络的构成

电源分配网络可分为 4 个区域：电源、PCB 上的电源分配网络、封装上的电源分配网络和片上电源分配网络，其作用是提供稳定的电压和完整的电流回路给需要供电的器件。

1．电源

电源是向芯片提供功率输出的装置，又称电压调制模块（Voltage Regulator Module，VRM）。常见的电源有稳压电源和恒流电源等形式。

稳压电源在输入电压或负载变化时能给负载提供稳定的电压，其主要技术指标是电压调整率和负载调整率，当输出电流在很大的范围内变化时，输出电压的波动不超出规定值。恒流电源在输入电压、负载或环境温度变化时，能向负载提供恒定的电流，其主要技术指标是恒流调整特性，当输出电压在一定范围内变化时，输出电流的波动不超出规定值。

稳压电源本身的输出并不恒定，存在一定的纹波，这部分噪声只能接受，无法控制。负载电流需求在不断快速变化，稳压电源通过感知其输出电压的变化而调整输出电流，从而将输出电压调整回额定输出值。多数常用的稳压电源调整电压的时间为毫秒至微秒量级。因此，当负载电流变化频率在直流到几百千赫兹之间时，稳压电源可以很好地做出调整，从而保证输出电压的稳定；但当负载瞬态电流变化频率超出此范围时，其输出电压将下降，从而产生电源噪声。目前，处理器内核的时钟频率已高达 1GHz 以上，内部晶体管电平转换时间缩短到数百皮秒以下，这意味着电源分配网络必须在直流至 1.5GHz 范围内快速响应负载电流的变化，但现有稳压电源不一定能满足这一苛刻要求，只能用其他方法来弥补。

2．PCB 上的电源分配网络

PCB 上的电源分配网络负责将电源功率分配给各种需要供电的芯片和器件，如图 1.48 所示。

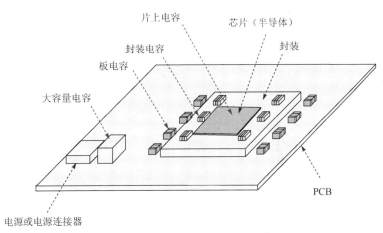

图 1.48　PCB 上的电源分配网络

PCB 上的任何电气路径，不论是完整的电源平面还是电源引线，都不可避免地存在阻抗。对于多层板，通常提供一个完整的电源平面和地平面，稳压电源输出首先接入电源平面，供电电流流经电源平面，到达负载电源引脚。地路径和电源路径类似，只不过其电流路径在地平面上。完整平面的阻抗很低，如果不使用平面而使用引线，那么路径上的阻抗会升高。负载瞬态电流在电源路径阻抗和地路径阻抗上会产生压降，致使供电电压波动，如图 1.49 所示。

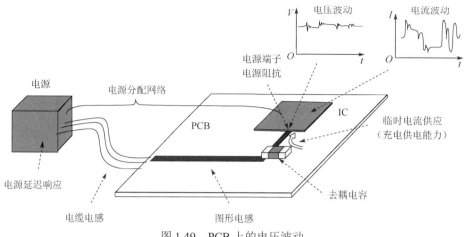

图 1.49　PCB 上的电压波动

3．封装上的电源分配网络

封装上的电源分配网络由封装引脚、封装层互连、键合线等构成，如图 1.50 所示。

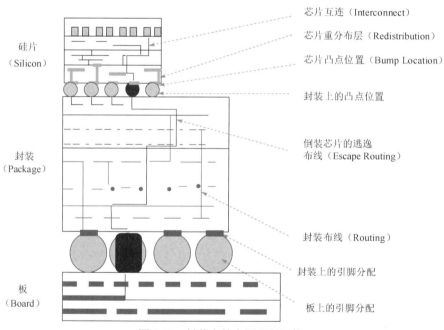

图 1.50　封装上的电源分配网络

1）芯片封装

球栅阵列（Ball Grid Array，BGA）封装是常见的芯片封装，在封装基板的底部制作阵列焊球作为电路的 I/O 端与 PCB 互接，如图 1.51 所示。其优点是虽然增加了 I/O 引脚数，但引脚间距并没有减小反而增加了，从而提高了组装成品率。

2）裸片至封装键合

常见的裸片至封装键合（Chip-to-Package Bonding）方式有引线键合和凸点键合，如图 1.52 所示。

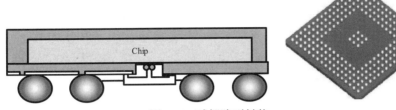

图 1.51　球栅阵列封装

- 引线键合（Wire Bonding）：在引线键合技术中，I/O 单元围绕芯片的外围放置，通过键合线将每个 I/O 单元连接到封装上的相应焊盘上。
- 凸点键合（Bump Bonding）：在倒装芯片（Flip-chip）技术中，I/O 单元通过凸点连接到封装上，这些凸点通常可以放置在芯片的整个区域上。

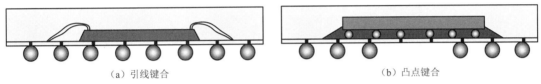

（a）引线键合　　　　　　　　　　　　　　　（b）凸点键合

图 1.52　裸片至封装键合

引脚、引线和焊盘等本身存在寄生电感，瞬态电流流经时必然产生压降，因此负载芯片电源引脚处的电压会随着瞬态电流的变化而波动。

4．片上电源分配网络

片上电源分配网络主要由 I/O 单元、重分布层（RDL）、全局电源网络、模块电源网络和模块电源轨组成，如图 1.53 所示。

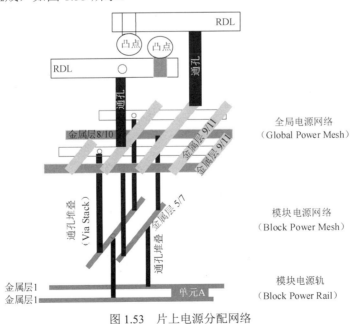

图 1.53　片上电源分配网络

1）键合焊盘

尽管只需要顶部金属层即可与键合线或凸点建立连接，但通常焊盘由彼此堆叠并通过通孔连接的多个金属层制成，因此可以从任何金属层实现芯片内核到焊盘及外部的连接。

例如，图 1.54 中的金属焊盘由 RDL 和两个顶部金属层制成。键合线或凸点连接到 RDL 上的焊盘。焊盘保护电路将保护电路免受静电放电（ESD）引起的损坏。

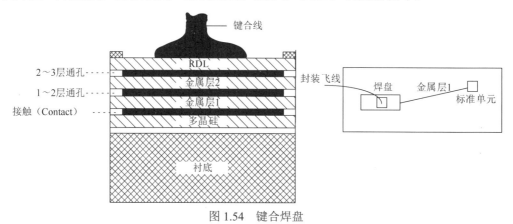

图 1.54　键合焊盘

2）RDL

RDL 是芯片与封装之间的接口，用于倒装芯片组装。RDL 是内核顶层布线组成的额外金属层，用于连接 I/O 焊盘与其他位置的凸点，如图 1.55 所示。凸点通常以网格图案放置，每个凸点都浇铸有两个焊盘（一个在顶部，另一个在底部），分别连接 RDL 和封装基板。

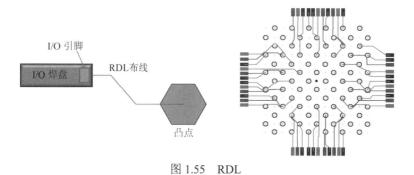

图 1.55　RDL

3）引线键合芯片

图 1.56 所示为引线键合芯片（Wire Bond Chip）。

图 1.56　引线键合芯片

电源和地线通过四周的键合焊盘连到芯片上，并通过片上电源总线连接到芯片各个部分，在电源总线的远端可能会出现大幅压降或地弹，如图 1.57 所示。

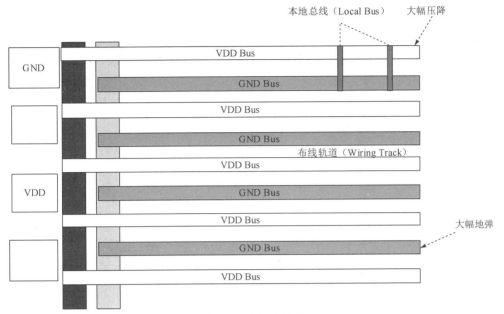

图 1.57　电源和地线

跳线或电源环用于增强电源/接地能力。

- 跳线：从外围焊盘到内部凸点的连线，如图 1.58 所示。

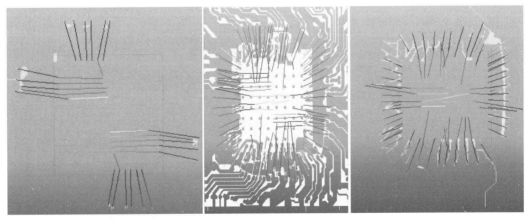

图 1.58　跳线

- 电源环：安装在内核或模块周边的金属环层，如图 1.59 所示。

4）倒装芯片

在图 1.60 中，外围矩形表示 I/O 单元，圆圈表示电源/接地凸点及信号凸点。位于芯片中心的一些电源/接地凸点按网格形式（Mesh Type）排列，而信号凸点按阵列形式（Grid Type）排列。

由于大多数设计的 I/O 单元都位于芯片外围，因此将每个凸点分配给特定的 I/O 单元，这样看起来就像从芯片的中心一直延伸到其边界。在倒装芯片中，可以通过金属层与 RDL

之间的通孔直接将核心电源连接到封装凸点，无须通过金属焊盘，不过需要钳位单元来增加对凸点的 ESD 保护。

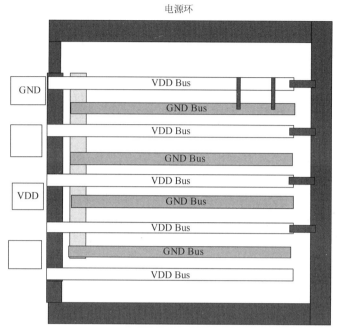

图 1.59　电源环

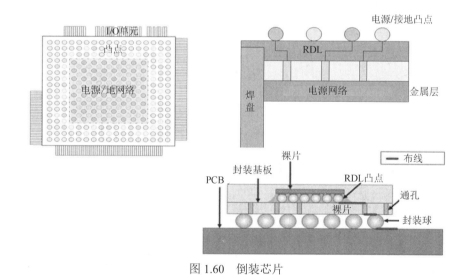

图 1.60　倒装芯片

5）钳位单元

钳位单元（Clamp Cell）用于 ESD 保护，其面积比普通 I/O 单元中的 ESD 保护电路大。对于一般功能焊盘和电源焊盘，相关的 I/O 单元中包含嵌入式 ESD 电路。对于键合凸点或键合焊盘，则需要连接一个钳位单元以进行 ESD 保护，如图 1.61 所示。

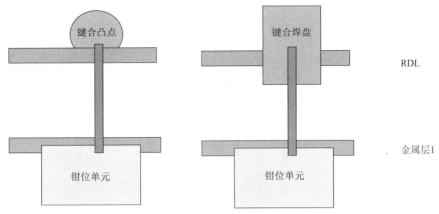

图 1.61　钳位单元

图 1.62 所示为典型的芯片电源分配网络。可以看到，从最上面的封装接触点（C4）到最下面的晶体管电路（逻辑），导线多达十几层或更多。每两层导线中间由通孔连接。从上到下，导线由宽到窄，由厚到薄。

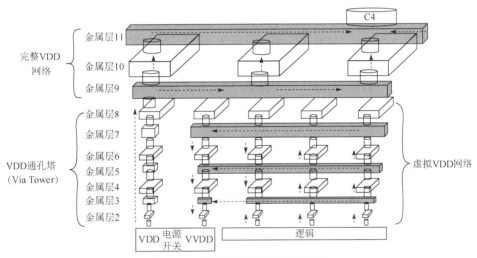

图 1.62　典型的芯片电源分配网络

1.3.2　电源分配网络的特性

电源分配网络的物理介质多种多样，包括接插件（Connector）、线缆、传输线（Trace）、电源层（Power Plane）、地层（GND Plane）、通孔、焊锡、焊盘、芯片引脚等，它们的物理特性（材料、形状、尺寸等）各不相同。通常关注电源分配网络的三种电气特性：电阻特性、电感特性和电容特性。

1．电阻特性

在电源分配网络中，处处都存在电阻：线缆和接插件存在直流电阻和接触电阻，传输线、电源层、地层、通孔均存在分布电阻，焊锡、焊盘、芯片引脚均存在直流电阻且它们之间存在接触电阻。图 1.63 所示为电源分配网络的电阻和负载等效电路，其中，V_{SOURCE} 表示电源电压，V_{OUTPUT} 表示输出电压，R_{S} 表示电源内阻，R_1 表示电源路径上的分布电阻，R_2 表示返回路径上的分布电阻。假设回路电流为 I，则负载的供电电压为

$$V_{\text{CC}} - V_{\text{GND}} = V_{\text{SOURCE}} - I\left(R_{\text{S}} + R_1 + R_2\right) = V_{\text{OUTPUT}} - I\left(R_1 + R_2\right)$$

可见，R_{S} 上的压降 IR_{S} 会减小电源的输出电压 V_{OUTPUT}，电源路径上的压降 IR_1 会减小负载的供电电压 V_{CC}，而返回路径上的压降 IR_2 会抬高负载的地电平。

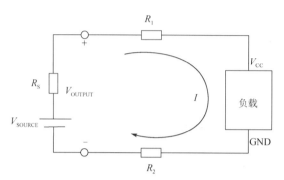

图 1.63 电源分配网络的电阻和负载等效电路

流经电阻的电流变化必然造成电路上电压的变化，会产生如下两种效应。

- **直流压降**：该效应会导致电源电压沿着电源分配网络而逐渐降低，或者导致参考地的电压升高，从而降低被供电器件端口的电压，引起电源完整性问题。
- **热损耗**：该效应将电源的功率转换为热而白白耗散掉，从而降低系统效率；温度升高会缩短电路或一些器件（如电解电容）的寿命，从而影响系统的稳定性和可靠性；某些区域电流过大会引起局部温度持续升高，甚至烧毁该区域电路。

上述两种效应对系统均有害，其影响与电阻值的大小成正比，因此减弱电源分配网络的电阻特性是设计目标之一。

2. 电感特性

在电源分配网络中普遍存在电感：接插件、线缆、铜线、电源层、地层、通孔、焊盘、芯片引脚等均存在电感，同时相互靠近的导体之间存在互感现象。

电流变化引起的感应电压会引发信号完整性（包括电源完整性）问题，如传输线效应、突变、串扰（Crosstalk）、同步开关噪声（SSN）、轨道塌陷（Rail Collapse）、地弹（Ground Bounce）和电磁干扰（EMI）。

电源分配网络的电感特性对负载供电端口的电源完整性有害，需要减弱其影响。减小感应电压的措施有：尽量减小回路中电流的变化率，稳定负载变化所造成的电流瞬变；走线尽可能短、宽，以减少电路走线、接线的电感。

3. 电容特性

在电源分配网络中，电源路径和返回路径之间存在电容，其等效电路如图 1.64 所示。

稳压电源提供电流 I_{S}，当负载电流不变时，电容上没有电流通过，即 $I_{\text{C}}=0$；当负载瞬态电流发生变化时，必须在极短时间内为负载芯片提供足够电流。由于电源无法很快响应负载电流的变化，因此负载电压降低，但此时电容两端的电压变化必然产生电流，为负载

芯片提供电流，即电流 I_C 不再为 0。

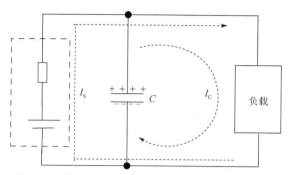

图 1.64　电源路径与返回路径之间的电容等效电路

因此，电源分配网络的电容可以为负载提供瞬态电流，阻碍电压瞬态变化，这对负载供电端口的电源完整性非常有益，所以需要增强电源分配网络的电容特性。

4．电源分配网络模型

电源分配网络模型如图 1.65 所示。

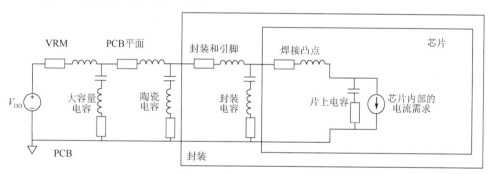

图 1.65　电源分配网络模型

<h2>1.4　电源完整性</h2>

电源完整性（Power Integrity）研究电源分配网络如何在任何负载情况下均可以保持电压的正确和稳定。电源分配网络的电阻特性和电感特性对电源完整性有害，而电容特性对电源完整性有益，所以需要减弱甚至消除电阻特性和电感特性，增强电容特性。

1.4.1　电压波动及影响

实际的电源分配网络存在各种各样的噪声，包括 VRM 的输出噪声、走线的直流电阻与寄生电感噪声、SSN 噪声、电源与地平面谐振噪声、邻近电源网络耦合噪声、其他部件耦合噪声等。电压源噪声与稳压器类型及从稳压器汲取的负载电流有关，如开关稳压器的输出纹波比 LDO 大。外部电活动也可能会产生噪声，称为电磁干扰（Electromagnetic

Interference，EMI）或射频干扰（Radio Frequency Interference，RFI），EMI 的三种可能耦合噪声是共阻抗引起的传导干扰、电容或电感耦合引起的近场干扰和电磁辐射引起的远场干扰。SSN 是大量的芯片引脚在进行逻辑状态转换时造成的电压变化。

1．电压波动

除电源噪声引起电压波动外，实际的芯片上电、编程和操作也需要供应电流不断动态变化，从而引起电压波动，如图 1.66 所示。电压波动主要体现为压降和地弹。

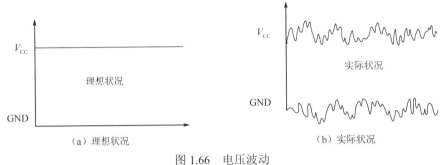

图 1.66　电压波动

1）压降

流过电源分配网络的电流会产生压降，包括直流部分和交流部分。

当直流电流通过电源分配网络时，串联电阻的存在将导致压降，称为 IR 压降。当电流发生波动时，压降随之波动，从而影响终端设备。

当交流电流通过电源分配网络时，也将产生压降，压降随频率而变化，如下式所示。

$$V(f) = I(f) \times Z(f)$$

式中，$V(f)$ 表示电压，随频率而变化；$Z(f)$ 表示由芯片引脚看到的电源分配网络等效阻抗；$I(f)$ 表示芯片消耗电流。

电源路径不同，造成的压降变化也不同。很难在终端设备上维持稳定的输出电压，通常只能将电压变化控制在一定范围之内，即所谓的噪声容差。

2）地弹

大量的芯片引脚在进行逻辑状态转换时，会产生一个大的瞬态电流，此电流流过回路时将造成地平面的波动，导致芯片地与系统地不一致，称为地弹。以电路板地为参考，就像是芯片内部的地电平不断地跳动，因此被形象地称为地弹。类似地，芯片电源与系统电源之间的压差现象，称为电源弹。电源分配网络的回路电感（包括封装引脚寄生电感、扩散电感、通孔寄生电感等）是产生地弹和电源弹的主要原因。地弹和电源弹如图 1.67 所示。

在图 1.68 中，开关 Q 的不同位置代表输出的"0"和"1"两种状态。假定由于电路状态转换，开关 Q 接通 R_L 低电平，负载电容对地放电，随着负载电容电压下降，其积累的电荷流向地，在接地回路上形成一个大的浪涌电流。浪涌电流随着放电电流建立，然后衰减，这一电流变化作用于接地引脚的电感 L_G，导致在芯片外的电路板地与芯片内部地之间形成一定的压差，如 V_G。这种由输出状态转换引起的芯片内部参考地电位漂移就是地弹。

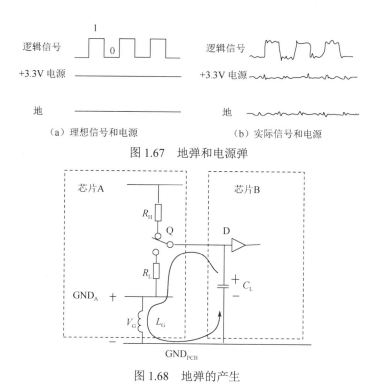

（a）理想信号和电源　　　　　　　（b）实际信号和电源

图 1.67　地弹和电源弹

图 1.68　地弹的产生

2．电压波动的影响

当器件输出端由一种状态跳变到另一种状态时，地弹现象会导致器件逻辑输入端产生毛刺。接收逻辑将输入电压与芯片内部的地电压进行比较而确定输入，对于任何封装形式的芯片，其引脚上的电感电容等寄生参数都会导致地弹，因此从接收逻辑来看，就像输入信号本身叠加了一个与地弹噪声相同的噪声。芯片规模越来越大，开关速度不断提高，如果地弹噪声控制不好，就会影响电路功能。

如果电压波动超出了允许范围，则可能导致芯片不能正常运行。芯片的供电电压下降，会降低晶体管速度或阻止晶体管转换状态，致使当一部分晶体管已经完成稳定转换时，另一部分晶体管还在转换之中。状态的不同步可能导致某些不定态的晶体管输出错误。此外，芯片供电电压升高会产生可靠性问题。

电源完整性保证电源分配网络能够满足负载芯片对电源的要求，即为各部分电路提供稳定正确的工作电压，使系统的各部分负载电流发生变化时电压依然保持稳定，对电压波动、串扰、反射、辐射、噪声等进行有效抑制。

1.4.2　电源阻抗

当高速芯片的供电电流高频波动时，电源分配网络的电源阻抗越小，电流供应性能和电源完整性越好，相应的芯片供电电压波动越小。电源分配网络的电源阻抗如图 1.69 所示。

电源端口处的电压波动和电流波动由下式给出。

$$|\Delta V| = |\Delta I \times Z_{P}|$$

式中，ΔV、ΔI 和 Z_P 分别表示电源端口处的电压波动、电流波动和电源分配网络的电源阻抗。

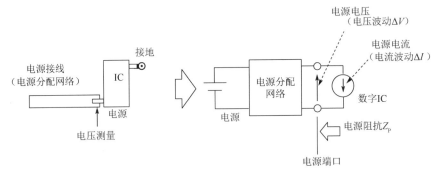

图 1.69　电源分配网络的电源阻抗

实际的电源平面总存在阻抗，当瞬态电流流过时，便会产生一定的电压波动，大部分数字电路器件对电压波动的要求在正常电压的±5%范围之内。为了保证每个芯片都能被正常供电，需要对电源阻抗进行控制，即降低电源平面的阻抗。对于器件的供电系统来说，需要在一定的时间内，以恒定的电压向负载提供足够的电流。

目标阻抗（Z_T）是对快速变化的电流表现出来的一种特性阻抗，与频率有关，如图 1.70 所示。目标阻抗可表示为

$$Z_T = \frac{V_{DD} \times \text{Ripple}}{\Delta I_{max}}$$

式中，V_{DD} 为负载芯片电源电压；Ripple（纹波）为允许的电压波动范围，典型值为 ±2.5%；ΔI_{max} 为负载芯片最大瞬态电流变化量；Z_T 为电源分配网络所容许的最大阻抗（目标阻抗）。

在感兴趣的频率范围内，电源阻抗都不能超过目标阻抗，即

$$Z_{PDN(f)} < Z_T$$

式中，$Z_{PDN(f)}$ 表示由芯片引脚看过去的电源分配网络的电源阻抗。

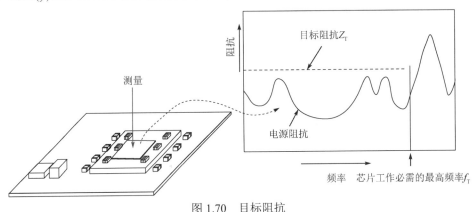

图 1.70　目标阻抗

目标阻抗设计方法是目前进行电源完整性设计的有效可靠方法，可以保证目标阻抗在很大的频率范围内保持足够低。

目标阻抗随频率而改变，与路径有关，如图 1.71 所示，其中直流至 100kHz 范围的阻抗主要由 VRM 决定，100kHz～100MHz 范围的阻抗主要由板上去耦电容决定，更高频段

的阻抗则由芯片上的器件决定。

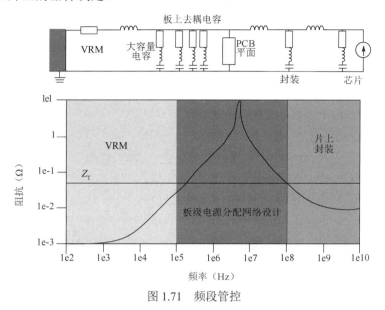

图 1.71　频段管控

1.4.3　去耦电路

当电路的时钟频率较低或电路的噪声容限较高时，通过安装旁路电容，将电源接地（电源端口附近），可以很容易地形成去耦电路，此旁路电容也被称为去耦电容，去耦电路如图 1.72 所示。具有高时钟频率的芯片、产生大量噪声的芯片、噪声敏感型芯片都需要复杂的去耦电路。

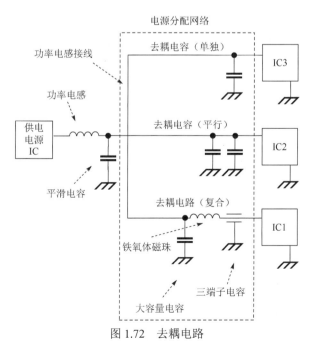

图 1.72　去耦电路

1. 去耦电路的功能

去耦电路的功能有滤波（Filtering）和去耦（Decoupling）。去耦电路抑制由芯片产生或进入芯片的噪声，提供与芯片操作和维持电压相关的瞬态电流，并成为信号路径的一部分。

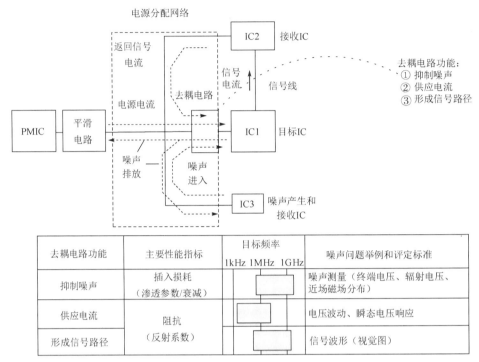

图 1.73　去耦电路的功能

因此，形成适当的去耦电路对噪声抑制和电路操作来说十分重要，以减弱或消除芯片对外界的影响，或者外界对芯片的影响，如图 1.74 所示。

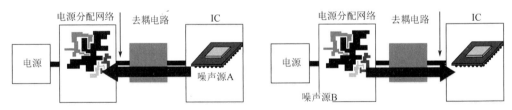

图 1.74　去耦电路抑制噪声

当去耦电路缺失或不起作用时，可能会出现以下问题，如图 1.75 所示。
- 存在噪声泄漏，与其他电路相干扰（见图 1.73 中的 IC3），或者增大设备的噪声排放。
- 噪声从外源侵入，导致芯片操作出现问题。
- 产生电源电压波动，干扰芯片操作，降低信号完整性，增大信号上的噪声叠加。
- 信号电流的回路不足，降低信号完整性。

2. 旁路（去耦）电容

一个简单的旁路（去耦）电容将芯片电源连接到电源端口附近的地端，如图 1.76 所示。

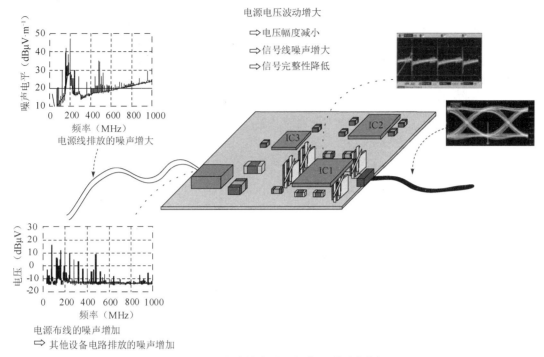

图 1.75　去耦电路缺失或不起作用所引发的问题

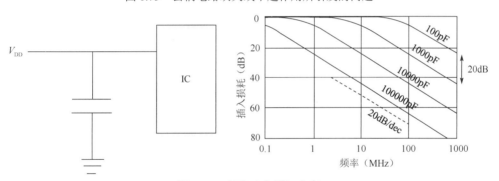

图 1.76　旁路（去耦）电容

在时钟频率较低或抗噪声能力较大的电路中，使用旁路（去耦）电容以切断从外源进入芯片的噪声，电容值加大时将表现出优异的噪声抑制效果。同时，当 VRM 因高输出阻抗而无法响应时，此电容在芯片附近临时提供电流以维持电压。

根据工作范围及与晶体管电路的接近程度，旁路（去耦）电容可分为低频、中频和高频电容，高频电容如图 1.77 所示。在高频区，最近的电容的阻抗占主导地位，为此需要将电源分配网络的阻抗降低到一定值以下，此时只需考虑最近的电容及其连线。

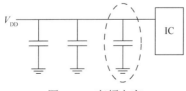

图 1.77　高频电容

当频率很高时，电容并不是一个理想电容，存在寄生参数效应 ESR（等效串联电阻）和 ESL（等效串联电感）。串联的 RLC 电路在频率 f 处谐振，电容等效电路和特性如图 1.78 所示，其中 f 为串联谐振频率（SRF）。在 f 之前电容为容性，在 f 之后则为感性，相当于一个电感。所以在选择滤波电容时，必须使电容工作在谐振频率之前。

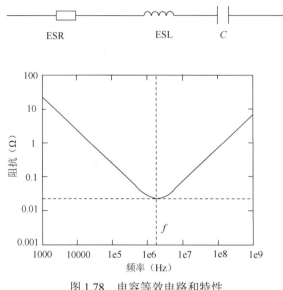

图 1.78　电容等效电路和特性

3. 电容并联

当单一电容的电容值不足时，可以并联多个电容。

1）相同电容值的电容并联

n 个相同电容值的电容并联后，谐振频率不变，阻抗点的阻抗变为原来的 $1/n$，如图 1.79 所示。

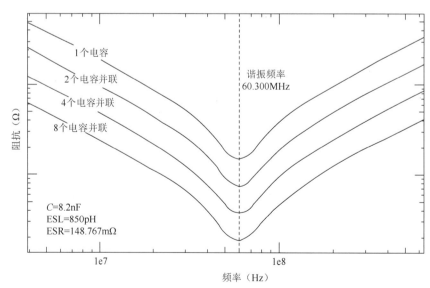

图 1.79　相同电容值的电容并联阻抗特性

从图 1.79 看到，电容并联后仍拥有相同的谐振频率，但是并联电容的阻抗小于单个电容。阻抗曲线呈 V 字形状，随着频率偏离谐振频率，其阻抗很快上升。若要在很大的频率范围内满足目标阻抗要求，需要并联大的同电容值电容，然而这会造成极大浪费，因此并不是一种好方法。当设计电路的工作频率很高时，最好使用不同电容值的电容组合来构成相对平坦的阻抗曲线。

2）不同电容值的电容并联

电容值不同的电容有不同的谐振频率，如果工作的频率变化范围比较大，那么一般采用大电容值和小电容值的电容并联，一些用于低频情形，另一些则用于高频情形，如图 1.80 所示。电容值越大，谐振点越低。在低频或直流环境中，旁路（去耦）电容通过充电或放电来提供少量的瞬态电流，从而抵抗电压变化。在高频情况下，电容是接地的低阻抗路径，可保护芯片免受电源线上高频噪声的干扰。因此，电容值较大的电容可以消除电源电压中的低频变化，而电容值较小的电容可以有效地消除电源线上的高频噪声。

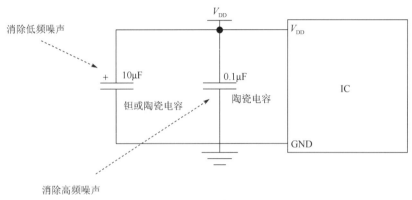

图 1.80　电容并联

电容值不同的电容具有不同的谐振点。图 1.81 所示为两个电容的阻抗随频率变化的曲线。

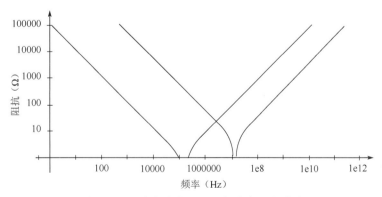

图 1.81　两个电容的阻抗随频率变化的曲线

在图 1.81 中，单个电容在各自谐振点左边呈容性，右边则呈感性；在两个谐振点之间，一个电容呈容性，另一个电容则呈感性，此时相当于 LC 并联电路。当电感阻抗和电容阻抗相等时，并联谐振或称反谐振效应出现在两条阻抗曲线的交叉点处，称为反谐振（Anti-

Resonance）点。两个电容值不同的电容并联后，阻抗曲线如图 1.82 所示，其底部要比图 1.79 的底部平坦得多，意味着在很大的频率范围内，阻抗很小。反谐振点处的阻抗尖峰表明并联电容的阻抗趋向无限大，高于单一电容的阻抗。

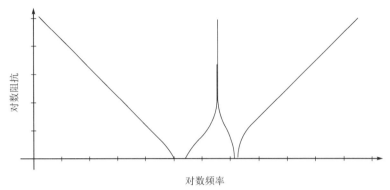

图 1.82　不同电容值电容并联后的阻抗曲线

在并联电容去耦电路中，虽然大多数频率的噪声或信号都能在电源分配网络中找到低阻抗回流路径，但是频率接近反谐振点的噪声或信号。由于电源系统表现出高阻抗而无法在电源分配网络中找到回流路径，最终会从 PCB 向空中发射出去，从而产生严重的 EMI。并联谐振或反谐振现象是使用并联去耦方法的不足之处，需要合理选择电容，尽可能压低反谐振点处的阻抗。不过，实际电容中存在等效串联电阻 ESR，尤其是现代工艺生产的贴片电容，其等效串联阻抗很低。因此，反谐振点处的阻抗不会无限大，可设法加以控制，使整个电源分配网络的阻抗特性趋于平坦，经典的旁路方案如图 1.83 所示。经典的旁路方案是在芯片 3～5cm 范围内放置一个 10μF 电容，并在尽可能靠近电源引脚处放置一个 0.1μF 电容。

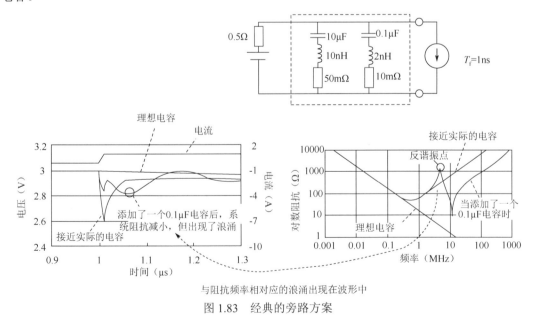

图 1.83　经典的旁路方案

4．电感低通滤波器

电感可以用作低通滤波器，具有较大阻抗的电感通常具有出色的噪声抑制能力，如图 1.84 所示。

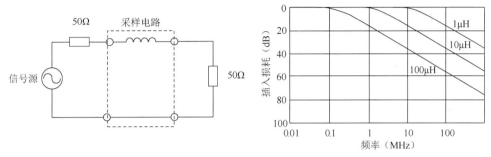

图 1.84　电感低通滤波器

5．LC 滤波器

当旁路（去耦）电容不足以抑制电源噪声时，电容与电感结合将形成 LC 滤波器，如图 1.85 所示。

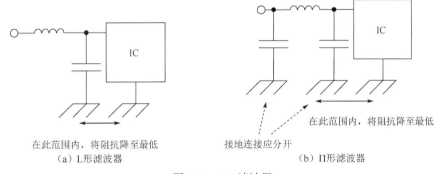

图 1.85　LC 滤波器

6．铁氧体磁珠

铁氧体磁珠（Ferrite Bead）是无源器件，可在大频率范围内过滤高频噪声，在目标频率范围内具有电阻特性，并以热量的形式耗散噪声能量，其简化电路模型由电阻、电感和电容组成，如图 1.86 所示，其中 R_{DC} 对应磁珠的直流电阻，C_{PAR}、L_{BEAD} 和 R_{AC} 分别表示寄生电容、磁珠电感和与磁珠有关的交流电阻（交流磁芯损耗）。

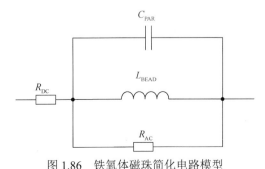

图 1.86　铁氧体磁珠简化电路模型

铁氧体磁珠与电源串联，磁珠的两侧各有一个电容，从而形成了一个 Π 形低通滤波器网络，进一步降低高频电源噪声，如图 1.87 所示。例如，有噪声的 DC/DC 转换器为多个模拟组件供电，这些组件对噪声敏感，但通常不会产生大量噪声。铁氧体磁珠不仅抑制进入芯片的噪声，还抑制来自芯片的噪声，因此铁氧体磁珠对于具有多个数字组件的 PCB 去耦特别有用，可以将每个芯片与所有其他芯片产生的噪声相隔离。

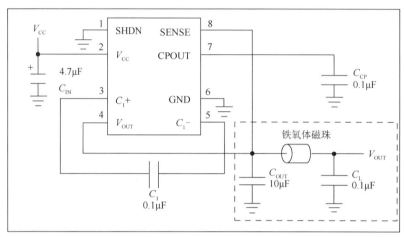

图 1.87　铁氧体磁珠与电容的组合使用

当使用电感时，芯片所需的瞬态电流将由电感和芯片之间的电容提供，其中电容的电容值较大，而电感值较小。特别注意，电容必须直接与电源端口相连，以提供芯片所需的瞬态电流，如图 1.88 所示。

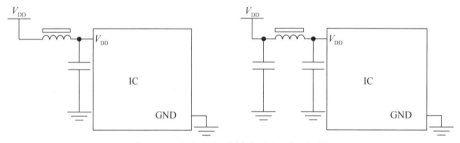

图 1.88　电容必须直接与电源端口相连

图 1.89 所示结构是错误的，这种配置中使用的铁氧体磁珠会阻塞芯片所需的瞬态电流。

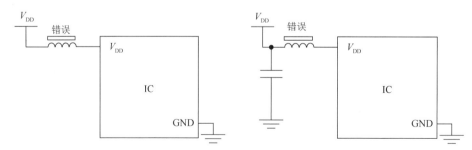

图 1.89　错误的铁氧体磁珠配置

铁氧体磁珠可以在电源层与 PLL（或缓冲器）之间提供交流隔离。通过使用铁氧体磁珠，电源噪声在到达 PLL 之前被衰减。同样，来自 PLL（或缓冲器）的数字噪声在到达电源层之前也会被衰减。在图 1.90 中，铁氧体磁珠在 PLL 电源和芯片其余部分的电源之间提供电感连接，并联旁路电容被添加到 PLL 电源与地之间。在高频状态下，电感近似于开路器件，以阻止噪声进入 PLL 电源；电容则充当短路器件，将噪声从地复制到 PLL 电源上，使 PLL 电源与地之间的差分噪声为零。

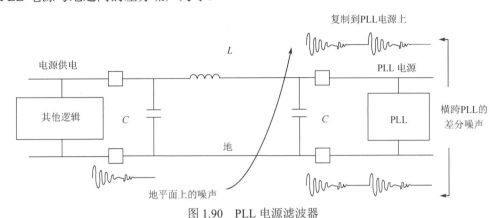

图 1.90　PLL 电源滤波器

在图 1.91 中，PLL 组件具有单独的引脚（V_{DDA}）为 PLL 内核供电，而 V_{DD} 引脚为输出驱动器供电。当内核电流很小时，如指定 I_{DDA} 最大为 15mA，可以使用电阻代替铁氧体磁珠。选择 8Ω 这样的电阻值只会产生 0.12V 的压降，符合工作要求。使用电阻代替铁氧体磁珠可以更好地过滤低频噪声，适用于对长期抖动有要求的应用。

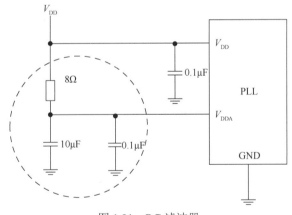

图 1.91　RC 滤波器

数模混合芯片需要具备模拟电源和数字电源，两个电源最好通过两个线性稳压器分别提供。如果使用单一电源，则可利用铁氧体磁珠提供噪声隔离功能，如图 1.92 所示。

当铁氧体磁珠和供电电源串联使用时，流过铁氧体磁珠的任何直流电流都会产生与直流电阻成正比的压降，因此大功率的芯片可能会吸收足够电流而引起发热等问题。假设使用一个直接电阻为 0.7Ω 的铁氧体磁珠，连接到高性能数字信号处理器上为多个电源引脚提供 1.1V 的内核电源，在正常操作期间一切都很好，但是如果该处理器进入了一段密集的计算活动并通过铁氧体磁珠吸收了 400mA 电流，则 1.1V 内核电源将降至 0.82V。这种暂时的操作引起的电源偏差可能会导致间歇性故障而难以被诊断出来，如图 1.93 所示。

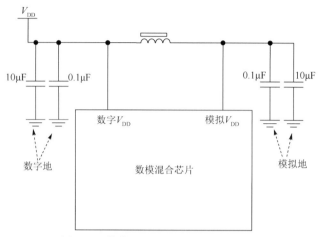

图 1.92　数模混合芯片的电源噪声隔离

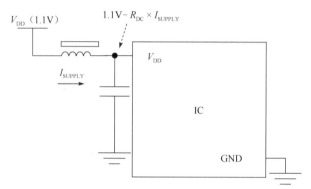

图 1.93　铁氧体磁珠和供电电源串联使用

如果不担心 IR 压降，则可以在芯片的电源引脚附近插入一个小型串联电阻，以降低谐振电路的品质因数（Q 因子），从而抑制振铃效应，如图 1.94 所示。

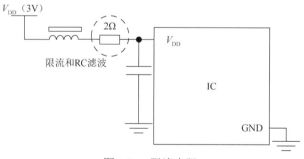

图 1.94　限流电阻

1.4.4　分层解耦

从功能角度看，电容类似蓄电池，需要响应附近的本地瞬态电流请求，维持电源分配网络的时间响应和电压供应。从频率特性看，随着频率增大，电源分配网络的阻抗将增大，电容（靠近芯片）将降低高频区域的阻抗，尤以片上解耦电容最为理想。当然由于空间限制，通常从片上、芯片近端到远端，分层放置电容，以达到目标阻抗，如图 1.95 所示。

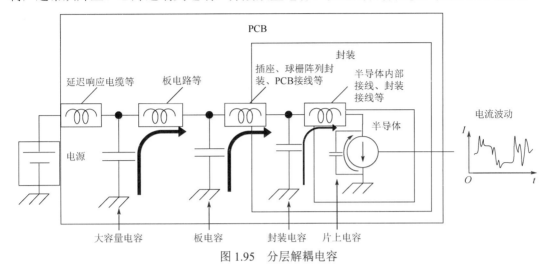

图 1.95 分层解耦电容

当使用分层解耦电容后，整个电源分配网络的阻抗频率特性如图 1.96 所示。稳压器决定了电源分配网络的低频阻抗，当超过 1kHz 时，与稳压器相连的大容量电容将使阻抗下降。板级电源分配网络设计频率范围为 100kHz～100MHz，这正是 PCB 平面和各层陶瓷贴片电容发挥作用的频率范围。封装上的电源分配网络通常表现为感性，在高频时表现为高阻路径，一旦频率超过封装电感限制，由芯片看过去的电源分配网络阻抗将由片上电容和封装电容决定。在最高频率时只有片上电容才能提供最低阻抗。通过不同电容的组合使用来满足在宽广的频率区域内总的目标阻抗要求。

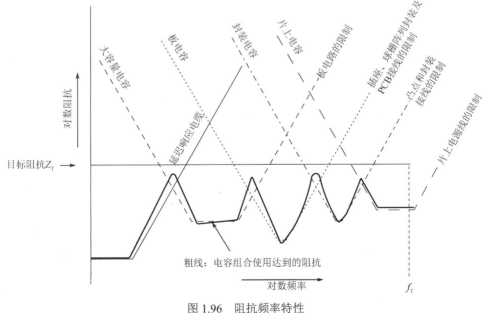

图 1.96 阻抗频率特性

1. 解耦电容的频段管控

电源分配网络虽然具有复杂结构，但在频域内可分为 4 个简单频段，不同频段的主要影响组件如图 1.97 所示。简单来说，低频段由稳压器和大容量电容来管控，中间频段由板电容来管控，高频段则由封装电容和片上电容来管控。

所有解耦电容在电源分配网络中都起着重要作用，它们支持的频率变化范围如下。

- 稳压器和大容量电容支持低频变化（≤100kHz）。
- 板电容支持中高频变化（100kHz～100MHz）。
- 封装电容支持高频变化（100MHz～1GHz）。
- 片上电容支持高频变化（>1GHz）。

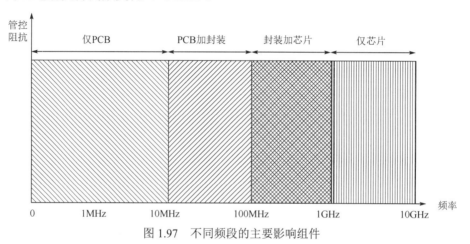

图 1.97　不同频段的主要影响组件

2. 解耦电路设计

解耦电容的合理使用（电容类型、电容数量、电容布局）是电源完整性设计的重要部分。

- 每个设备电源引脚使用 0.1μF 和 0.01μF 的电容。
- 解耦电容的放置尽可能靠近设备电源引脚。
- 在整个布局中分配一些大容量电容（1μF 和 10μF），以帮助消除低频耦合并维持电源系统低阻抗。
- 在电源上使用大型电解电容（100μF）。
- 具有良好载流特性和低电阻的电感应与电压源串联放置。

图 1.98 所示为一个推荐的解耦电路。

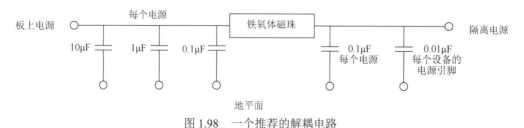

图 1.98　一个推荐的解耦电路

PCB 上需要供电的器件对于工作电源都有一定要求，以芯片为例，通常表现为三个参数。

- 极限供电电压：芯片供电引脚所能承受的极限供电电压，但芯片功能不能保证。该供电电压不能超过设定参数的要求范围，否则可能会造成永久性损伤，而且如果处于极限值一定时间，则会影响芯片的长期稳定性。
- 推荐工作电压：芯片供电引脚的电压（保证芯片正常可靠工作），通常用"$V\pm x\%$"来表示，其中 V 是芯片供电引脚典型的工作电压，$x\%$ 为允许的电压波动范围，常见的 x 为 5 或 3。
- 电源噪声：芯片供电引脚电压上允许的纹波噪声，通常用峰峰值来表征。

芯片的数据手册通常会提供极限供电电压和推荐工作电压，至于电源噪声，不一定会单独提供。

3．电源设计总体方案

- 确定较大元器件的不同电压，如 3.3V、2.5V、1.8V、1.5V、1.2V。
- 估算主要组件（如 CPU、PHY、FPGA、CPLD、单片机、存储器等）工作在不同电压下的最大电流。
- 计算电源芯片 LDO 或 DC/DC 转换器输出电压对应的总电流。
- 根据总电流、输入/输出电压确定电源芯片的效率。
- 根据电源芯片的效率、输出电流、输入/输出电压计算芯片的最大功耗。
- 根据数据手册提供的数据计算芯片在最大输出电流情况下的结温，以确定最高使用环境温度，确认其是否小于芯片能承受的最大结温。
- 根据输出电流 I、最大允许纹波 V 及公式 $V=\mathrm{ESR}\times I$ 计算出所需要使用的电容 ESR。
- 根据计算出的电容 ESR 与 C 固定的比例关系，推算电源芯片输出端需要的电容值。
- 根据电源芯片数据手册确定反馈电压的电阻值。
- 根据电源芯片数据手册确定外置电感的电感值。
- 根据电源芯片工作的开关频率和电容的解耦半径、电容的解耦频率，在电源芯片的输入/输出端增加数量不等的瓷片电容。

1.4.5　片上电源分配网络的电源完整性

1．IR 压降

完整电源分配网络的电阻包括片上导线和通孔的电阻、封装上的焊线或焊锡凸点的电阻、封装平面或走线的电阻、PCB 的电阻。IR 压降主要由构成片上电源分配网络的金属线的寄生电阻引起，如图 1.99 所示。顶部的电阻是片上电源分配网络电阻的主要组成部分。使用多层和多条平行电源线可以在一定程度上降低电阻。

当许多寄存器和门单元同时转换时，在时钟沿附近的电流消耗趋向局部尖峰。通常，电源分配网络只需要提供足够低的电阻以满足平均电流需求，峰值电流可由附近的解耦电容提供。

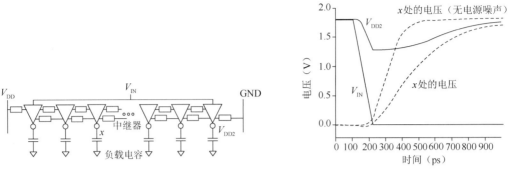

图 1.99　IR 压降

2．di/dt 噪声

尽管封装的电阻很小，但封装引线的电感很大。当器件处于开关状态时，瞬态变化的电流（di/dt）在经过回流路径上的电感时形成交流压降，从而引起噪声，称为同步开关噪声（SSN）或地弹。

电源电感通常由将芯片连接到封装的键合线或 C4 凸点的电感决定。典型的键合线电感约为 1nH/mm，而 C4 凸点的电感约为 100pH。片上电感实际上并不会显著影响电源电平的下降。电感并联后电感值将减小，现代封装将许多（通常为 50%或更多）引脚或凸点专用于电源和地，以最大限度地减小电源电感。

在实际设计中，SSN 不可能彻底消除，但需要采取适当方法来减小。可以增加解耦电容，并尽可能将解耦电容靠近芯片供电引脚，以改善芯片周围的电源局部完整性。在系统设计中，尽可能使用平缓的驱动信号，以缩短驱动器的上升沿和下降沿时间。

3．电源噪声影响

对于 CMOS 电路来说，电压 V_{DD} 会影响 CMOS 电路转换的快慢。对于时钟电路来说，如果电压不断提高，那么时钟周期会不断变长。时钟周期长度的变化称为抖动。抖动会影响系统性能，抖动太大会引起系统时序问题。例如，一个芯片在抖动较小时可以运行在 1GHz，但是当抖动较大时，可能只能运行在 800MHz。电源噪声引起的抖动如图 1.100 所示。

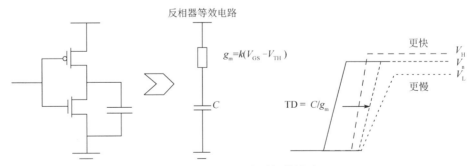

图 1.100　电源噪声引起的抖动

对于接口电路，电源噪声引起输入信号电压幅度的变化如图 1.101 所示。如果电源噪声发生在信号沿，则会影响输入信号电压幅度。如果输入信号电压幅度变化过大，超过接收电路的判决电平，就会引起接收电路的误判。

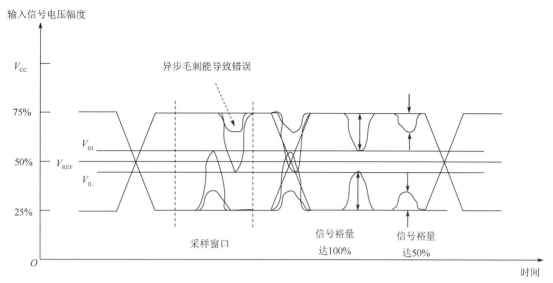

图 1.101　电源噪声引起输入信号电压幅度的变化

4．片上解耦电容

片上电容包括电源和地轨金属层之间的电容、所有 P 管/N 管的栅极电容，以及各种寄生电容。片上解耦电容是物理实现时分布在片上各处的特殊单元，放置在电源与地轨之间，如图 1.102 所示。当电源电压正常时，片上解耦电容用于充电以存储能量；当瞬态电流增大致使电压下降时，片上解耦电容可以放电从而起到一定的缓冲作用。因此，片上解耦电容提供了配电系统无法立即满足的片上开关电路的电流需求，高频时为电源分配网络提供了低阻抗。

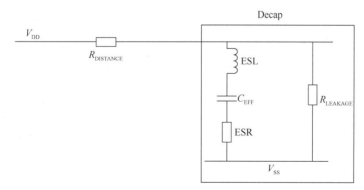

图 1.102　片上解耦电容

小结

- LDO 是指输入和输出之间电位差较低时也可工作的线性稳压器。开关稳压器通过控制开关管的关断/打开时间来得到稳定的输出电压。

- 电源监测与保护电路提供过压/欠压保护、过载保护、短路保护，以及掉电检测和浪涌保护等功能。
- 电源管理电路由 DC/DC 转换器、LDO 和控制逻辑等构成，提供芯片所需的多档电源和电流。
- 电源分配网络为需要供电的器件提供稳定的电压和完整的电流回路，可分为 4 个区域：电源、PCB 上的电源分配网络、封装上的电源分配网络和片上电源分配网络。
- 电源完整性保证电源分配网络能提供正确稳定的工作电压，对电压波动、串扰、反射、辐射、噪声等进行有效抑制。

第 **2** 章

时钟和复位管理

时钟和复位管理设计关系到整个芯片是否能够正常使用，伴随着多时钟域和多复位域需求，其设计规模越来越大，复杂度越来越高。

大型 SoC 可能需要几十甚至上百个时钟，它们来自外部时钟输入、内部振荡器或 PLL。时钟源信号经过分频、多路选择和门控电路为各模块提供所需工作时钟。

SoC 中的复位可分为冷复位和热复位。冷复位主要是与电源电压相关的复位，如上电复位、欠压复位；热复位主要是无须掉电的复位，如看门狗定时器复位、软复位和按键复位。

通常设计一个专用模块集中管理芯片的时钟和复位。

本章首先介绍 SoC 时钟管理和 SoC 复位管理，然后讨论时钟和复位模块设计。

2.1 SoC 时钟管理

时钟信号包含频率（周期）、相位和抖动等参考指标。

1. 时钟域

当某个设计由一个或几个具有固定相位关系的时钟驱动时，便称其属于一个时钟域。例如，一个时钟与其反相时钟或分频时钟属于同一个时钟域。严格一点，同时钟域的时钟不仅是同源时钟，还要求频率相同和相位相同。如果两个或多个时钟的频率相同但相位关系不固定，则它们属于不同时钟域。

例如，如果两个时钟都来自同一个 PLL，彼此之间的相位和频率关系固定，则被认为属于同一个时钟域。如果两个时钟来自不同 PLL，即便频率相同，因彼此之间的相位关系不固定，也被认为属于不同时钟域，如图 2.1 所示。

同一个模块内部可以包含一个或多个时钟域；同一个时钟域可以位于同一个模块或跨越不同模块。不同时钟域之间通过异步通信通道相连接，如图 2.2 所示。

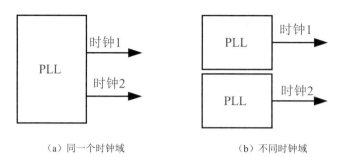

（a）同一个时钟域　　　　　　　　　（b）不同时钟域

图 2.1　时钟域

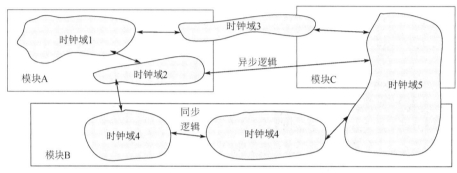

图 2.2　多个时钟域

2．时钟同步

时钟同步包括频率同步和相位同步。

1）频率同步

频率同步是指两个信号的相位可以不一致，频率也可以不一致，但频率变化相同或保持固定比例。在图 2.3 中，信号 A、信号 B 与信号 C 是频率同步的。

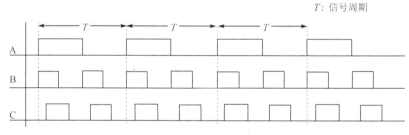

图 2.3　频率同步

图 2.4 中有两个钟表，在某个时刻，表 A 指示的时间是 12:15，表 B 指示的时间是 12:45，显然，它们的时间相差 30 分钟，也就是相位不同；在下一个时刻，表 A 指示的时间是 12:25，表 B 指示的时间是 12:55，它们虽相位不同，但时间差还是 30 分钟。如果在其他时刻这两个表指示的时间始终相差 30 分钟，就可以认为它们走得快慢一致，即频率同步。

2）相位同步

相位同步是指时钟信号的有效沿（上升沿或下降沿）同步，又称为时间延迟同步。在图 2.3 中，信号 A 与信号 B 是相位同步的，但信号 A 与信号 C 不是相位同步的。

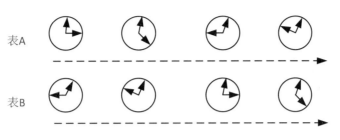

图 2.4　频率同步的例子

在图 2.5 中，在相位同步下，表 A 与表 B 每时每刻指示的时间都是一模一样的，不仅要走得快慢一样，还不允许有任何时间差。因此，相位同步也称为时间同步。

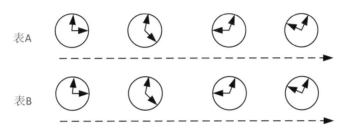

图 2.5　相位同步的例子

由此可见，频率同步是相位同步的基础，而相位同步的要求比频率同步高得多。相位同步主要是无线传输的需求，现在也成为网络数据传输中的一个很重要的需求。

3．同步电路

同步电路中使用一个或一组同步时钟，只要电路时序得到收敛，就能可靠工作。在同步电路设计中，EDA 工具可以保证电路的时序收敛，从而有效避免电路出现时序违例而导致亚稳态。触发器只在时钟沿才改变取值，在很大程度上减小了整个电路受毛刺和噪声影响的可能性。

由于时钟网络的负载较大，为了满足驱动能力及转换时间的要求，同时降低时钟偏移（Clock Skew），在时钟树综合时，需要加入大量的缓冲单元或反相器单元对，这使电路面积和功耗大大增加。

4．异步电路

异步电路中没有全局或局部的控制时钟，数据传输可以在任何时候发生。异步电路不受时钟和时钟网络的影响，对信号延迟不敏感，有良好的电磁兼容性和低功耗特性。但异步电路设计复杂，缺少相应的 EDA 工具的支持，因此在大规模集成电路设计中应避免采用。

2.1.1　时钟抖动

时钟信号的关键指标是抖动。时钟抖动可分为三种类型：周期抖动、相邻周期间抖动和时间间隔误差。其中，周期抖动和相邻周期间抖动表征短期抖动行为，时间间隔误差表征长期抖动行为。抖动与时钟频率无直接关系。

（1）周期抖动。

周期抖动（Period Jitter，PJ）是在多个周期内对时钟周期的变化进行测量与统计的结果，如图 2.6 所示。

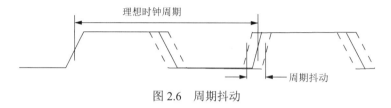

图 2.6　周期抖动

（2）相邻周期间抖动。

相邻周期间抖动（Cycle to Cycle Jitter，CCJ）是对相邻时钟周期的周期差值进行测量与统计的结果，如图 2.7 所示。

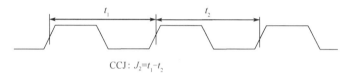

图 2.7　相邻周期间抖动

（3）时间间隔误差。

时间间隔误差（Time Interval Error，TIE）是信号在电平转换时，其边沿与理想时间位置的偏移，又称为相位抖动（Phase Jitter），如图 2.8 所示。

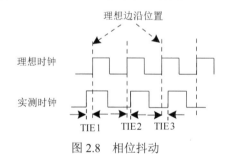

图 2.8　相位抖动

从时钟抖动的来源分析，可以将抖动分为确定性抖动和随机抖动。

（1）确定性抖动。

确定性抖动（Deterministic Jitter，DJ）由可识别的各种干扰信号（如电磁干扰、开关电源噪声、串扰等）造成。其抖动幅度具有边界，可以通过电路设计优化来改善或消除，如选择合适的电源滤波方案、合理的 PCB 布局和布线。

（2）随机抖动。

随机抖动（Random Jitter，RJ）由不能预测的多种不相关噪声源，如热噪声（Thermal Noise 或 Johnson Noise）、散粒噪声（Shot Noise）和闪烁噪声（Flick Noise），以及电子和半导体器件的电子和空穴特性等叠加造成。常使用高斯分布来描述随机抖动特性，随机抖动幅度可用均方根或峰峰值来表示。

- 均方根（Root Mean Square，RMS），即高斯分布一阶标准偏差值σ。一般采用规定滤波器带宽内的均方根抖动，光通信领域常用的积分带宽是 12kHz～20MHz。
- 峰峰值（Peak-to-Peak），即高斯正态曲线上最小测量值与最大测量值之差。根据数据系统误码率要求的不同，最小测量值和最大测量值的取值不同，如当误码率为 10^{-12} 时，峰峰值约等于 14 倍的高斯分布一阶标准偏差值，即 14σ。

确定性抖动和随机抖动之和符合称为双峰响应的概率分布，如图 2.9 所示。该分布的中心部分表示确定性抖动，外部部分则是（随机抖动）高斯分布的尾部。

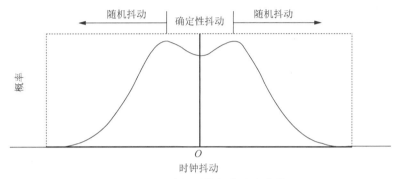

图 2.9　时钟抖动的概率分布曲线

随机抖动符合基于概率密度函数（PDF）的高斯分布，无界且无法用峰峰值来表示。有时候为了计算某个误码率下总抖动的大小，需要知道在该误码率下的随机抖动峰峰值 $RJ_{P\text{-}P}$。对于高斯抖动而言，可以通过下式将均方根值转化为特定误码率下的峰峰值。

$$RJ_{P\text{-}P}= N\times \sigma$$

式中，N 是与误码率有关的一个参量。

峰峰值与误码率的关系如表 2.1 所示。

表 2.1　峰峰值与误码率的关系

误码率	峰峰值（$N \times$ RMS）
10^{-10}	$12.7 \times$ RMS
10^{-11}	$13.4 \times$ RMS
10^{-12}	$14.1 \times$ RMS
10^{-13}	$14.7 \times$ RMS
10^{-14}	$15.3 \times$ RMS

总抖动（TJ）由随机抖动（RJ）和确定性抖动（DJ）组成，由下式表示。

$$TJ = N \times RJ + DJ$$

在大多数情况下，N 为 14.1，此时误码率为 10^{-12}。

1. 相位噪声

相位噪声 $L(f)$ 是时钟信号噪声特性的频域描述，表征时钟信号的频率稳定度，即偏离载波频率 f-f_C 处 1Hz 带宽内噪声功率与载波信号总功率的比值，单位为 dBc/Hz。图 2.10 所示为一个时钟信号的频谱特性，其边带随着远离主频的位置逐渐降低，在偏离载波频率 f-f_C 处，相位噪声约等于载波频率处的曲线高度与频率 f 处的曲线高度之差，即 $L(f$-$f_C)$。

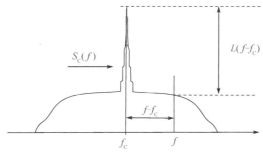

图 2.10　一个时钟信号的频谱特性

2．均方根抖动和相位噪声的关系

时钟质量可以用时域的相位抖动指标或频域的相位噪声指标来表征，二者反映的是同一个物理现象，故均方根（RMS）抖动可通过频域的相位噪声曲线计算而获取，根据相关文献，频域的 RMS 抖动与相位噪声之间的关系如下。

$$\sigma_{RMS} = \frac{\sqrt{2\int_{f_1}^{f_2} L_\varnothing(f)\mathrm{d}f}}{2\pi f_0}$$

式中，f_1 和 f_2 为抖动积分上、下限频率；f_0 为信号中心频率。

图 2.11 所示为某个 PLL 时钟器件输出的相位噪声，载波频率 $V_0 = 156.25\text{MHz}$，为计算方便，将相位噪声曲线进行近似，其中 AB 段和 CD 段的相位噪声为常数 10^{-16}dBc/Hz，BC 段的相位噪声存在 20dBc 衰减，近似为 f^{-2} 的噪声类型。

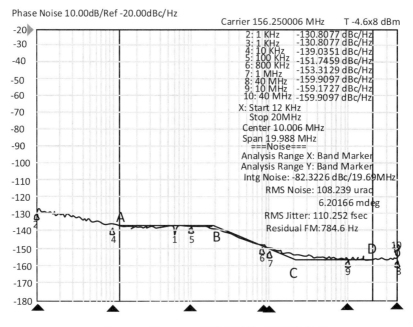

图 2.11　某个 PLL 时钟器件输出的相位噪声

根据 RMS 抖动与相位噪声间的转换关系，设积分频率取值范围为 12kHz～20MHz，则 AB 段（12kHz～200kHz）的近似等效 RMS 抖动为

$$\sigma_{\text{RMS\_AB}} = \left(\frac{1}{2\pi \times 156.26 \times 10^6}\right)\sqrt{2 \times \int_{12000}^{200000} 10^{-14}\,\mathrm{d}f} = 0.0624\text{ps}$$

BC 段（200kHz～2MHz）的近似等效 RMS 抖动为

$$\sigma_{\text{RMS\_BC}} = \left(\frac{1}{2\pi \times 156.26 \times 10^6}\right)\sqrt{2 \times \int_{200000}^{2000000} 10^{-16} \times f^{-2}\,\mathrm{d}f} = 0\text{ps}$$

CD 段（2MHz～20MHz）的近似等效 RMS 抖动为

$$\sigma_{\text{RMS\_CD}} = \left(\frac{1}{2\pi \times 156.26 \times 10^6}\right)\sqrt{2 \times \int_{2000000}^{20000000} 10^{-16}\,\mathrm{d}f} = 0.0611\text{ps}$$

总的近似等效 RMS 抖动为 0.0624+ 0.0611= 0.1235ps。

2.1.2　PLL

PLL（锁相环）已被广泛集成于 SoC，可以实现时钟产生、时钟恢复、抖动滤除、频率合成和转换、时钟分发和驱动等功能。

1. 结构与功能

PLL 可以由模拟电路或数字电路来实现，使用相同的基本结构。模拟 PLL 电路包括鉴频鉴相器、电荷泵、低通滤波器、压控振荡器（VCO）和反馈分频器，如图 2.12 所示。

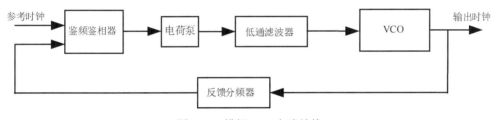

图 2.12　模拟 PLL 电路结构

1）类型

PLL 有几种类型，包括模拟锁相环（APLL）或称线性锁相环（LPLL）、数字锁相环（DPLL）、全数字锁相环（ADPLL）和软件锁相环（SPLL）。

- APLL/LPLL：具有模拟鉴频鉴相器、模拟低通滤波器、模拟 VCO。
- DPLL：具有数字鉴频鉴相器、模拟低通滤波器和模拟 VCO。
- ADPLL：具有数字鉴频鉴相器、数字低通滤波器和数字 VCO。
- SPLL：PLL 功能由软件而非专用硬件实现。

2）性能参数

- 频率范围：保持范围（跟踪范围）、引入范围（捕获范围、采集范围）、锁定范围。
- 回路带宽：定义控制回路的速度。
- 瞬态响应：定义稳定时间和过冲精度。
- 稳态误差：类似剩余相位或时序误差。
- 输出频谱纯度：类似某个 VCO 调谐电压纹波产生的边带。
- 相位噪声：由特定频带中的噪声能量定义（例如，从载波偏移 10kHz），高度依赖于

VCO 相位噪声、PLL 带宽等。

- 常规参数：功耗、电源电压范围、输出幅度等。

2. PLL 噪声模型

图 2.13 所示为典型的 PLL 输出噪声分布特性曲线。在 PLL 环路带宽内，主要噪声成分是参考时钟噪声、分频器噪声、鉴频鉴相器噪声和电荷泵噪声等；在 PLL 环路带宽外，主要噪声来自本地 VCO。因此总噪声的低频部分的噪声由参考时钟源主导（<1kHz），中间平坦部分的噪声（1kHz～200kHz）由鉴频鉴相器主导，环路带宽外部分的噪声由 VCO 噪声主导。

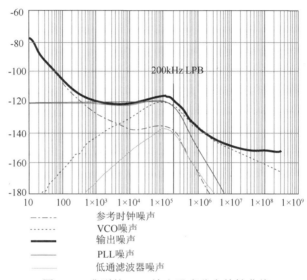

图 2.13　典型的 PLL 输出噪声分布特性曲线

PLL 中有一个带宽为 BW 的低通滤波器，该滤波器与鉴频鉴相器一起构成了频谱搬移部件，搬移量等于 VCO 频率，即输入信号中只有与 VCO 频率相差不大的频率分量可以搬移到零频率附近，成为可以低通的信号频率；相差较大的频率分量会因超出通带宽度而不能通过。因此低通带宽映射到输入端，相当于一个"VCO 频率±BW"的窄带带宽，其中心频率为 VCO 频率。通过 PLL 环路跟踪输入信号的中心频率，PLL 可以成为窄带跟踪滤波器。

由于 PLL 环路的作用，在大于环路带宽时，具有低通特性的环路噪声被抑制，而在小于环路带宽时，VCO 噪声被抑制。因此，整个系统的噪声为两种噪声之和，低频时环路噪声起主导作用，高频时 VCO 噪声起主导作用。通常设计环路时需要综合考虑两种噪声，以确定环路带宽。如果环路噪声较小，则可以将环路带宽选大一些，从而更好地抑制 VCO 噪声，反之亦然。

PLL 具有一个死区，在这个死区中，输入相位的微小变化无法被鉴频鉴相器检测到，也得不到纠正，于是会以抖动的形式出现在输出中，该抖动与环路带宽和鉴相频率有关。低通滤波器可以滤除输入时钟的高频抖动，因此 PLL 的输出时钟抖动主要来自 VCO 本身和电源噪声，与输入信号无关。PLL 的环路带宽越小，鉴相频率越高，其相位噪声越小（时域上的抖动越小）。减小相位噪声的措施包括增大鉴相频率、缩小环路带宽、增大电荷泵电流、参考晶振选用更小噪声的产品。

1）耦合噪声

在电路内部，其他单元产生的噪声会在基板中注入一些电荷，扰乱 PLL 的振荡器，从而扰乱输出频率。对于数字电路，此噪声影响极大，通常会引发周期抖动、相邻周期间抖动等。

在电路外部，低通滤波器与外部信号之间的耦合噪声将直接影响 PLL 的输出频率，根据耦合信号的性质，可能会产生抖动，通常为长期抖动。

2）电源噪声

电源噪声从表现形式上可分为 SSN、地弹、非理想阻抗影响、谐振及边缘效应。其成因如下。

- 电源纹波：稳压电源芯片本身输出并不恒定，存在一定纹波。电源纹波为电压调制模块（VRM）的输出电压波动，电源噪声则是指在实际系统中，VRM 输出经过电源分配网络输送到芯片，在芯片引脚处的电压波动。一般电压波动在源端称为纹波（Ripple），在末端则称为噪声（Noise）。
- 瞬态交变电流：当芯片上各种功能电路同时工作时，稳压电源模块无法实时响应负载对电流需求的快速变化，芯片上的电源电压发生跌落，从而产生电源噪声。
- 电流回路上的电感：负载瞬态电流在电源路径阻抗和地路径阻抗上产生压降。

当浪涌电流通过输出驱动器时，连接到电源层（V_{DD} 和 GND）的引线电感会在其两端产生压降（$L\times(\mathrm{d}i/\mathrm{d}t)$），从而升高或降低设备的有效接地电位。如果振荡器内晶体管的阈值电压发生变化，则会导致其振荡频率发生变化。上述双重影响都以抖动的形式出现在 PLL 输出端。

假设 V_{DD} 信号具有 100mV 峰峰值噪声纹波，这种噪声会导致反相器输入端的阈值电压发生偏移而引起抖动。如果此噪声信号的上升速度为 1V/ns，则反相器输出端将出现 100ps 的峰峰值抖动。基板噪声的低频分量一般不大，因为基板和电源电压之间不会产生明显的直流压降。在最坏情况下，电源和基板噪声水平分别高达标称电源电压的 10% 和 5%。PLL 内部的反相器如图 2.14 所示。

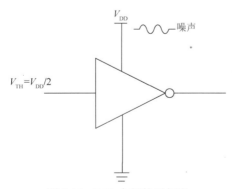

图 2.14　PLL 内部的反相器

数字电源上的噪声通常会产生周期抖动或相邻周期间抖动，典型的电源噪声波形如

图 2.15 所示。

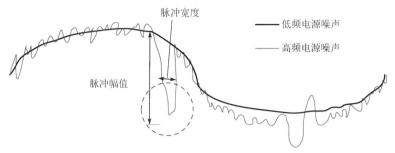

图 2.15　典型的电源噪声波形

因产生机理不同，高频电源噪声和低频电源噪声体现出来的性能相差很大，所以在不同应用场合采用的抑制方式也不同。低频电源噪声（周期长于传播延迟）一般包括电源纹波、电阻和晶体管随机热噪声、晶体管随机闪烁噪声等，不会影响周期抖动。由于电压从一个边沿到下一个边沿变化不大，因此延迟变化不大。高频电源噪声主要来自数字电路的高速翻转及芯片控制部件的快速切换，在芯片时钟设计中，该类噪声占据主导地位，一般用周期抖动来描述。

在图 2.16（a）中，电源噪声在每个时钟沿完全相同，延迟（或提前）时间相同导致时序之间没有抖动，称为同步噪声。在图 2.16（b）中，电源噪声在每个时钟周期内都不同，导致时钟沿大量偏移并增加抖动，称为异步噪声。

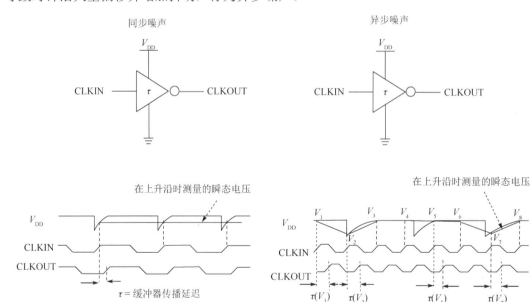

（a）同步噪声　　　　　　　　　　　　（b）异步噪声

图 2.16　电源噪声与时钟的关联性

电源噪声最坏的情况是噪声的峰值和谷值出现在相邻时钟周期的边沿，如图 2.17 所示。

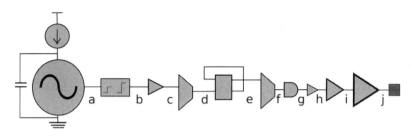

（a）PLL 输出时钟路径

周期抖动 ▬▬

相邻周期间抖动 ──

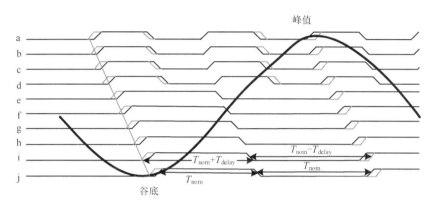

（b）PLL输出时钟路径上存在电源噪声

图 2.17　电源噪声最坏的情况

经典的 PLL 环路中包含对噪声非常敏感的模拟电路，对片上集成的 PLL 环路一般采用以下措施来消除噪声。

- 用电源和地线包围整个 PLL。地线圈能够使 PLL 周围的衬底电位保持稳定以抑制噪声，I/O 单元及其他逻辑电路引入的噪声大部分通过衬底耦合引入。
- 将 PLL 环路的电源线与芯片其他系统的电源线分离。在逻辑电路部分或接口电路部分经常出现瞬态大电流，这导致主电源的电位不断变化，所以在设计 PLL 环路的电源及地时，应该考虑将 PLL 电源与主电源相分离，使用单独引脚分别引出。
- 将 PLL 环路的输入引脚放置在 PLL 环路旁边，以免其受到电源波动及其他干扰的影响。

3）PLL 抖动计算

在图 2.18 中，假设 $N=30$，RJ = 1.5ps，DJ = 0.3ps/mV，电源电压为 1.8V，电源噪声=电源电压的±2%，则计算出的 PLL 抖动为 $14.2\times\sqrt{30}\times1.5+0.3\times1800\times0.04\approx137\text{ps}$。

参考输入噪声、分频器噪声、鉴频鉴相器噪声等对整个环路来说是低通特性的，即噪声的高频成分将被环路滤除；低通滤波器的噪声具有带通特性，高频或低频成分被环路抑制；本地 VCO 噪声是高通特性的，低频成分通过环路的负反馈调节后被抑制，高频成分则通过环路输出。在设计高精度 PLL 时，必须正确评估各部分电路的噪声特性，合理设计低通滤波器的零点，折中选取环路带宽 BW。较小的 BW 有利于抑制输入噪声，但会降低抖动容限性能；较大的 BW 对输入噪声抑制不足，但环路高通性能好，滤除本地 VCO 噪声的能力较强。若要优化 PLL 输出噪声，通常要求 BW 选在两个噪声源谱密度交叉点对应的频率附近，保证环路输出的相位噪声最小。图 2.19（a）所示为输入参考时钟 REF 有较大噪声，环路带宽约为 10Hz 时的 PLL 输出噪声；图 2.19（b）所示为输入参考时钟 REF 近端噪声比较小，环路带宽约为 100kHz 时的 PLL 输出噪声，二者在对应的应用条件下都可以得到较好的时钟抖动性能。

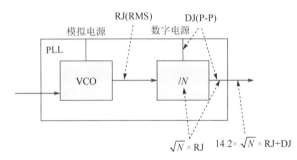

图 2.18　PLL 抖动计算

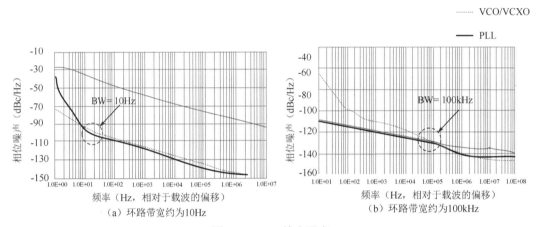

图 2.19　PLL 输出噪声

3．应用

PLL 电路用于控制频率和相位，可以配置为频率合成器、抖动滤除器、时钟发生器、零延迟时钟缓冲器、时钟和数据恢复电路等。

1）频率合成器

晶振具有频率稳定性，一般选为系统的外部时钟源，但受制于成本和工艺限制，频率无法很高且只能产生固定频率。

目前芯片内部的 VCO 通常采用环形振荡器和 LC 振荡器。其中环形振荡器调谐范围宽、功耗低、面积小，被大量应用于高集成度场景；LC 振荡器品质因数（Q 值）高、噪声性能好，被广泛应用于低抖动领域，如通信和医疗领域。然而芯片内部的 VCO 的频率长期稳定性较差，而且变化时很难快速稳定，即使是再好的 LC 振荡器电路，其频率稳定性也无法与晶振电路匹敌。

大范围的频率改变需要利用 PLL 频率合成技术，频率合成器由 VCO、低通滤波器、鉴频鉴相器和反馈分频器组成，其参考输入信号可选择来自晶振或压控晶振等具有小近端噪声的信号源。频率合成器如图 2.20 所示。

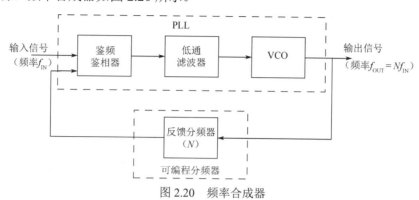

图 2.20　频率合成器

但是 PLL 跟踪到输入信号的时间相对较长，而且受制于鉴频鉴相器，整体频率分辨率不高。采用直接数字频率合成器（DDS）可以简单有效地合成频率，其原理是通过数字查表的方式"计算"出正弦波在某一时刻的值，并将该值赋予 DDS 内部的数模转换器（DAC）转换为模拟量输出，从而实现频率合成。

当用作频率合成器时，PLL 能输出高频信号，其频率稳定性与参考信号几乎相当。由于具有工作频带宽、工作频率高、频谱质量好、方案简单、造价低等优点，PLL 用作频率合成器在现有的频率合成方法中应用广泛。

当参考源丢失时，PLL 将会失锁。但是，具备保持（Holdover）功能的 PLL 在参考源丢失情况下，只要 VCO 的电源还保持稳定，仍会驱动输出，只是频率不确定，会缓慢漂移。

2）抖动滤除器

当输入噪声较大无法满足系统时钟抖动的设计要求时，PLL 的窄带滤波功能可以滤除输入时钟的带外噪声，实现在时钟同步的基础上输出低抖动时钟信号。

在通常情况下，PLL 中的分频器会放大时钟抖动，同时引入其自身抖动，无法满足低抖动要求。当 PLL 配置成输出频率等于输入频率（反馈分频器 $N=1$）时，使用较窄的环路带宽（如几十赫兹到几百赫兹），借助高性能的本地 VCO，如 VCXO、OCXO 等，可以将参考时钟输入的噪声滤除干净，输出优于参考时钟抖动性能的时钟信号。

在图 2.21 所示时钟发生电路中，采用了级联的双重 PLL 架构。第一级 PLL 采用了外置的高性能压控振荡器 VCXO，以实现抖动滤除功能，使输出时钟具有低抖动的近端噪声；第二级 PLL 采用了宽带低噪声 VCO，以实现时钟倍频功能，实现超低抖动的远端噪声，从而使整个频段范围内都具备极其优秀的噪声性能。

第一级 PLL 采用了很窄的环路带宽，可以抑制参考时钟信号中的大部分相位噪声，外接 VCXO 具有更窄的调谐范围，有益于净化参考源噪声，其频率锁定到输入参考时钟信号，相位噪声成为主要噪声分量。频率锁定后的 VCXO 作为基准时钟输入到第二级 PLL，此时采用了较宽的环路带宽，意味着 VCO 的相位和频率都锁定到 VCXO 上，因此 VCXO 噪声成为主要噪声分量。对于高于环路带宽的信号，VCO 的相位噪声、输出分频器和驱动器将决定输出信号的相位噪声。

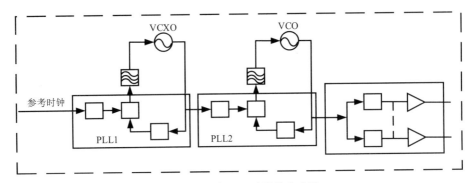

图 2.21　级联 PLL 时钟发生电路

3）时钟发生器

通常芯片中的处理器和某些模块工作在数百至数千兆赫兹下，其时钟来自内部高频 PLL 电路。对输入信号进行倍频以产生各种不同频率输出的 PLL，称为时钟合成器（Clock Synthesis Unit，CSU）或时钟倍频器（Clock Multiplier Unit，CMU）。在工作频率为数千兆赫兹而参考时钟仅为几十或几百兆赫兹的情况下，倍频系数可能会非常大。

4）零延迟时钟缓冲器

零延迟指的是时钟缓冲器能够提供与时钟参考源边沿对齐的输出信号。

参考时钟进入芯片并驱动 PLL，并驱动系统的时钟分配。时钟分配通常是平衡的，以便时钟同时到达每个端点，包括 PLL 的反馈输入。PLL 将分布式时钟与输入参考时钟进行比较，并改变其输出的相位和频率，直到参考时钟和反馈时钟的相位和频率匹配为止，外部零延迟架构如图 2.22 所示。

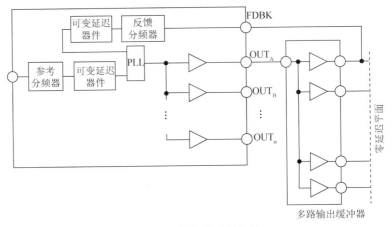

图 2.22　外部零延迟架构

零延迟时钟缓冲器至少需要 3 个构建模块：①PLL，可以是常见的模拟类型或新型的全数字设计类型；②具有匹配传播延迟功能的两个（或更多）输出驱动器；③PLL 反馈路径中的可变延迟器件。此外，零延迟时钟缓冲器要求从时钟合成器输出到关联目标器件的互连延迟相同，否则目标器件将无法实现时钟沿对齐。

延迟锁相环（DLL）经常用于消除时钟偏移。图 2.23 所示的延迟锁相环可以产生 4 个相位的时钟，采用电压控制的延迟线，CLKIN 和 CLK4 之间的相位差很小，使 4 级电路将时钟准确延迟一个时钟周期。

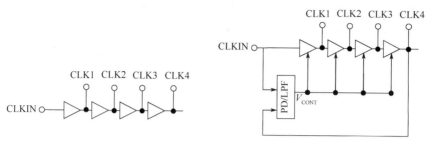

图 2.23　延迟锁相环消除时钟偏移

5）时钟和数据恢复电路

在有线通信中，在传输数据的同时传输一个时钟，因此需要一根额外的时钟线。对于高速串行总线来说，一般情况下首先通过数据编码将时钟信息嵌入传输的数据流，而不需要独立的时钟信号和数据并行传输，然后在接收端通过时钟恢复电路将时钟提取出来，并对数据进行采样。时钟和数据恢复（Clock and Data Recovery，CDR）电路主要完成两个工作：时钟恢复和数据重定时（数据恢复）。

CDR 电路的实现有很多种方式，通常使用 PLL 来完成，如图 2.24 所示。基于 PLL 的 CDR 电路通过数据中的 0-1 跳变来锁定时钟相位和频率，在一定的范围内能够跟踪数据信号的抖动，以保持时钟和数据相位的一致，进而通过判决电路（DC）得到数据。基于 PLL 的 CDR 电路要求数据中有足够多的 0-1 跳变，而且数据必须是直流平衡的，因此在数据进入串行发送器之前，会通过 8b/10b 等编码，以使数据有足够多的 0-1 跳变，并且保证一段数据流中 0 和 1 的个数相同。

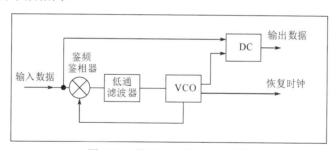

图 2.24　基于 PLL 的 CDR 电路

真实的输入数据并不是纯净信号，而是包含了不同频率成分的抖动。低频抖动造成数据频率的缓慢变化，如果该缓慢变化的频率低于环路滤波器的带宽，那么输入信号抖动造成的相位变化信息就可以通过环路滤波器，从而产生对 VCO 输出频率的干扰，此时 VCO 输出时钟就会跟踪到输入信号的抖动。高频抖动导致相位变化信息不能通过环路滤波器，因此 VCO 输出时钟不会含有跟随输入信号一起变化的高频抖动成分，即高频抖动成分会被 PLL 电路过滤掉。

时钟恢复的目的是跟踪发送端的时钟漂移和一部分抖动，以确保正确的数据采样。CDR 电路的时钟恢复范围由 PLL 环路带宽决定，在环路带宽内的抖动成分能被跟踪，如果数据中的抖动频率超过了 PLL 的环路带宽，那么 PLL 就无法跟踪。超出带宽的抖动才真正影响误码率，可能会影响数据提取而产生误码。

　　PLL 电路能够很好地跟踪低频抖动，使恢复出来的时钟与被测信号一起抖动。如果接收端的芯片以恢复时钟为基准对输入信号进行采样，那么因为二者一起抖动，所以低频抖动不会被观测到，对于数据采样的建立和保持时间没有太大影响。相反，PLL 电路过滤掉高频抖动，因此输出时钟不包含高频抖动。如果用此时钟对数据信号进行采样，就会观察到输入信号中明显的抖动。正因为 CDR 电路对低频抖动的跟踪特性，很多高速串行总线的接收芯片对低频抖动的容忍能力才远远超过对高频抖动的容忍能力。

　　用于 CDR 电路的 PLL 的环路带宽设置不同，对不同频率的抖动跟踪能力也不同。在一般情况下，环路带宽设置得越窄，恢复出来的时钟越纯净，但是对抖动的跟踪能力越弱，用此时钟为基准对数据进行采样看到的信号上的抖动越多，信号眼图越差。相反，如果环路带宽设置得越宽，则对抖动的跟踪能力越强，恢复出来的时钟与信号抖动越接近，用此时钟为基准对数据进行采样看到的信号上的抖动越少，信号眼图越好。从图 2.25 中，可以看到 PLL 环路带宽对抖动测量和信号眼图的影响。

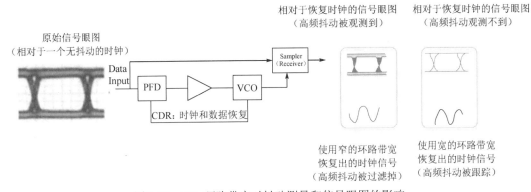

图 2.25　PLL 环路带宽对抖动测量和信号眼图的影响

4．扩频 PLL

　　所有电子系统都会发射一些不需要的射频能量，其导致的噪声通常出现在尖锐的频谱峰值处，如设备的工作频率和一些谐波频率处。使用扩频 PLL，将能量扩展到较大的频谱上，可以减少这些噪声对接收器的干扰。例如，通过将工作频率进行少量周期性的上调或下调（大约为 1%），以几百兆赫兹运行的设备可以将其能量均匀地扩展到几兆赫兹的频谱上，从而极大地减小噪声。

　　1）扩频时钟

　　如果将时钟信号转换到频域，则会在时钟频率处出现高能量尖峰。借助扩频时钟（Spread Spectrum Clocking，SSC），窄带时钟信号的集中能量可以分散到更宽的频谱上，从而减少辐射峰值发射，如图 2.26 所示。

　　扩频时钟通过调制来实现频谱功率的扩展。通常是高频时钟信号被低频调制器调制，虽然总能量不变，但峰值功率降低了。峰值能量扩散量取决于调制带宽、扩展深度和扩展轮廓（Profile）。扩频调制载波信号比未调制载波信号具有更大的抖动。在图 2.27 中，3GHz 载波信号使用 30kHz 三角波向下扩展了 0.5%。在 Y 轴上，可以看到载波频率的上升和下降，所有扩展载波频率均保持在 3GHz 以下。

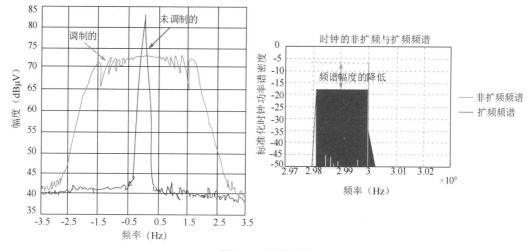

图 2.26 扩频时钟

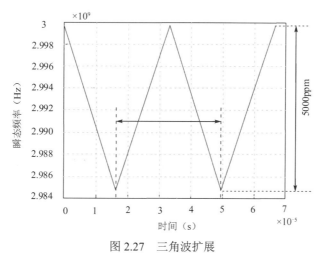

图 2.27 三角波扩展

2）扩频 PLL 架构

图 2.28 所示为扩频 PLL 架构框图。

在图 2.29 中，PLL 是下游器件，由扩频时钟驱动。PLL 具有低通特性，允许输入频率的低速变化通过，同时衰减高于其带宽的高频变化。由于扩频时钟有目的地调制时钟，因此 PLL 可能难以保持对输入扩频时钟的锁定。PLL 是否能够跟踪频率变化取决于其带宽，如果 PLL 带宽太窄，则 PLL 将无法可靠地跟踪输入信号，从而导致跟踪偏移，进而给系统增加更多抖动。

3）常用扩展调制方法

（1）向下扩展。

向下扩展向下调制输出时钟，并将调制信号的最大频率限制为参考时钟频率，如下式所示。向下扩展适用于对频率敏感且已以最大频率运行的场合。

$$向下扩展量 = (\Delta f / f_0) \times 100\%，其中 \Delta f = f_{REF} - f_{min}$$

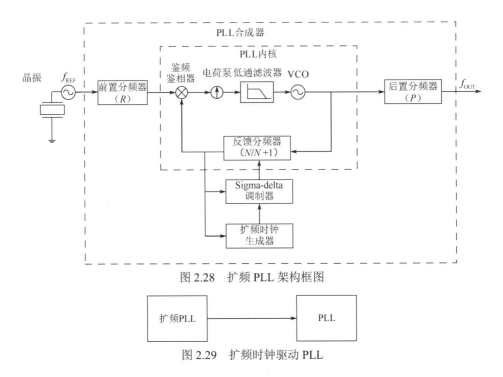

图 2.28 扩频 PLL 架构框图

图 2.29 扩频时钟驱动 PLL

（2）中心扩展。

中心扩展围绕参考频率对称地调制输出时钟，即输出频率将在参考频率之上和参考频率之下增加和减少相同量。中心扩展非常适合频率不受限制的系统。

例如，1%的中心扩展将提供2%的总变化，其中1%的变化高于参考频率，另外1%的变化低于参考频率，如下式所示。

$$中心扩展量 = \frac{1}{2} \times (\Delta f / f_o) \times 100，其中 \Delta f = f_{max} - f_{min}$$

（3）向上扩展。

向上扩展与向下扩展正好相反，通过限制参考时钟的频率下限来向上调制输出时钟，如下式所示。

$$向上扩展量 = (\Delta f / f_o) \times 100，其中 \Delta f = f_{max} - f_{REF}$$

4）扩展量

扩展量通常用百分比来量化，定义为两个边界频率之差与时钟目标频率的比值。电磁干扰随扩展量的增大而减小，如图2.30所示。

5）扩频抖动

（1）周期抖动。

随着扩展量增大或时钟频率增大而保持扩展量固定，则总频率变化将成比例增加，因此周期抖动可能违反某些时序参数。

100 MHz 时钟信号进行 1%的向上扩展调制，其总频率变化为 1MHz，起始频率为100MHz，终止频率为101MHz，对应于从9.9ns到10ns的周期变化。因此，理想的扩频时钟具有0.1ns的峰峰值周期抖动。

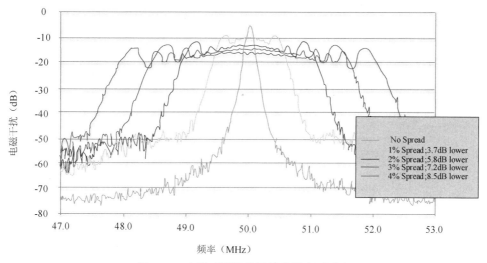

图 2.30　电磁干扰随扩展量的增大而减小

（2）相邻周期间抖动。

扩频时钟实际上对时钟引入了微小的相邻周期间抖动。

例如，应用±1%偏移的 100 MHz 时钟，调制波形的周期为 50kHz。

从 f_{min}（−100%）到 f_{max}（+100%）的峰峰值周期偏移等于$[1s/(100MHz×(1-1\%))-1/(100MHz×(1+1\%))] ≈ 200ps$。

半个调制周期从 f_{min} 到 f_{max} 需要 10μs（1s/(2×50kHz)），对应的时钟周期数为 10μs/10ns=1000。

因此，扩频对 100 MHz 时钟产生了 200 ps/1000 = 0.2 ps 的抖动。

（3）长期抖动。

长期抖动对扩频信号至关重要，因为时钟沿可能会在时间上明显偏离其理想位置。

2.1.3　SoC 时钟架构设计

SoC 时钟架构的设计需要满足来自系统架构、芯片时序（频率、信号格式等）和终端应用的功能、性能和成本要求。

1.　时钟源

一般 SoC 都需要外部或内部提供一个或几个频率稳定的时钟源。时钟源可由外部直接输入，或者由晶振和时钟发生器产生。内部 RC 振荡器构造简单，但产生的时钟精度较差；外接石英晶体具有良好的成本效益和优异的相位噪声特性，故晶振可以提供更高的稳定性；若需要产生高频频率，则 PLL 是优先选择。在实际设计中，可以灵活选择一个或多个时钟源。

由同一晶振产生的时钟，以及使用该时钟作为参考时钟的 PLL/DLL 所产生的时钟，称为同源时钟。两个同源时钟在传输过程中经过不同逻辑和路径后，如果具有相同频率和零相位差，则称为 Synchronous 时钟，如果具有相同频率和恒定相位差，则称为 Mesochronous 时钟，两种皆为同步时钟。同一 PLL 的输出时钟构成同步时钟域，包括与基本时钟相关的所有时钟，如基本时钟加分频（派生）时钟、不同偏移的同步时钟、不同频率的同步时钟。

准同步（Plesiochronous）时钟是频率不同或相同但相位差缓慢变化的时钟。异步（Asynchronous）时钟则是不同频率或非周期性的时钟，具有非固定相位差，如由不同晶振或 PLL 产生的时钟。多 PLL 的时钟域关系如图 2.31 所示。

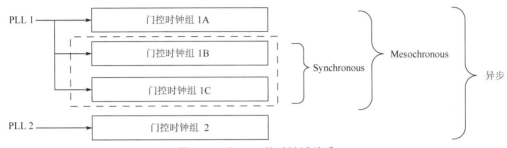

图 2.31　多 PLL 的时钟域关系

2．时钟架构

对于需要一个或多个独立参考时钟，并且没有任何特殊 PLL 或同步需求的应用来说，晶振、时钟发生器和时钟缓冲器是自由运行时钟的理想选择，如图 2.32 所示。其中，如果应用需要一到两个时钟源，则晶振是最好的选择。晶振与时钟缓冲器组合可以提供多个同频时钟，为多输出时钟树实现最低抖动。时钟发生器能够合成多个不同频率的时钟，与时钟缓冲器组合可以同时提供多个独立时钟，但会牺牲部分抖动性能。

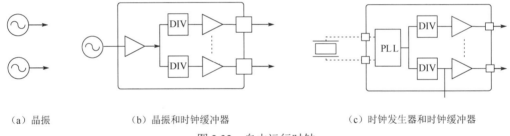

（a）晶振　　　　（b）晶振和时钟缓冲器　　　　（c）时钟发生器和时钟缓冲器

图 2.32　自由运行时钟

窄带宽 PLL 提供漂移和抖动滤波，如带有 VCO 的专用抖动衰减时钟单元或分立 PLL 是 SerDes 系统首选的时钟解决方案。为了获得系统最佳性能，抖动衰减时钟单元应放置在时钟树末端直接驱动 SerDes 器件，时钟发生器和时钟缓冲器可为其他系统组件提供时钟，如图 2.33 所示。

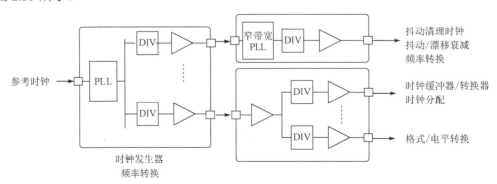

图 2.33　窄带宽 PLL

表 2.2 所示为时钟和振荡器的选择标准。

表 2.2 时钟和振荡器的选择标准

	晶振	压控晶振	时钟发生器	时钟缓冲器	抖动清除时钟
自由运行	是	否	是	是	是
同步操作	否	是	是	是	是
时钟倍频	否	是	是	否	是
时钟分频	否	否	是	是	是
抖动清除	否	是	否	否	是
设计复杂性	低	高	中等	低	中等
集成度	低	低	高	高	高
简化时钟树设计	小型	小型	任意频率、任意输出时钟合成	格式/电平转换	任意频率时钟合成
			格式转换	集成输入多路复用器	集成 VCXO
			V_{DD} 电平转换	在不同频率时钟之间无毛刺转换	集成环路滤波器
			时钟分频	无中断转换
				同步输出时钟停止	时钟保持

3. 时钟抖动

时钟抖动是时序器件的一个关键指标，因为过大的时钟抖动会影响系统性能。有三种常见的时钟抖动：周期抖动、相邻周期间抖动、相位抖动。

周期抖动是指在大量时钟周期（通常为 10000 个时钟周期）中，实际时钟周期与理想时钟周期的最大偏差。相邻周期间抖动是指任意两个相邻时钟周期之间的最大差异，通常测量 1000 个时钟周期以上。相位抖动是指时钟实际边沿与其理想位置的偏移。周期抖动和相邻周期间抖动在计算数字系统的建立裕量和保持裕量时有一定作用，而且是处理器和 SoC 器件常见的性能参数；相位抖动在高速 SerDes 应用中非常关键，过度的相位抖动会增大高速串行接口的误码率。

时钟架构设计完成之前，必须评估总的时钟树抖动，以保证有足够的系统级设计裕量。需要指出，总的时钟树抖动有效值远低于数据手册中多个组件规格的简单相加。时钟树的抖动定义为

$$T_j = \sqrt{J_1^2 + J_2^2 + \cdots + J_n^2}$$

式中，T_j=总的抖动有效值；J_n=单个器件抖动有效值。

如果抖动分布是高斯类型和非相干的，则上式可用于计算总的周期抖动和相位抖动。其中器件抖动可由数据手册中的抖动规格获知，或者从相位噪声数据中计算。

对于不带 PLL 的时钟驱动器，其抖动性能通常由附加抖动来表征，如图 2.34 所示，附加抖动定义为

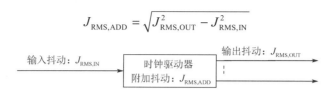

$$J_{RMS,ADD} = \sqrt{J_{RMS,OUT}^2 - J_{RMS,IN}^2}$$

默认输入随机噪声与时钟驱动器引起的噪声不相关

图 2.34 不带 PLL 的时钟驱动器

在时钟架构设计和器件选择期间，基于最大抖动性能来评估器件非常重要。时钟抖动性能在很多情况下都会发生变化，包括器件配置、工作频率、信号格式、输入时钟转换速率、供电电源和电源噪声。一般的抖动规格并不能确保在所有情况下（包括工艺、电压、温度和频率变化）皆能达到性能要求，所以要特别注意确认时序器件数据手册上的抖动测试条件，尽可能寻求完全符合指定抖动测试条件的器件，以确保能在更广的操作范围内工作。

4．SoC 时钟架构

全局同步（Global Synchronous）是指整个芯片都工作在单一时钟域下，适合于小芯片设计，如图 2.35 所示。

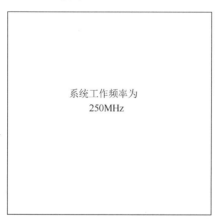
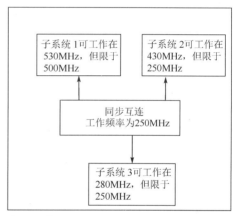

图 2.35 全局同步

全局异步局部同步（Global Asynchronous Local Synchronous，GALS）是指整个芯片工作在多个时钟域下，但子系统或内部模块工作在单一时钟域下，适合于 SoC 设计，如图 2.36 所示。

在图 2.37 所示时钟架构中，外部时钟源有 32.768kHz 时钟和 24MHz 时钟，内部时钟源则为单一 PLL。

32.768kHz 时钟用来提供给实时计数器、看门狗定时器、键盘等，用于产生系统时钟、时间戳或进行计数等。如果运行频率有偏差，如 32kHz，则定时器将无法生成准确的时间。

24MHz 时钟用作 PLL 参考时钟和 PLL 稳定前的系统工作时钟，如芯片处于休眠状态时的 M0/A53 时钟，以及 AON（常开）模块的工作时钟和 USB 参考时钟（精确选择 24MHz 的主要原因）。上电后，复位需要保持足够长的时间，待 24MHz 时钟稳定后再释放。

图 2.38 所示为典型的 SoC 时钟架构。

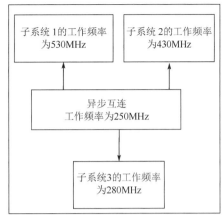

图 2.36 全局异步局部同步

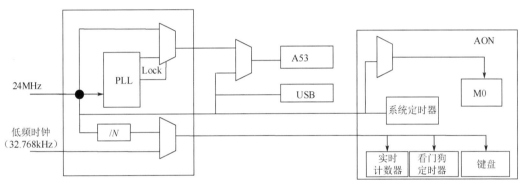

图 2.37 一个常见的时钟架构

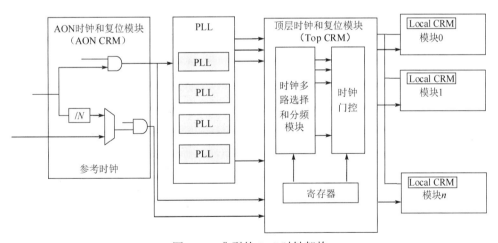

图 2.38 典型的 SoC 时钟架构

芯片中各模块工作于不同频率，为每个模块单独配置一个 PLL 显然不现实，并且有些模块可工作于多种频率，因此芯片中使用一个或多个 PLL，根据各个时钟域在不同工作模式下的频率需求，通过软件可控的时钟多路选择和分频模块产生所需的时钟频率。如果可能，应减少 PLL 数量以节省面积。在数字后端实现中，需要合理决定 PLL 摆放位置，以减小时钟树延迟和时钟偏差。可以通过静态配置和动态配置两种方式配置 PLL，静态配置是指在芯片实际工作前对输出频率进行配置，动态配置则是指在芯片工作过程中实时修改配置以产生所需的输出频率。当 PLL 锁定到参考频率时，其输出锁定（Lock）信号被置为有效（高电平），意味着输出频率已稳定可用。在运行期间，不同频率的时钟转换不可产生毛刺。

芯片内部有很多时钟域，需要按照功能要求实施开闭，可通过软件或硬件状态机实现。为了减少功耗，有时 SoC 会设立一个常开区，当系统处于开机或待机模式时，仅有常开区打开，其他部分则关闭。除基本的时钟生成和分配外，许多时钟域还要具备特殊功能。时钟可能需要进行格式/电平转换，如从 3.3V LVPECL 到 2.5V LVDS。

5. 时钟架构设计方法

1）模块间的同步通信架构

模块间的同步接口电路推荐工作在相同频率下。在图 2.39 中，两个模块接口电路都工作在分频前或分频后的相同频率下。

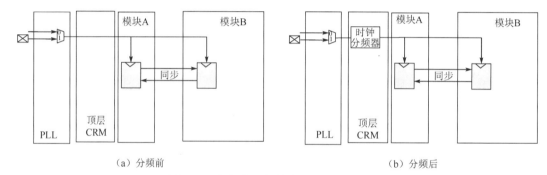

（a）分频前　　　　　　　　　　　　　　　　（b）分频后

图 2.39　推荐使用的模块间同步通信架构

如非必要，不推荐两个模块接口电路工作在不同频率下，如图 2.40 所示。

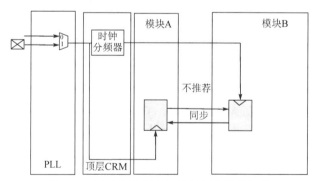

图 2.40　不推荐使用的模块间同步通信架构

2）模块内部的同步时钟架构

模块内部不同频率的同步时钟由时钟分频器产生，如图 2.41 所示。

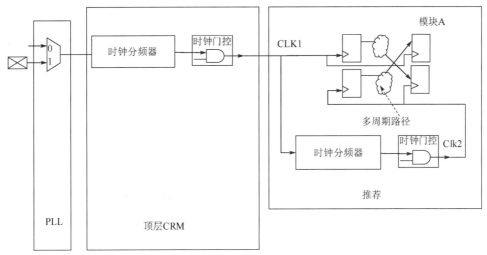

图 2.41　模块内部产生分频时钟：单一时钟输入，内部分频

不推荐直接由外部输入两路同步时钟，如图 2.42 所示。

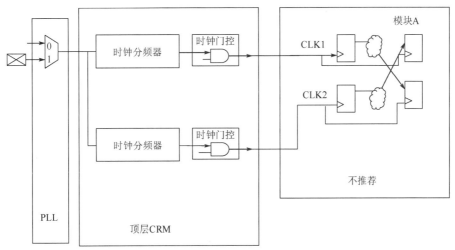

图 2.42　模块内部产生分频时钟：两路时钟输入（不推荐）

3）顶层使用低频时钟

尽可能在顶层产生和分配低频的模块工作时钟，如图 2.43 所示 CLK_B。不推荐在模块内部才分频，如 CLK_C。

4）时钟门控的置放

在时钟源添加时钟门控，以实现整个模块或功能电路的时钟开闭。如果需要，也可以在模块内部添加时钟门控，以控制子模块或局部功能电路的时钟开闭，如图 2.44 所示。

5）测试时钟的置放

高速测试时钟应尽量与功能时钟共享相同路径，以减小片上变化（On-Chip Variation，OCV）影响，通常在时钟源处添加测试时钟，如图 2.45 所示。

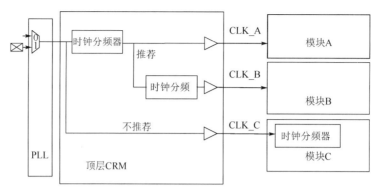

图 2.43　顶层产生和分配低频时钟

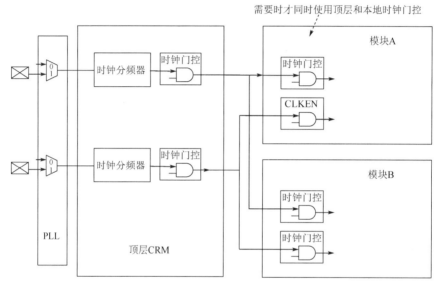

图 2.44　时钟门控的置放

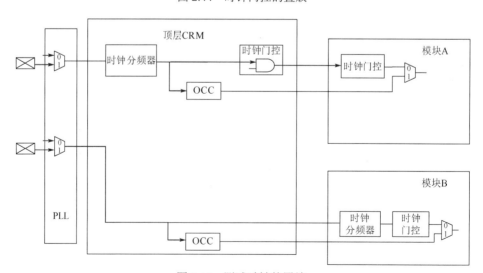

图 2.45　测试时钟的置放

6）时钟输出观测

需要观测的高频时钟应尽可能在分频和门控后通过引脚复用逻辑输出。如果需要高质量观测，则可以将多路选择器输出定义为时钟。时钟输出观测如图 2.46 所示。

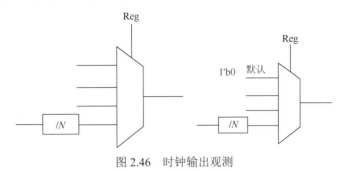

图 2.46　时钟输出观测

2.2　SoC 复位管理

在时钟和复位共同作用下，芯片可划分为不同的复位域。不同时钟域分别形成不同的复位域，而同一时钟域可以含有单一或多个复位域，如跨越模块的同一时钟域，在各自模块形成不同的复位域，如图 2.47 所示。

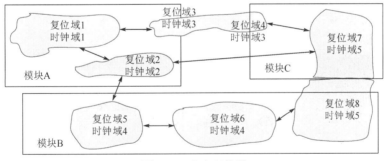

图 2.47　多个复位域

2.2.1　复位源

SoC 中的复位源可以分为片外复位源和片上复位源。

1. 片外复位源

片外复位源一般有上电复位、手动复位、电源芯片复位、唤醒复位、调试口复位，有时还可能有特定的功能复位，如 PCIe 提供的 PERST#等。

1）上电复位

上电复位只要在复位输入引脚（RSTN）上接一个电阻至 V_{CC} 端，下接一个电容到地即可，如图 2.48 所示。当上电时，复位电路通过电容使 RSTN 端维持一段高电平时间。

2）手动复位

手动复位在复位输入引脚（RSTN）和 V_{CC} 之间接一个按钮，当人为按下按钮时，V_{CC} 的高电平就会直接加到 RSTN 端，如图 2.49 所示。即便人的动作再快，也会使按钮保持接通数十毫秒，完全能够满足复位的时间要求。通常需要外加或内置去抖电路，以防止复位误操作。

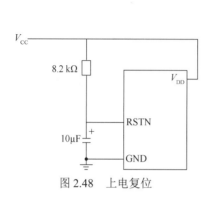

图 2.48　上电复位

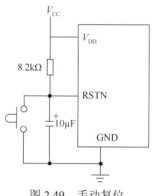

图 2.49　手动复位

3）电源芯片复位

当上电及正常工作状态下电压出现异常或干扰时，电源存在一些不稳定因素，对芯片工作的稳定性可能带来严重影响。电源芯片上电时会输出有效的复位信号，待其供应电源稳定后才释放。在工作过程中，如果供应电源发生异常，如欠压和掉电等，其内部复位机制会强制复位外部芯片。

4）唤醒复位

在待机模式或停止模式时，外部的唤醒中断会引起唤醒复位，如图 2.50 所示。

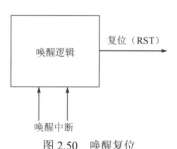

图 2.50　唤醒复位

5）调试口复位

调试口复位由外部调试工具产生，用于复位芯片内部处理器的调试口电路。

2．片上复位源

片上复位源有上电复位、看门狗定时器复位、软件复位，以及其他硬件机制产生的复位等。

1）上电复位

芯片上电后，当电压检测电路检测到电源电压上升到 CMOS 逻辑所需的正常工作电压时，延迟一段时间（T_{POR}）后，开始释放复位；在工作过程中，若电压检测电路检测到电压下降到阈值电压以下时，则会拉低复位信号而复位芯片，直至电压再次上升到 CMOS 逻辑所需的正常工作电压。上电复位（Power-On-Reset，POR）如图 2.51 所示。

2）看门狗定时器复位

看门狗定时器是一个相对独立的定时器。当处理器正常工作时，会定时清零该定时器。如果处理器工作不正常，没有对看门狗定时器及时清零，那么看门狗定时器就会溢出而产生复位。

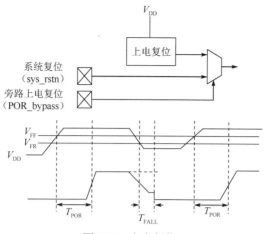

图 2.51　上电复位

3）软件复位

芯片设计时往往会规划一些寄存器作为复位源寄存器，软件复位就是由处理器通过软件对复位源寄存器写 1/0 值来控制整个芯片或某个模块的复位的。

（1）顶层软件复位。

顶层软件复位由顶层软件复位寄存器产生一个脉冲信号，并由计数器扩展形成复位信号，如图 2.52 所示。顶层软件复位通常用作冷复位或热复位，用于复位全芯片，但可能会排除某些逻辑。该寄存器位应实现自动清除。

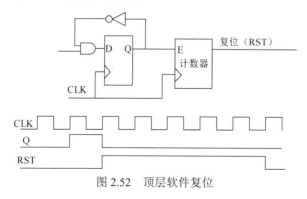

图 2.52　顶层软件复位

（2）模块软件复位。

模块软件复位利用软件控制复位源寄存器的各位数据，以控制芯片相应模块的复位，可能会排除模块中的一些桥接器和配置寄存器，如图 2.53 所示。

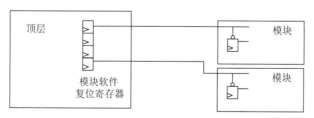

图 2.53　模块软件复位

处理器通过复位源寄存器发出模块复位信号后，相应模块有些可直接复位，有些则需要延迟复位。延迟的原因可能是该模块立即复位会造成其他模块出错，或者模块中有些数据需要保护，在复位前应先存储起来。

模块内部还可能存在本地复位，复位信号由模块内部寄存器或状态机生成，如图 2.54 所示。

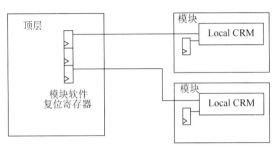

图 2.54　模块内部的本地复位

芯片中的一些模块也能产生复位信号，如处理器内部复位寄存器。当芯片含有电源管理单元时，内部的低压检测器在电压尚未跌落到不能维持正常工作之前，会提供警告信号或复位信号（欠压复位）。

2.2.2　复位类型

按复位的作用范围不同，复位可分为全局复位和本地复位。

（1）全局复位。

在 SoC 中，全局复位（Global Reset）将复位芯片中大多数模块和电路，但芯片的某些部分，如计时部分和日历部分，可能不会复位。产生的复位源包括上电复位、低压检测复位、看门狗定时器复位、调试复位和芯片级软件复位等。

（2）本地复位。

本地复位（Local Reset）通常复位单个模块或少数关联模块。产生的复位源来自顶层或模块本地的配置寄存器，或者来自模块内部逻辑。

按复位产生的影响不同，复位可分为冷复位和热复位。

（1）冷复位。

冷复位（Cold Reset）是指断电后重新上电的复位，也称为冷启动或重启（Restart）。程序从启动地址开始执行，此时内存中的所有数据丢失。

冷复位影响所有的复位域，即所有芯片逻辑可被复位，以确保芯片处于默认状态。

常用的冷复位源包括上电复位、看门狗定时器复位、唤醒复位和芯片级软件复位等。

（2）热复位。

热复位（Warm Reset）是指没有断电的复位，程序从启动地址开始执行，此时内存中的所有数据都保持原来状态（被运行程序修改的除外）。

热复位发生在芯片已经经过一次冷复位之后，可以在无响应情况下恢复芯片工作，一般影响系统复位域或调试复位域。

常用的热复位源包括芯片级软件复位、看门狗定时器复位和调试复位等。

2.2.3　SoC 复位架构设计

如果众多寄存器的复位仅由单一端口驱动，则驱动器扇出太大，在实际芯片设计中往往使用复位网络，如图 2.55 所示。

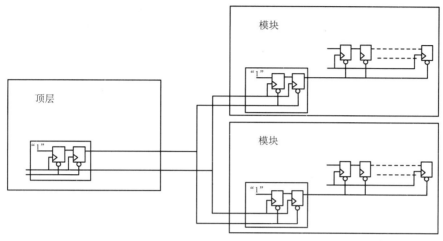

图 2.55　复位网络

（1）异步复位同步释放。

无论芯片采用何种复位方式，对寄存器而言只有两种复位方式：同步复位和异步复位。

两级同步触发器可以有效移除由异步复位信号释放沿与时钟上升沿过于接近导致的亚稳态，即图 2.56 中触发器 2 不会出现亚稳态。这是因为移除复位时，触发器 2 的输入和输出都是低电平，输出不会在不同逻辑值之间振荡，只不过在触发器 1 出现亚稳态且稳定后输出为低电平，此时复位信号会多延长一个时钟周期。

异步复位对毛刺敏感，因此将复位信号延迟与自身相或可过滤毛刺，其中延迟具有一定大小，可以利用工艺库中的标准单元或客制化缓冲器、反相器来实现去毛刺，如图 2.56 所示。

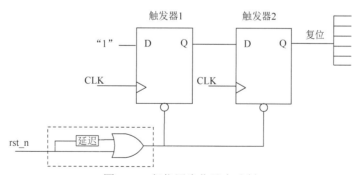

图 2.56　复位同步化及去毛刺

（2）多时钟域复位。

对于多时钟域设计，每个时钟必须有单独的复位同步器和分布式复位树，从而保证满足不同时钟域的同步要求，如图 2.57 所示。

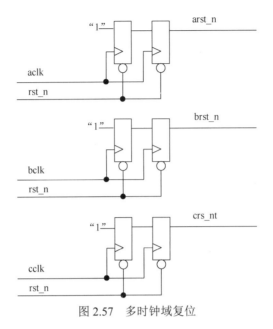

图 2.57　多时钟域复位

（3）具有时钟延迟和门控的复位逻辑。

复位信号在时钟上升沿释放，理想情况下希望一个时钟周期内到达每个触发器。当模块较大时，复位信号在一个时钟周期内到达不了每个触发器，就可能出现在不同时钟周期释放触发器的风险。图 2.58 所示为具有时钟延迟和门控的复位逻辑，其原理是复位后才关停时钟，而释放复位后，先等待若干个时钟周期再开启时钟。此设计可保证不会出现复位的时序违例问题。

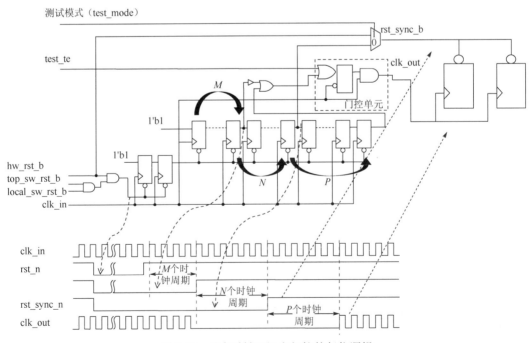

图 2.58　具有时钟延迟和门控的复位逻辑

当 SoC 接收到任何一种复位触发时，复位管理模块产生相应的芯片级和模块级复位信号。SoC 的复位管理模块可以分为顶层复位管理模块和模块复位管理模块，SoC 复位架构如图 2.59 所示。

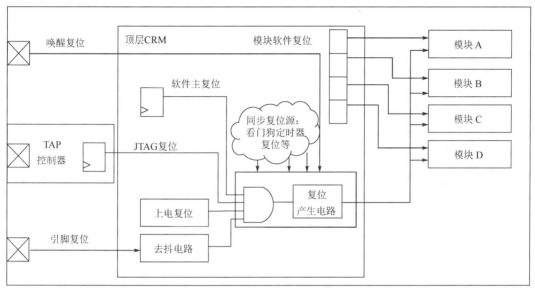

图 2.59　SoC 复位架构

1）顶层复位管理模块

顶层复位管理模块的主要任务是进行顶层硬件复位、顶层软件复位、模块软件复位，以及控制芯片复位顺序。其构成有顶层硬件复位发生电路、顶层软件复位寄存器和脉冲扩展及清除逻辑、模块软件复位寄存器和脉冲扩展及清除逻辑，以及产生复位顺序的状态机。

在低功耗设计中，顶层复位管理模块可分成两个部分：常开区的顶层复位管理模块和可开关电源区的顶层复位管理模块。

复位顺序如下。

（1）芯片上电后，首先开始工作的是复位电路。待电源电压逐渐上升并稳定后，时钟发生器或振荡器开始提供时钟。此时时钟其实并不稳定，所以还需要等待一定时间，等待电压和时钟足够稳定才开始释放芯片复位。通常上电复位作用于芯片上的所有逻辑。

（2）接下来将分步进行各个模块的复位释放，以便芯片有序启动。通常先释放顶层复位，再释放总线和外围设备复位，而后释放模块复位，最后释放处理器复位。复位释放顺序由硬件复位状态机控制。

（3）处理器复位释放后开始执行启动程序，完成初始化配置。

2）模块复位管理模块

一个模块的复位可能由多个或全部复位源控制，通常有来自顶层的硬件复位和软件复位，以及模块内部的寄存器复位。来自顶层的硬件复位和软件复位如图 2.60 所示。

图 2.61 所示为模块内多时钟域的复位管理模块。其中，有些子模块同时受来自顶层的硬件复位、软件复位和来自模块内部的软件复位控制，有些子模块仅受硬件复位和某些软件复位控制。

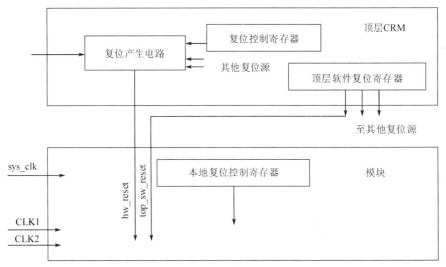

图 2.60　来自顶层的硬件复位和软件复位

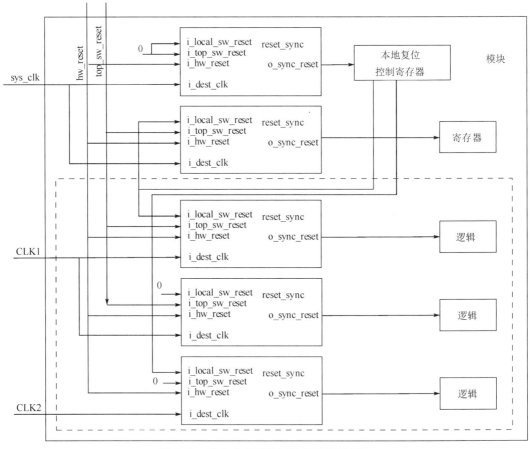

图 2.61　模块内多时钟域的复位管理模块

图 2.62 所示为常用的模块内部复位同步器单元，其中硬件复位低电平有效，软件复位高电平有效。

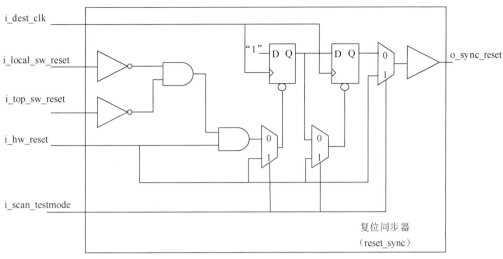

图 2.62　常用的模块内部复位同步器单元

2.2.4　复位域跨越

对于同一时钟域上的数据路径，如果源触发器具有异步复位，而目标触发器具有不相关的异步复位或没有复位，则称出现了复位域跨越（Reset Domain Crossing，RDC）。复位域跨越和异步复位执行不当可能导致亚稳态、毛刺和功能相关性丧失，如图 2.63 所示。

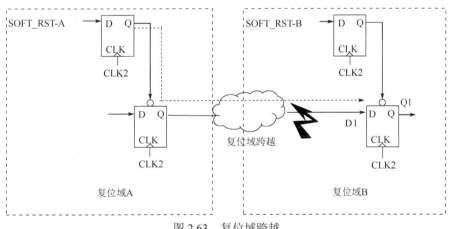

图 2.63　复位域跨越

1．亚稳态

当源触发器异步复位时，如果目标触发器仍处于正常状态，则目标触发器的输入可能会在其建立窗口或保持窗口内发生变化，从而导致亚稳态出现，如图 2.64 所示。其中，RST_1 的复位会创建一个从 FF1 到 FF2 的非时序路径，当 RST_1 进入复位而 FF2 已经释放时，可能会发生时序违例。

在图 2.65 中，寄存器 B（目标触发器）是配置寄存器，只能上电复位。如果源触发器突然复位，则目标触发器可能出现亚稳态，产生未定义或不需要的值，进而导致功能性故障。

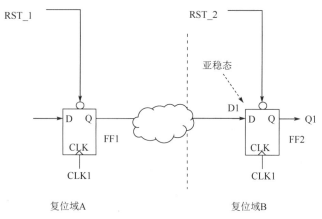

图 2.64　复位域跨越引发亚稳态

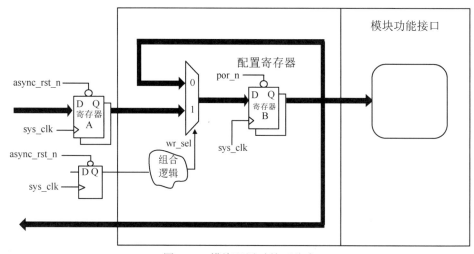

图 2.65　模块配置时的亚稳态

尽管存储器在热复位过程中不会被复位，但其控制逻辑可能异步进入复位状态，如果在此期间，内存正在进行某些写操作，则其同步接口将违反时序，导致存储数据损坏，如图 2.66 所示。

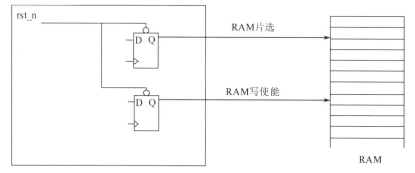

图 2.66　同步内存数据损坏

门控时钟用来节省功耗，但异步复位会导致时钟故障，如图 2.67 所示。

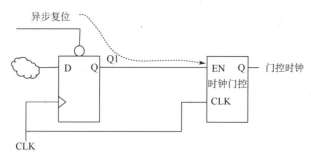

图 2.67　异步复位导致时钟故障

2．毛刺

当多个时钟域的复位信号在不同时间变化时，可能会产生中间错误值，即毛刺，如果组合后的复位信号作用到被驱动的触发器上，则可能导致功能故障，如图 2.68 所示。

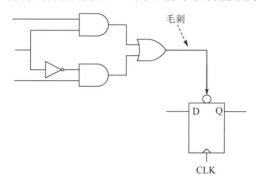

图 2.68　复位信号中的毛刺

3．功能相关性丧失

当同一个复位事件通过多个复位同步器传播后再组合时，会产生不正确的功能行为，使被驱动的触发器进入意外状态，称为功能相关性丧失，如图 2.69 所示。

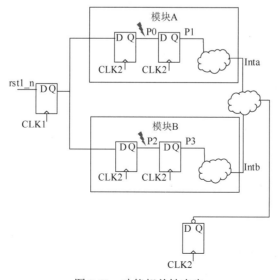

图 2.69　功能相关性丧失

4．复位域跨越同步方法

1）添加隔离和阻塞信号

将目标触发器与源触发器隔离可以实现复位域跨越同步。在图 2.70 中，在 rst1_n 有效之前，先使能 iso_en，这样源触发器的复位就不会影响到目标触发器。

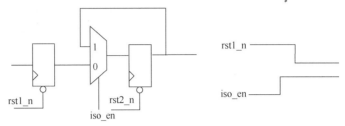

图 2.70　添加隔离信号

在图 2.71 中，添加阻塞信号可以保证复位域跨越路径安全，不造成问题。

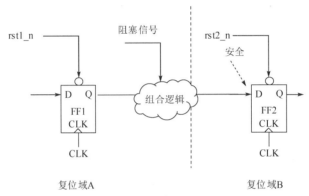

图 2.71　添加阻塞信号

2）输出同步化

在图 2.72 中，目标触发器 S1 处发生的亚稳态将被触发器 S2 阻止，不会传播到设计的其余部分。

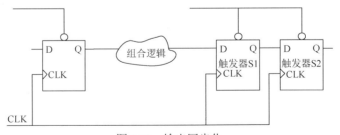

图 2.72　输出同步化

3）建立时序路径

在图 2.73 中，rst1_n 是源触发器 F 的复位信号，rst2_n 是目标触发器 S1 的复位信号，由此建立了一条从 R.Q→F.Q→组合逻辑→S1.D 的时序路径，只要满足该路径的时序要求，即便存在复位域跨越，也不会出现亚稳态。

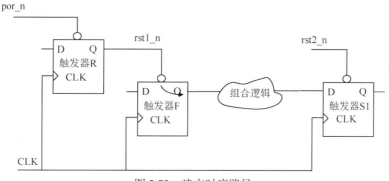

图 2.73　建立时序路径

4）同步复位

在某些设计中，复位必须由一组内部条件产生。此时建议使用同步复位，这样会过滤掉组合逻辑产生的毛刺。同步复位可以解决复位域跨越问题。

5. 多域跨越

SoC 内可能存在多个电源域、复位域和时钟域，如表 2.3 所示。

表 2.3　不同域

	电源	复位树	时钟树
电源域		多电源域中的复位树	多电源域中的时钟树
复位域	多复位域中的电源		多复位域中的时钟树
时钟域	多时钟域中的电源	多时钟域中的复位树	

不同域的跨越存在一定风险。时钟跨越多个复位域存在潜在问题，可能导致设计电路的一部分已经被复位，而另一部分还未被复位。当时钟跨越多个电源域时，信号从一个电源域产生而扇出到另一个电源域存在风险。当复位跨越多个时钟域时，需要保证复位信号在使用之前已经同步到每个时钟域。当复位跨越多个电源域时，信号从一个电源域产生而扇出到另一个电源域存在风险。

2.3　时钟和复位模块设计

时钟和复位模块（Clock and Reset Module，CRM）主要负责芯片的上电顺序控制、时钟和复位信号的产生与控制、外部唤醒中断的监控。

1. 设计举例 1

1）芯片上电时序要求

芯片外部的两个输入电源分别提供 I/O 引脚电压（1.8V）和内核电压（0.8V）。需要先上电 VDD18 电源，再上电 VDD08 电源，两个电源上电时间间隔需要大于 0.1ms，VDD08 电源上电后 40ms 内，芯片上电复位释放，此时系统时钟已有效输出，如图 2.74 所示。

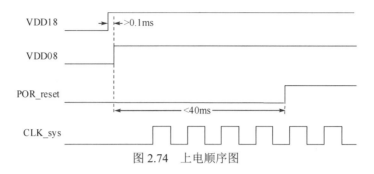

图 2.74　上电顺序图

2）芯片时钟设计

图 2.75 所示为 SoC 系统时钟架构设计。

整个系统的时钟输入来源有两个：片外晶振和片上 PLL。

- 片外晶振产生的时钟：兼容 5～27MHz，为方便语音识别功能，使用 12.288MHz 晶振。

- 片上 PLL 产生的时钟：PLL 参考时钟为片外晶振时钟，其输出时钟为 20～1280MHz。 PLL 支持小数分频，可以灵活配置不同频率，提供不同的系统时钟和音频时钟。

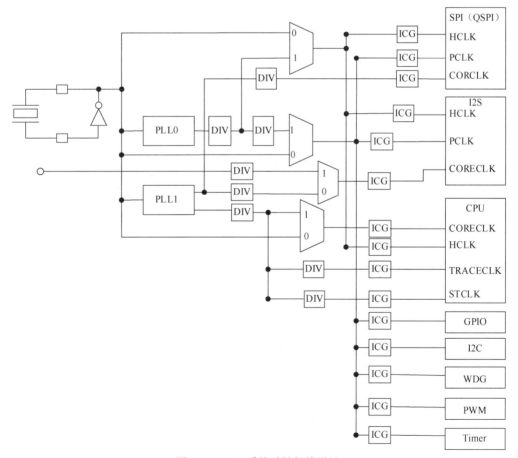

图 2.75　SoC 系统时钟架构设计

PLL 默认输出时钟为 122.88MHz，系统工作时需要重新配置 PLL，从正常工作模式转换到低功耗模式或其他应用场景。修改时需要先将系统时钟切换到片外晶振时钟，待 PLL 稳定（如软件等待 2～5ms）后再将系统时钟转换回 PLL 时钟，时钟转换电路如图 2.76 所示。

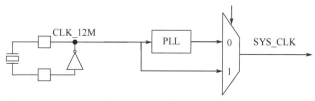

图 2.76　时钟转换电路

通过分频产生系统的各个时钟，如 AHB 时钟 HCLK、APB 时钟 PCLK、系统滴答时钟 STCLK，以及其他一些时钟。AHB 最高频率可达 160MHz，APB 与 AHB 之间保持偶数倍的分频关系（默认 APB 为 AHB 的 2 分频），多个时钟频率通过时钟多路选择器加以转换。各外设 IP 模块的时钟可通过处理器配置时钟控制寄存器来进行软件门控。

3）芯片复位设计

复位控制单元负责控制两种类型的复位：上电复位和系统复位。上电复位在上电过程中复位整个系统，尤其是在模块内会保留一些状态，只能通过上电来复位。系统复位可复位处理器内核及外设功能模块部分，其来源如下。

- 看门狗定时器复位：当看门狗定时器计数递减到 0 时，如果处理器还未重配置，则进行复位。
- 系统产生的复位请求：由处理器配置中断控制器产生复位请求，模块收到后会进行复位。
- 系统软件复位：处理器配置模块的系统软件复位寄存器，以进行复位。
- 调试复位（JTAG_TRSTn）：调试逻辑的复位信号，只复位调试逻辑。

2．设计举例 2

1）芯片上电顺序要求

芯片外部的两个输入电源分别提供芯片内核电压和引脚电压，如图 2.77 所示。如果片外只有一个电源，则内核电压可以在芯片内部利用 3.3V 的电源通过低压差线性稳压器（LDO）而获得。

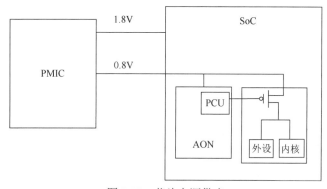

图 2.77　芯片电源供应

芯片内部具有两个电源域：主电源域，计算核心组和数据外设组位于主电源域，该电源域可以被关断；常开电源域，主要用于系统外设组，此电源域不能断电。

上电需要等待一段时间，保证各操作已经完成。实际上芯片每一次通电都会执行一遍上电流程：打开电源，等待一段时间；释放外设复位，等待一段时间，释放核心复位。

2）芯片时钟设计

整个系统的时钟输入来源于两个片外晶振、两个片上 RC 振荡器和一个片上 PLL。

- 片外晶振输入的高速时钟（HSE）：频率一般为 4～16MHz。
- 片外晶振输入的低速时钟（LSE）：频率为 32.768kHz。
- 片上 RC 振荡器产生的高速时钟（HSI）：频率为 8MHz 左右，稳定性较差。
- 片上 RC 振荡器产生的低速时钟（LSI）：频率为 40kHz 左右。
- 片上 PLL 产生的时钟：输出频率为 32MHz、64MHz 等。

芯片存在两个时钟域，其中计算核心组和数据外设组位于主时钟域，使用高速时钟（HCLK），运行频率为 8～100MHz；而系统外设组位于常开时钟域，使用低速时钟（LCLK），运行频率较低，常见值为 32.768kHz。当主时钟域上电时，一般先使用片上 RC 振荡器时钟，因为起振更快；再转换到片外晶振时钟，因为更稳定；主时钟域正常工作时可以使用片上 PLL 时钟。

图 2.78 所示为 SoC 系统时钟产生模块。

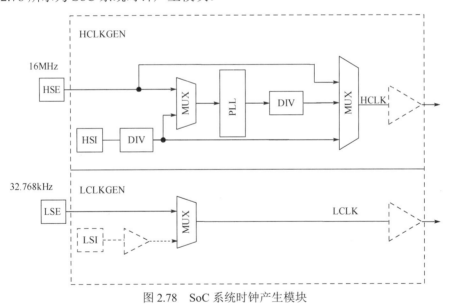

图 2.78 SoC 系统时钟产生模块

3）系统复位设计

由于存在多个电源域和时钟域，因此系统复位需要有一定顺序。对于图 2.78 所示电路，复位顺序为：首先片外晶振产生 RESET 或看门狗定时器产生 RESET；然后 RSTGEN 接收上述两个复位信号，简单处理后产生 AON_rstn，并复位看门狗定时器、RTC、PCU（低功耗管理模块）等所有位于系统外设组内的部件；最后 PCU 进行复位，先复位外设，再复位内核。图 2.79 所示为芯片复位设计。

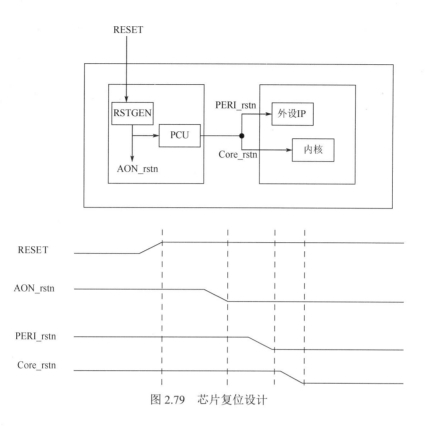

图 2.79 芯片复位设计

小结

- 一个时钟域中包含一个或几个具有固定相位关系的时钟。不同时钟域之间通过同步或异步通信通道相连接。
- 时钟抖动可分为周期抖动、相邻周期间抖动和相位抖动。其中周期抖动和相邻周期间抖动表征短期抖动行为，而相位抖动表征长期抖动行为。抖动与时钟频率无直接关系。
- PLL 可以实现时钟产生、频率合成、时钟恢复、抖动滤除、时钟分发和驱动等功能。
- 扩频时钟通过调制来实现频谱功率的扩展，但具有更大的抖动。
- SoC 时钟架构设计涉及时钟源、时钟架构和时钟抖动评估，需要满足系统架构、芯片时序和终端应用需求。
- 每个时钟域都含有一个或多个复位同步器，形成相应的单一或多个复位域。复位域跨越和异步复位执行不当可能导致亚稳态、毛刺和功能相关性丧失。
- SoC 中的复位源可以分为片外复位源和片上复位源。复位按作用范围可分为全局复位和本地复位。实际芯片设计中往往使用复位网络。
- 芯片时钟和复位模块主要负责芯片的上电顺序控制、时钟和复位信号的产生与控制，以及外部唤醒中断的监控等。

第 **3** 章

低功耗设计方法

芯片功耗随着集成度的提高、规模的增大和性能的提升而增大，其优化越来越受到研发人员的重视，芯片功耗对提高系统性能和可靠性、降低生产和封装成本等非常重要。

SoC 中的动态功耗主要与 I/O 引脚、时钟树、处理器和存储器等有关，静态功耗则主要由晶体管漏电流引起。

低功耗设计方法涉及系统级、体系结构级、寄存器传输级+逻辑/门级、晶体管级等不同设计层次，层次越高，其功耗降低效果越好。图 3.1 所示为各层次功耗优化方法。

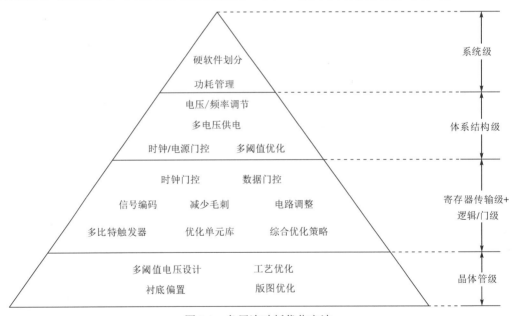

图 3.1　各层次功耗优化方法

本章将依次介绍系统级低功耗设计、算法及架构级低功耗设计、寄存器传输级低功耗设计、综合中的低功耗设计和物理级低功耗设计。

3.1 系统级低功耗设计

系统级低功耗设计的主要任务是评估不同操作模式下的功耗，提出合理的软硬件分工，确定芯片功耗降低的目标。系统级低功耗设计流程如图 3.2 所示。

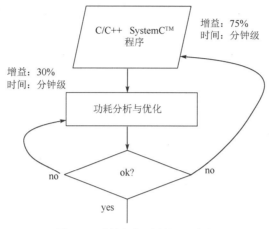

图 3.2　系统级低功耗设计流程

3.1.1　评估芯片功耗

从系统功能的抽象描述着手，将芯片功能合理划分为硬件和软件两个部分来协同实现。通过比较二者功耗，提出一个合理的低功耗实现方案，软硬件协同设计的常规方法如图 3.3 所示。在设计的起始阶段根据规范、市场竞品和要求及过往经验来决定哪一部分使用硬件来实现，哪一部分使用软件来实现，从而达到性能和功耗的最佳平衡。在系统设计时，很难精确估算芯片功耗，利用一些专门工具和平台快速搭建软硬件协同仿真的验证平台，可以获取功耗数据作为参考，为选择不同系统架构提供灵活性。

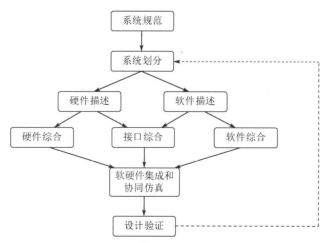

图 3.3　软硬件协同设计的常规方法

对 SoC 而言，处理器一般运行在较高频率，有必要对软件代码进行功耗优化。在确定算法时，对所需算法的复杂性、并发性进行分析，尽可能利用算法的规整性和可重用性，减少所需的运算操作和运算资源。在将算法转化为可执行代码时，尽可能针对特定的硬件体系结构进行优化，如减少内存访问次数，在操作系统中充分利用硬件所提供的低功耗功能。

外设控制器和接口的供电电压比芯片内核更高，在实际使用中，可以通过指令关闭空闲的硬件接口电路。有必要对芯片功能进行合理规划和取舍，以避免多芯片间的大量通信而增大功耗。

3.1.2　功耗管理

功耗管理的核心思想是设计并区分不同的工作模式。低功耗 SoC 通常支持以下 3 种工作模式。

（1）运行模式。

在运行模式（Run Mode）下，SoC 内部处理器和外设正常工作。在持续供电且不用考虑功耗的情况下，系统往往采用运行模式。

（2）待机模式。

在待机模式（Wait Mode）下，系统内核以低速保持工作，部分组件进入休眠状态，等待外部或内部的中断事件来唤醒。

（3）睡眠模式。

在睡眠模式（Sleep Mode）下，系统绝大部分组件（包括片上存储器、内核、大部分外设）都处于睡眠状态，其时钟甚至电源都被关断，以大幅节省功耗。其功耗比待机模式要小很多，同时系统可能只支持外部中断唤醒，当恢复正常工作时需要更长的唤醒时间。

结合芯片的实际应用，可以为系统设置更为细化的工作模式，如工作模式、浅度睡眠模式、深度睡眠模式和关机模式等。

功耗管理方式可分为静态功耗管理和动态功耗管理两种。静态功耗管理是对待机模式的功耗进行管理，监测整个系统的工作状态，如果在一段时间内系统一直处于空闲状态，则使整个系统进入睡眠状态；动态功耗管理是指利用时钟控制模块，在不同的工作模式下选用不同频率的时钟或关闭时钟，甚至可以通过电源管理模块来停止给模块供电。

对于系统架构设计，需要详细研究系统操作模式的所有方案，包括各种模式下的热曲线和功耗曲线；分析各种模式的所占比例、开关频率及工作占空比。如果开关频率很高，则需要关注浪涌和编程电流；如果工作占空比很小，并且系统处于空闲或睡眠状态，则应优先考虑降低静态功耗；如果所有模式下工作占空比类似，则需要同时关注静态功耗和动态功耗。如果系统大部分时间都在运行，则需要规划出粗略的动态功耗变化曲线。

依赖电压模式控制单元的协助，可以使用软件方式进行模式转换和功耗管理。加入功耗管理机制的操作系统如图 3.4 所示。

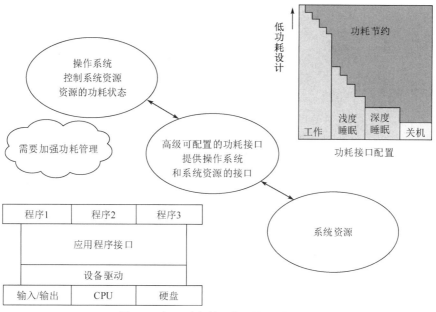

图 3.4　加入功耗管理机制的操作系统

3.2　算法及架构级低功耗设计

算法及架构级低功耗设计的主要任务是探索提高电源使用效率的算法及架构，选择适当的频率和电压控制策略。算法及架构级低功耗设计流程如图 3.5 所示。

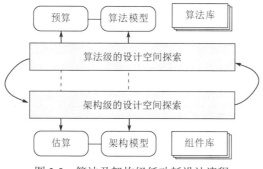

图 3.5　算法及架构级低功耗设计流程

3.2.1　算法级低功耗设计

在进行算法设计时需要考虑其具体实现，使用合适的结构和编码以降低功耗。

1．并行结构

并行结构将一条数据通路的工作分解到两条通路上完成，如图 3.6 所示。与串行结构相比，并行结构的工作频率降低一半，电源电压随之降低，但芯片面积会增大。采用这种结构，需要在面积增大与功耗节省之间进行权衡。对于高吞吐量的芯片，并行结构一般是首选。

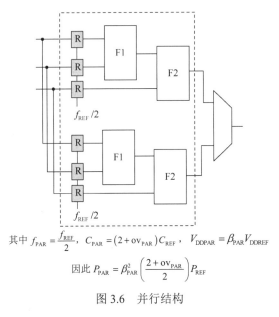

其中 $f_{\text{PAR}} = \dfrac{f_{\text{REF}}}{2}$，$C_{\text{PAR}} = (2 + \text{ov}_{\text{PAR}})C_{\text{REF}}$，$V_{\text{DDPAR}} = \beta_{\text{PAR}}V_{\text{DDREF}}$

因此 $P_{\text{PAR}} = \beta_{\text{PAR}}^2 \left(\dfrac{2 + \text{ov}_{\text{PAR}}}{2}\right) P_{\text{REF}}$

图 3.6　并行结构

2．流水线结构

流水线结构采用插入寄存器的方法来降低组合路径的长度，如一条长的组合逻辑路径，插入 M 级流水线后，路径长度变为原来的 $1/M$，负载电容变为 C/M。如果系统时钟频率不变，则可以采用较低的驱动电压来降低整体的功耗。

在图 3.7 中，当不加流水线时，设定工作频率为 f，工作电压为 V，功耗为 P。当采用流水线结构时，该路径被分成两个部分，如果忽略流水线造成的寄存器开销，则整体的负载电容仍不变，但每一部分的电容变为 $C/2$。这样，如果要达到原来的工作频率，那么工作电压可以降为 βV，而整体功耗变为原来的 β^2 倍，假定 $\beta=0.6$，则功耗为 $0.6^2 \times P = 0.36P$。

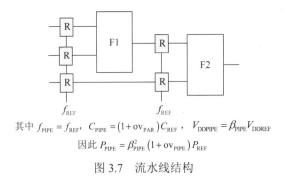

其中 $f_{\text{PIPE}} = f_{\text{REF}}$，$C_{\text{PIPE}} = (1 + \text{ov}_{\text{PAR}})C_{\text{REF}}$，$V_{\text{DDPIPE}} = \beta_{\text{PIPE}}V_{\text{DDREF}}$

因此 $P_{\text{PIPE}} = \beta_{\text{PIPE}}^2 (1 + \text{ov}_{\text{PIPE}}) P_{\text{REF}}$

图 3.7　流水线结构

3．体系结构

（1）对数体系结构。

对于大规模运算的应用，使用对数体系结构比线性体系结构更好，可以降低平均位元活跃度，同时利用加法和减法实现乘法运算，效率更高，可节省大量功耗，但加法器和减法器的数据位宽会增大，导致查找表呈指数级增大。

（2）基于缓存的系统体系结构。

对于大多数数字信号处理（DSP）应用，可能存在频繁访问系统存储器的情形，存储器能效并不高，此时可以在处理器与系统存储器或 RAM 之间增加缓存，预先将相关数据从主存取到缓存中，使用小范围的缓存将使计算功耗大幅降低，提高能效。

（3）预计算。

预计算是指提前进行位宽较小的计算工作，如果得到的信息可以代表实际的计算结果，就可以避免再进行位宽较大的计算工作，从而降低电路的有效翻转率以降低功耗。

3.2.2　架构级低功耗设计之一

频率控制与电源管理是架构级低功耗设计的主要工作。

1. 频率控制

SoC 通常使用多个时钟源，可分为外部时钟源和内部时钟源，其中外部时钟源往往使用晶振，精度高但功耗也高，而内部时钟源为 RC 振荡器，精度低但功耗也低。低功耗 SoC 通常支持内部/外部的高速/低速时钟源。系统时钟可以选择多个时钟源，各个外设支持独立的时钟开关和多时钟源选择。

时钟的类型和频率对芯片的功耗具有很大影响。动态功耗与时钟频率成正比，时钟频率越高，动态功耗越高。因此，当实际应用中并不需要处理器高速工作时，可以适当降低时钟频率以有效降低系统功耗。进一步，可以让处理器高速执行任务，而在其余时间内处于低功耗模式，以降低平均功耗。此外，芯片内不同功能模块有不同的性能要求，在性能要求较高的核心模块和关键路径上，可采用较高的时钟频率，在非核心模块和非关键路径上则使用相对较低的时钟频率。因此，需要从芯片工作场景出发，选择若干个工作频点，通过分频器和倍频器实现频率调控。

如果在特定场景下，某些功能模块完全可以停止工作，则可采用时钟门控的方法。时钟门控可以在寄存器不工作时关闭时钟，从而使时钟树上对应缓冲器/反相器及寄存器都不再有动态功耗。通常在顶层加入时钟门控单元来实现粗粒度的时钟门控，如图 3.8 所示。

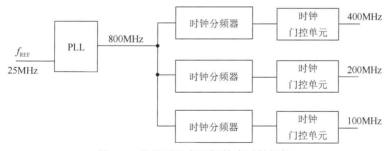

图 3.8　芯片顶层实现粗粒度时钟门控

在模块内部可以实现较粗粒度的时钟门控，开关一个或多个子模块的时钟，如图 3.9 所示。

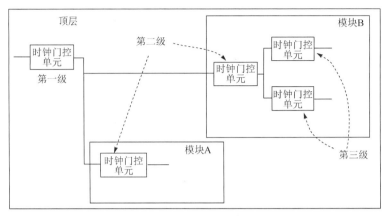

图 3.9　模块内部实现较粗粒度的时钟门控

粒度或较粗粒度的时钟门控对于功耗节省效果较好，但也会使时钟树综合（Clock Tree Synthesis）变得复杂，导致其偏移（Clock Skew）增大。

2．电源管理

降低供电电压能够有效降低功耗，但会导致电路信号延迟加大，执行时间变长，过低的供电电压可能使芯片的部分功能或外设无法使用，所以需要结合具体应用情况来选择合适的供电电压。

外部稳压器或电源电路可以提供芯片所需电源，芯片内部也可自带一个或多个稳压器。通过电压调节技术，SoC 可以调整在不同工作模式下的电压，从而在保证性能的基础上降低功耗。

常用的电源管理方式包括多电压供电、电压/频率调节和电源门控。一个电源管理系统可以设置不同的功耗模式，通过追踪工作负荷，由软件编程和硬件组件配合可以改变功耗模式，控制时钟频率和电压。

1）多电压供电

对不同模块根据其性能要求不同而采用不同电源供电。例如，对 GPU 模块和 RAM 模块提供高电压，外设模块则在低电压下工作，如图 3.10 所示。

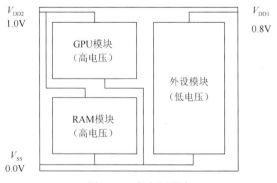

图 3.10　多电压供电

2）电压/频率调节

运行中的芯片依据不同场景而动态调整时钟频率和供电电压，实现计算性能与功耗之间的平衡。在对频率不敏感的应用中降低时钟频率和供电电压，从而在性能适度损失的情况下大幅降低功耗，如笔记本电脑中的处理器芯片在进行简单的电子表格计算时可以在较低电压和较低时钟频率下工作，而在进行 3D 图像渲染时，需要在更高电压和更高时钟频率下工作。

三种常用的电压/频率调节方法有静态电压缩放（SVS）、动态电压频率缩放（DVFS）、自适应电压缩放（AVS）。

3）电源门控

一个芯片的所有组件并非时刻都在工作，可采用分区/分时供电技术。利用开关控制电源供电单元，当某一部分电路处于休眠状态时，关闭其供电电源，但保留其他工作部分电路的电源接通。计时器、硬件控制或软件控制等多种方法可用于电源开关的控制。电源门控如图 3.11 所示。

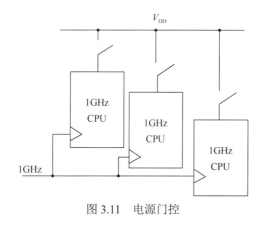

图 3.11　电源门控

在 SoC 中，经常设置一个电源常开区，负责芯片内核断电期间的对外通信与低功耗管理。当唤醒信号到来后，电源常开区负责重新打开内核电源。值得注意的是，需要权衡功耗降低与唤醒时间。

3.2.3　架构级低功耗设计之二

芯片内部 IP 及集成的低功耗设计是架构级低功耗设计的一项主要工作，主要包括时钟网络、处理器及互连、内存层次结构和 I/O 引脚（Pad）的低功耗设计。SoC 的主要组件如图 3.12 所示。

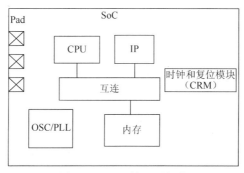

图 3.12　SoC 的主要组件

1. 降低时钟功耗

片上 PLL 提供工作所需频率，应尽可能共享高频 PLL，减少独立 PLL 数量。PLL 设计时增加扩频时钟功能，使窄带时钟信号的集中能量可以分散到更宽的带宽上，以增加时钟抖动为代价减小峰值功耗。

使用异步设计可以实现 IP 与互连总线的解耦。异步设计灵活，不需要全局时钟平衡，可以减少缓冲器数量，降低动态功耗；但会增加跨时钟域的延迟，EDA 工具的支持也存在很大挑战。

通过时钟多路选择电路可以选择不同频率的时钟，模块工作频点的确定既要满足 IP 的功能要求，又要考虑 PLL 提供的可行性。

时钟树功耗占总功耗的 30%～40%，内部振荡器、PLL 和内核时钟应能够置于低功耗模式而关停。时钟门控是降低动态功耗的有效方法之一，应考虑时钟门控颗粒度的最大化。

2. 处理器的低功耗设计

处理器可以采用多种低功耗设计方法，如时钟门控、电源门控、DVFS、AVS 和多模式工作等。图 3.13 所示为四核处理器的低功耗设计方案，其中每个内核都可以单独进行电源门控，两级缓存也都可以单独进行电源门控。

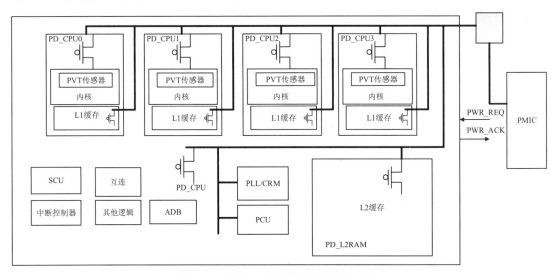

图 3.13　四核处理器的低功耗设计方案

3. 互连网络的低功耗设计

在 SoC 中，大量模块通过系统总线相连接，而较长走线会带来与其占用面积不成比例的功耗，其中时钟树通常是互连最大的功耗源。

1）新型互连网络

NoC 中采用了模块化的设计和全局异步局部同步的时钟机制，实现了时钟树的局部化管理，从而降低了全局时钟同步所带来的功耗开销。

2）总线自动门控

对 APB 和 AXI 总线而言，利用其协议可实现自动门控，即当总线上没有活动时，自动关停其总线时钟。

在图 3.14 中，使用 APB 的选择信号（PSEL）作为时钟门控使能信号，当 APB 不工作时自动关停时钟门控。

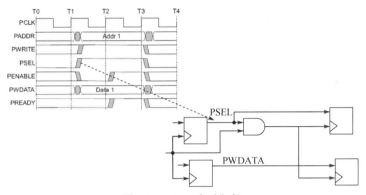

图 3.14　APB 自动门控

使用 AXI 总线的握手信号也可以进行自动门控，如图 3.15 所示。

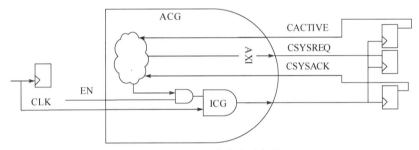

图 3.15　AXI 总线自动门控

3）多层次总线

如果大量的驱动器和接收器共享同一条总线，则会使总线的寄生电容极大而产生大量功耗。如果改成多层次的总线结构，形成分段的多条总线，则各条总线的电容都可以大大减小，从而降低总的功耗，代价是总的布线面积可能会增大，如图 3.16 所示。

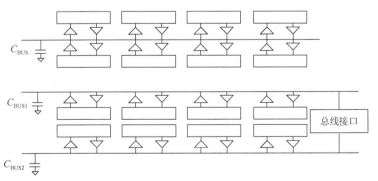

图 3.16　多层次总线降低功耗

4）总线自屏蔽

相邻导线的耦合电容可能会造成串扰（毛刺），设计合适的信号跳变模式会减小串扰，甚至形成总线自屏蔽，从而降低功耗。

4. 数模混合模块的低功耗设计

有些模拟模块不使用时可以断电，或者工作在低功耗模式下。在图 3.17 中，模拟模块 PHY 单独供电，不工作时可以断电以有效降低功耗。

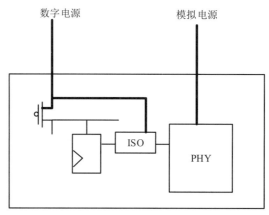

图 3.17　数模混合模块的供电

5. 存储器的低功耗设计

表 3.1 所示为存储器的低功耗设计方法。

表 3.1　存储器的低功耗设计方法

设计选项	前提条件和备选方案	收益（与 RAM 大小和工艺有关）
扩展方式	在位扩展方式下，所有的 RAM 块在每个时钟周期都会转换状态，因为其输出被串联构成总线输出。在字扩展方式下，每个时钟周期都只有一个 RAM 块处于活动状态，但输出多路复用器的开销逻辑可能会产生额外功耗，并可能影响时序。需要确定存储器顺序操作是否具有地址局部性，即在移动到下一个 RAM 块之前，地址生成逻辑是否多次寻址同一个 RAM 块。如果可以保证地址局部性，那么只有一个 RAM 块在同一时刻处于活动状态的字扩展方式是可行的	−2%～5%
时钟和使能信号的门控	同时对时钟和使能信号源及各分支进行门控，至少应进行时钟源门控	5%～10%
写/读访问顺序	尽量使写操作在读操作之前进行。如果需要同时进行读和写操作，那么当时序允许时，将读和写操作间隔两个时钟沿	2%～5%
连续地址更改	选择具有最小汉明距离的连续地址更改方法	1%～4%

1）低功耗存储器

SRAM 的功耗包括动态功耗（数据读写时的功耗）和静态功耗（数据保持时的功耗）。其功耗来源分成 3 个部分：存储阵列、行/列地址解码器及外围电路，如图 3.18 所示。

图 3.18 SRAM 的功耗来源

（1）存储阵列。

对于大容量存储器，存储阵列的漏电功耗占主导地位，最小工作电压和存储阵列密度对静态功耗和速度具有不同影响，如图 3.19 所示。基底偏压存储器在不使用时将其反向偏置，可以提高阈值电压，降低漏电功耗。

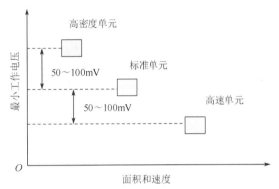

图 3.19 最小工作电压和存储阵列密度对静态功耗和速度具有不同影响

（2）数字部分。

对于行/列地址解码器及外围电路，使用高阈值和长沟道晶体管可以减小静态漏电流，但对速度会造成负面影响，静态功耗和速度的关系如图 3.20 所示。

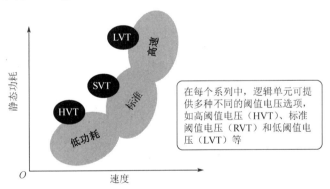

图 3.20 静态功耗和速度的关系

依据性能要求，可选择不同类型的存储器，存储器的选择策略如图 3.21 所示。中低性能的存储器（UHD）速度慢，但功耗低、位单元面积小、密度高；高性能的存储器（HS）速度快，但功耗高、位单元面积较大、密度较低。此外，当容量较小时，可以选择高速的寄存器堆（RF），而当容量较大时，需要选择 SRAM。

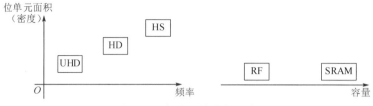

图 3.21　存储器的选择策略

2）存储器时钟门控

当未访问内存时，可以关闭其时钟和内存使能（CS）等。存储器时钟门控如图 3.22 所示。

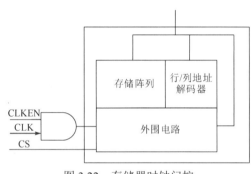

图 3.22　存储器时钟门控

3）存储器电源门控

在图 3.23 所示的单路或双路供电存储器中，逻辑与存储阵列可以分别供电和门控，从而构成灵活的电源门控模式。

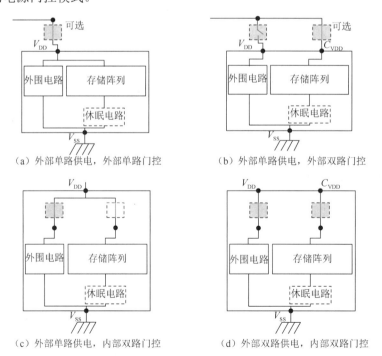

（a）外部单路供电，外部单路门控　　　　　　（b）外部单路供电，外部双路门控

（c）外部单路供电，内部双路门控　　　　　　（d）外部双路供电，内部双路门控

图 3.23　单路或双路供电存储器

存储器有 4 种供电模式，如图 3.24 所示。读写时使用全电压供电，否则可以降压甚至断电，只需保持数据不丢失即可。

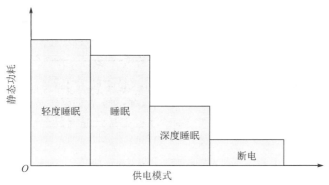

图 3.24　存储器的供电模式

存储器电源门控如图 3.25 所示。

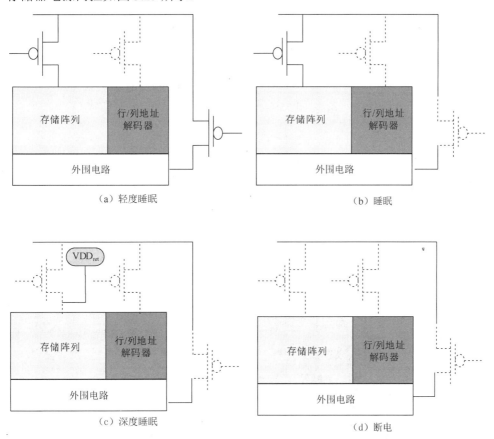

图 3.25　存储器电源门控

4）访问模式优化

（1）存储器分区访问。

存储器分区访问是指将一个大容量存储器分成多个小容量存储器，通过行/列地址解码器输出的高位地址来区分，只有被选中访问的存储器才工作。内存级联如图 3.26 所示。

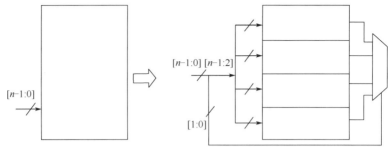

图 3.26　内存级联

（2）减少端口活动。

在图 3.27 中，存储器以"写-闲-读-闲"（Burst Length = 1）的方式重复操作。

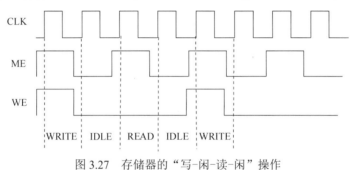

图 3.27　存储器的"写-闲-读-闲"操作

通过优化，将"写-闲-读-闲"的操作方式改成"写-写-闲-闲-读-读-闲-闲"（Burst Length=2）的操作方式，可以将 ME、WE 的活动量减小 50%，从而降低存储器的动态功耗，如图 3.28 所示。

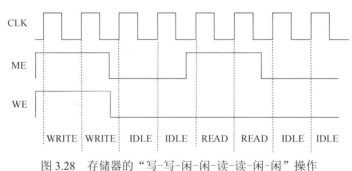

图 3.28　存储器的"写-写-闲-闲-读-读-闲-闲"操作

6. I/O 单元的低功耗设计

对于高频时序，使用差分 I/O 单元（LVDS、LVPECL）和电阻端接的 I/O 单元（HSTL、SSTL 等），静态功耗相对较高，但由于电压摆幅有限，其动态功耗较低。

对于低频和宽松时序，使用单端 I/O 单元（LVCMOS）以降低动态功率。仔细考虑多个 IP 上的设计/功能分区，通过时分复用技术减少 I/O 单元数量。分时错开 I/O 单元转换，减少同时转换输出数量，从而降低 I/O 单元峰值功耗。例如，可以将输出分为两组，一组在时钟正沿跳变，另一组则在时钟负沿跳变。消除 I/O 单元驱动器输出毛刺，使用三态输出缓冲，选择低功耗总线编码策略。对于某些 I/O 单元端接标准，驱动为低电平时的功耗与驱动为高电平时的功耗略有不同。表 3.2 所示为降低 I/O 单元功耗的方法。

表 3.2　降低 I/O 单元功耗的方法

设计选项	前提条件和备选方案	收益
减少 I/O 单元数量	采用分区和时间多路复用策略	减少的 I/O 单元数量取决于每个 I/O 单元的影响，包括 I/O 单元标准、电压摆幅和转换速率等
使用三态输出缓冲而不是普通输出缓冲	使用三态输出缓冲	与三态输出缓冲的使能转换速率成正比
I/O 单元转换速率	采用总线编码策略	取决于总线编码的质量
I/O 单元转换时序	交错转换 I/O 单元	可以降低峰值功耗
I/O 单元标准选择和 I/O 单元分组	采用不同的 I/O 单元标准和 I/O 单元分组策略。对于高频信号，使用差分或电压参考标准（内存、接口等）。对于较低频率的信号，只要时序和波形许可，则使用电压较低的单端标准（如 1.2V 而不是 1.5V 或 1.5V 而不是 1.8V 等）	与信号频率的增加量和电压摆幅的降低量成正比

表 3.3 所示为 SoC 主要组件的低功耗设计方法。

表 3.3　SoC 主要组件的低功耗设计方法

组件	时钟门控	电源门控	多供电	动态频率缩放	动态电压频率缩放	多阈值
PLL		有				
互连	有			有		
模块	有	有	有	有	有	有
处理器	有	有	有	有	有	
时钟产生电路						有
模拟电路	有	有				
存储器	有	有	有			
引脚		有				

3.3　寄存器传输级低功耗设计

寄存器传输级（RTL）低功耗设计方法主要有时钟门控、双沿时钟、数据门控、减少多余翻转、信号编码、资源共享、减少毛刺、电路调整和使能。RTL 低功耗设计方法如表 3.4 所示。

表 3.4　RTL 低功耗设计方法

设计选项	前提条件和备选方案	收益
便于功耗优化的计数器设计	如果只使用最终计数值，则二进制码计数器是最佳选择。如果计数器用于驱动总线，则雷码计数器是最佳选择。如果需要对多个计数值进行解码，则环形计数器是最佳选择	取决于计数器数量和大小，以及使用场合
修改 RTL 以减少毛刺	在虚假路径和多周期路径中插入寄存器	取决于虚假路径和多周期路径中的计数器内部的逻辑门数量和复杂度
	插入由相反时钟沿驱动的与门，需要毛刺路径中具有一些正余量	取决于逻辑电路大小和毛刺活动
	插入由相反时钟沿驱动的锁存器，需要进行静态时序分析	取决于逻辑电路大小和毛刺活动
修改相反时钟沿驱动的寄存器	需要时序容许改变	峰值功耗的降低取决于由寄存器驱动的逻辑电路的规模和布线面积（可能会很大）
	没有反馈环路	可达 50%
修改流水线逻辑	如果存在反馈环路，则需要详细的静态时序分析	10% 以上
消除不必要的流水线阶段	需要进行功能和时序验证	取决于被消除的寄存器数量
时钟门控	需要进行功能和时序验证	可能会显著节能，但取决于具体设计

1. 时钟门控

当功能模块不需要工作时，可以完全关停其时钟。时钟树由大量缓冲器或反相器对组成，其功耗高达整个芯片功耗的 40%。加入全局时钟门控，将减少时钟树及所驱动寄存器时钟引脚的翻转，从而降低功耗，如图 3.29 所示。

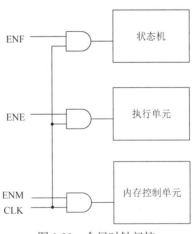

图 3.29　全局时钟门控

全局时钟门控可以通过在 RTL 中直接加入代码或例化时钟门控单元而实现。时钟树门控信号最好来自发送侧，而非接收侧，以利于时钟门控单元的时序收敛，如图 3.30 所示。

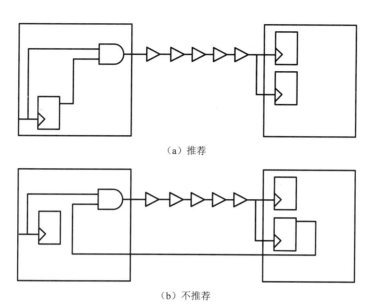

（a）推荐

（b）不推荐

图 3.30　全局时钟门控的实现

如果触发器输出不变，则可以使其时钟端口失效，从而降低 5%～10% 的动态功耗，本地时钟门控如图 3.31 所示。

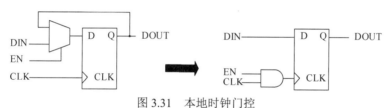

图 3.31　本地时钟门控

本地时钟门控可以通过在 RTL 中直接加入代码或例化时钟门控单元而实现，也可以通过逻辑综合工具实现，如图 3.32 所示。

传统的RTL代码

```
//always clock the register
always@ (posedge clk) begin  //form the flip-flop
    if(enable) out <= in;
end
```

低功耗时钟门控RTL代码

```
//only clock the register when enable is true
assign gclk= enable && clk;   //gate the clock
always@ (posedge gclk) begin  //form the flip-flop
    out<= in;
end
```

时钟门控单元例化

```
//instantiate a clock gating cell from the target library
clkgx1 i1(.en(enable), .cp(clk), .gclk_out(gclk));
always@ (posedge gclk) begin  //form the flip-flop
    out<= in;
end
```

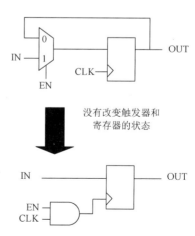

没有改变触发器和寄存器的状态

图 3.32　本地时钟门控的实现

2. 双沿时钟

如果逻辑设计中没有反馈环路，则电路可以降至半频运行，但相邻两级分别使用不同时钟沿，此时逻辑和时钟树功耗将降低一半，如图 3.33 所示。

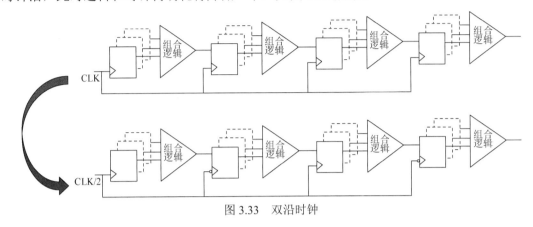

图 3.33　双沿时钟

3. 数据门控

数据门控也称操作数隔离（Operand Isolation，OI），目的是减少不必要的信号转换。

如果某一时间段内数据通路的输出无用，则其输入可设置成固定值，从而使数据通路部分没有翻转而降低功耗，但会增大面积和数据路径的延迟，影响测试覆盖率。可以使用 EDA 工具自动进行数据门控，也可以手动来进行。

在图 3.34 中，当总线没有就绪时，不需要读取信号，如果给总线设置默认值，则会增加总线上多余的翻转。

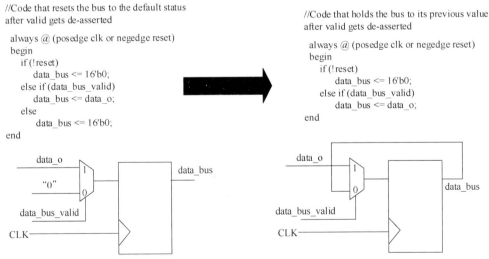

图 3.34　数据门控的实现

在图 3.35（a）中，当 SEL_0≠1、SEL_1≠0 时，加法器 Add_0 的运算结果并不能通过 mux_0 和 mux_1 到达寄存器 reg_0 的输入端口，也就是说寄存器 reg_0 将不会保存加法器 Add_0 的运算结果，此时加法器 Add_0 的运算并无必要。为了节省功耗，可以用数据门控的方法，在某些条件下，使加法器不工作而保持静态，如图 3.35（b）所示。

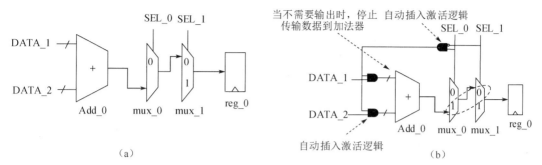

图 3.35　数据门控举例

4．减少多余翻转

针对数据输入进行选择性输出的情形，可以通过门控来减少多余翻转，从而降低功耗。在图 3.36 中，当 sel_in 为 0 时读入 A 和 B，为 1 时则读入 C 和 D，所以利用 sel_in 可以控制输入的操作数据。此外，当 load_out 无效时，即便 load_op 有效，输入数据也不能输出，因此相应的数据翻转只是消耗了功率，所以当 load_out 无效时，load_op 也要设置为无效。

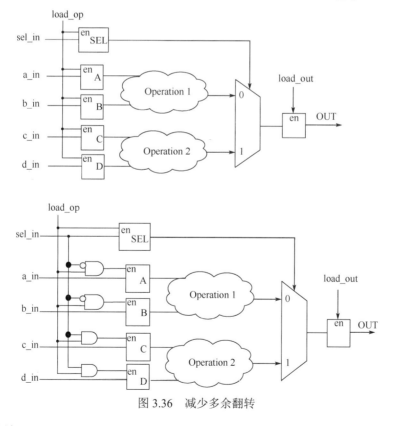

图 3.36　减少多余翻转

5．信号编码

对于一些翻转非常频繁的信号，可以利用信号编码方法来减少不同数据转换时的平均翻转次数，以减少开关活动。

通用编码有二进制码（Binary Code）、格雷码（Gary Code）和独热码（One-hot Code），其对应关系如表 3.5 所示。

表 3.5　通用编码的对应关系

二进制码	格雷码	独热码
000	000	00000001
001	001	00000010
010	011	00000100
011	010	00001000
100	110	00010000
101	111	00100000
110	101	01000000
111	100	10000000

1）二进制码

二进制码多路选择器编码与实现如图 3.37 所示。

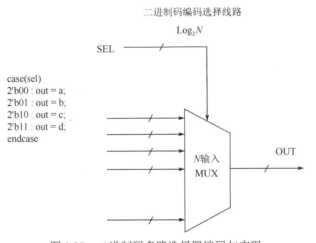

图 3.37　二进制码多路选择器编码与实现

2）格雷码

格雷码是指对于任何两个连续的数字，其对应的二进制码中只有一位的数值不同，由于相邻两个地址的内容跳变次数比较少，从而有效降低了总线功耗。

3）独热码

在独热码中，一个二进制数中只允许一个数位不同于其他各数位的值。

在图 3.37 中，如果 N 输入 MUX 的每个输入都是多位，那么只要输入数据有翻转，总会产生一系列开关过程，由此产生功耗。如果使用独热码方式，则输出更快、更稳定，而且在初期就能将未选中的总线掩藏，从而实现低功耗效果，如图 3.38 所示。

除上述编码方法外，还有一些更为复杂的低功耗编码方法，如 Bus Invert 算法、WZE（Working Zone Encoding）算法和 PBE（Page-Based Encoding）算法等。在采用这些编码方法时，应综合考虑其带来的其他代价，如增加的编解码电路等。

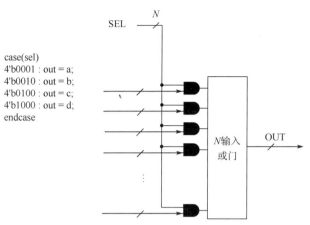

图 3.38　独热码多路选择器编码与实现

6. 资源共享

当相同操作在多处出现时，可以采用资源共享策略。对于下例的右侧代码，各分支共享两个比较器而实现了与左侧代码同样的逻辑功能。

```
always@(*)
begin
case(sel)
3'b000:out = 1'b0;
3'b001:out = 1'b1;
3'b010:out = (value1 == value2);
3'b011:out = (value1 != value2);
3'b100:out = (value1 >= value2);
3'b101:out = (value1 <= value2);
3'b110:out = (value1 < value2);
3'b111:out = (value1 > value2);
endcase
end
```

```
assign cmp_equal = (value1 == value2)
assign cmp_great = (value1 > value2)
always@(*)
begin
case(sel)
3'b000:out = 1'b0;
3'b001:out = 1'b1;
3'b010:out = cmp_equal;
3'b011:out = !cmp_equal;
3'b100:out = (cmp_equal || cmp_great);
3'b101:out = !cmp_great;
3'b110:out = !cmp_equal && !cmp_great;
3'b111:out = cmp_great;
endcase
end
```

在非关键路径上共享资源能减少逻辑电路。在下例中，逻辑综合工具会产生一个乘法器，由 SEL 控制参与计算的输入，从而节省了功耗和面积。

```
always @(a or b or c or d or sel)
    if (sel)
        result = a * b;
    else
        result = c * d;
```

7. 减少毛刺

由于不同输入的延迟相异，因此组合逻辑在稳定之前可能会多次更改状态，发生不必要的开关活动。毛刺会出现在单周期路径、多周期路径和虚假路径中，逻辑电路的深度越大，毛刺越多，瞬态功耗越大。毛刺产生如图 3.39 所示。

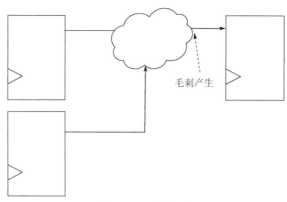

图 3.39 毛刺产生

减少毛刺的方法如下。

（1）通过平衡并行组合路径中的延迟来减少毛刺。

（2）通过数据路径重新排序来减少毛刺。

（3）通过流水线减少毛刺。

在长组合路径中插入寄存器将减小逻辑电路深度，从而最大限度地减少毛刺。例如，两级流水线 16×16 位无符号乘法器比无流水线的同类设计消耗的功率更少。

（4）通过在驱动网络上插入与门来减少毛刺。

在驱动网络上插入与门，每当时钟信号变为高电平时，与门输出将转换为低电平，而当时钟信号变为低电平时，与门扇出则进入后续寄存器，只要时序许可，功能并不会受到影响。插入透明的锁存器也可以达成此目的，但其时序分析会变得更加复杂。通过在驱动网络上插入与门来减少毛刺如图 3.40 所示。

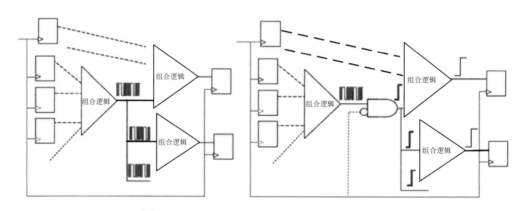

图 3.40 通过在驱动网络上插入与门来减少毛刺

在图 3.41 中，数据 A、B、C 和 D 来自寄存器的稳定输出。但是，如果多路复用器的选择信号振荡，则加法器的操作数将不稳定并消耗额外的功率。先将与毛刺有关的逻辑移至下游，即将加法器移至上游，再经过多路复用器，则电路消耗的功率更少。

（5）通过分区和使用不同的优化策略来减少毛刺。

针对时序优化而形成的电路面积大，但深度小，因而毛刺减少，功耗降低，但过大的面积也可能减弱效果。因此，转换频繁的信号应以减小电路深度为先，转换不频繁的信号则可以针对面积进行优化。

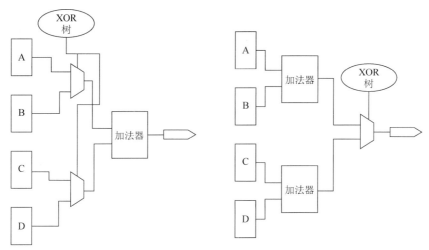

图 3.41 数据路径重新排序

（6）利用抗毛刺的器件。

可以利用抗毛刺的器件来减少毛刺，如 Domino 器件、两相主从锁存器等。

（7）其他方法。

例 1：改变逻辑活动的传播。

在保持功能等效的同时更改部分寄存器的时钟方案，将功耗分配到时钟双沿以降低峰值功率，如图 3.42 所示。

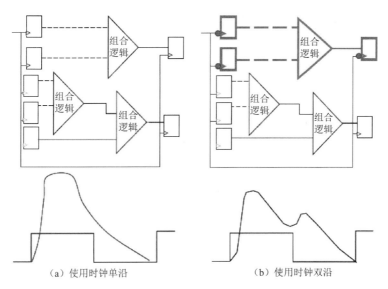

（a）使用时钟单沿 （b）使用时钟双沿

图 3.42 更改时钟方案

例 2：使用无复位引脚的触发器。

通常无复位引脚的触发器面积比有复位引脚的触发器面积小，整体电路的功耗是否减少则有待具体分析。

8．电路调整和使能

将活跃度高低不同的网络进行区分，并将高活跃度网络置于逻辑云深处。在图 3.43 中，假设 X 不活跃，而 Y 活跃。考虑使用两个逻辑云，由 Y 作为选通信号进行选择，从而减少逻辑计算。

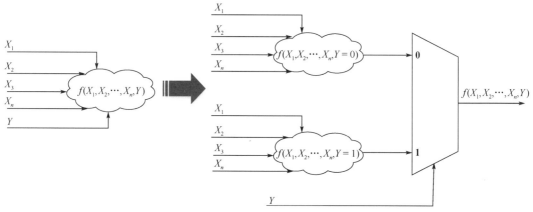

图 3.43　将高活跃度网络与静态网络分开

在图 3.44 中，在逻辑云前后增加使能信号，这样不采样时可以关闭相应的逻辑云，以减少其功耗。

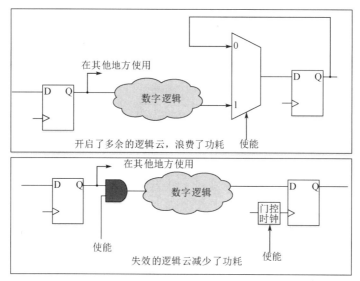

图 3.44　使能逻辑云

3.4　综合中的低功耗设计

综合中的低功耗设计方法如表 3.6 所示。

表 3.6　综合中的低功耗设计方法

设计选项	前提条件和备选方案	收益
本地时钟门控	需要进行功能验证和静态时序分析	可能会显著节能，但具体取决于设计
面积优先的综合	STA 显示足够的正裕度	可能会显著节能，但具体取决于设计
设置 "set_max_fanout"	适用于高扇出网络且时序要求较宽松	取决于减少的寄存器数量
多比特触发器		
低功耗标准单元库		

1. 功耗优化的标准单元库

选择功耗优化的标准单元库，剔除一些大驱动标准单元等。

2. 细粒度时钟门控

利用逻辑综合工具在时钟路径的适当位置自动插入时钟门控单元。

3. 多比特触发器

多比特单元是指同一个单元中包含多个逻辑位，或者说多个完全相同的单元合并成一个单元。以 DFF（D 类型触发器）为例，单比特单元和多比特单元的逻辑关系如图 3.45 所示。

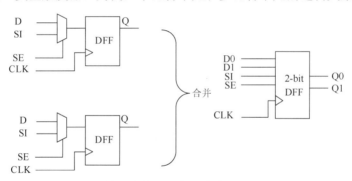

图 3.45　单比特单元和多比特单元的逻辑关系

合并并不是单纯地将两个或更多的标准单元直接放置在一起，而是在版图设计过程中，通过优化晶体管连接和采用晶体管共用等手段来实现晶体管级的合并，因此多比特单元的版图面积较小。多比特触发器（Multi-Bit Flip-Flop，MBFF）如图 3.46 所示。

多比特触发器的引脚电容减小，从而降低了时钟翻转功耗，而且相同的缓冲器可以驱动更多的触发器，显著减少时钟树上缓冲器的数量和面积，进一步降低时钟树功耗。当设计中多比特触发器占比较高时，其触发器标准单元总数必然大幅下降，摆放可能会更加集中，从而节省更多的时钟树绕线，有效减少整个时钟树绕线寄生 RC，从而降低动态功耗。此外，多比特触发器还减小了时序单元之间的时钟偏移。

目前大部分先进工艺的代工厂都提供了含有多比特寄存器的标准单元库。但实际设计中多比特单元的使用存在诸多条件限制，很多时候占比不高，达不到所期望的降低功耗效果。多比特单元摆放不合理可能会引起绕线资源紧张，甚至使时序恶化，导致组合逻辑功耗增大。此外，设计人员可能会故意将多比特单元互相摆放得远一些以满足 IR/EM 要求，但这会增大时钟线寄生 RC。因此当实际使用时，在保持性能的前提下，可以先进行多比特寄存器合组（Multi-Bit Register Banking），然后使用工具优化时序，并根据时序进行裂组（Debanking），从而实现功耗和性能的最优化。多比特寄存器合组如图 3.47 所示。

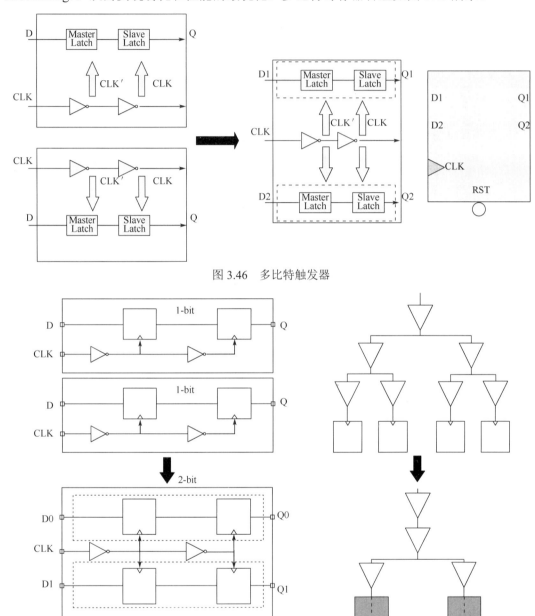

图 3.46　多比特触发器

图 3.47　多比特寄存器合组

4．综合优化策略

选择适当的综合优化策略，尤其针对时序关键模块。

边界优化（Boundary Optimization）在一定程度上可以保持模块的层次结构，但可能改变端口的极性，导致验证混乱。

展平优化（Flatten Optimization）可以节省更多面积，但 ECO 操作较难，并且会导致验证复杂化。

在进行面积优化时，通常面积小意味着功耗低，不过这并不总正确。

5．余量分布分析

研究每个时钟域的余量分布（Slack Distribution），以确定时序违例路径的数量及违例的总体严重性。对于在所有内部路径中具有宽松时序或足够余量的模块，面积优先的综合将导致所需逻辑资源的大量减少，从而降低功耗。基于松弛余量分布分析的优化如图 3.48 所示。

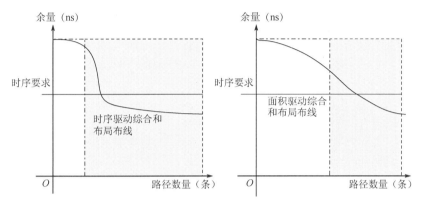

图 3.48　基于松弛余量分布分析的优化

3.5　物理级低功耗设计

低功耗与高速相互矛盾，需要事先确定设计的主要目标和优先级。低功耗设计方案大多由系统工程师和前端工程师完成，决定电源岛、多电压供电和 DVFS 等的采用决策。后端工程师则主要进行工艺选择、门级电路的功耗优化和物理级优化，如多阈值单元的替换、时钟门控单元在时钟树中的位置、时序收敛后的功耗优化等。

3.5.1　工艺选择

工艺的选择取决于芯片应用领域，需要考量工艺成熟度、流片成本、IP 可行性和设计团队经验。

1．先进工艺

先进的 CMOS 工艺使用低压来降低功耗，目前已降至 0.8V 甚至更低。但是电压降低减慢了晶体管开关速度，而且较低的电压摆幅使芯片与外部设备接口变得困难。此外，降低晶体管阈值电压会导致抗噪声能力下降和漏电流增大等问题。

常见的先进 CMOS 工艺如下。

- 多阈值电压 CMOS 工艺（MTCMOS）：使用不同阈值电压。
- 变阈值电压 CMOS 工艺（VTCMOS）：利用基极偏压效应。
- 动态阈值电压 CMOS 工艺（DTCMOS）：动态改变衬底偏置电压。

2．标准单元库

选择一套合适的标准单元库，对于芯片时序收敛及最终芯片的 PPA 非常重要。

对于相同功能的逻辑单元，通常代工厂提供具有不同高度、阈值电压、通道长度和驱动强度的标准单元。图 3.49 显示了 7T、9T 和 12T 三种高度，SVT、HVT 和 LVT 三种阈值电压，C30、C35 和 C40 三种通道长度的标准单元。

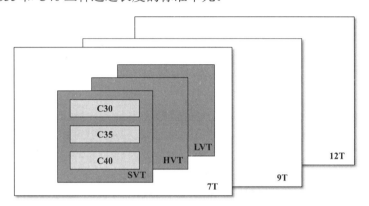

图 3.49　不同的标准单元

1）多高度单元库

标准单元的高度是按照轨道（Track）数量来区分的。所谓 7T、9T、12T，其实指的是工艺库中标准单元的高度分别是 7 个 Track、9 个 Track、12 个 Track。

- 7T：低泄漏，适用于高密度、低性能模块。
- 9T：高泄漏，适合于较高密度和较高性能模块，如 GPU。
- 12T：最高泄漏，适合于低密度、高性能模块，如 CPU。

在进行面积评估时，经常会根据综合面积来选择单元库，因此较矮的单元库往往胜出。但是一个芯片的面积往往因绕线不同而出现差异，采用矮的标准单元，并不能降低绕线复杂度，因为需要连接的引脚数量并没有减少。从低阈值电压标准单元的使用比例来看，矮的标准单元比例升高，将导致漏电情况严重，不适合对漏电敏感的设计。此外，如果芯片面积不变，采用矮的标准单元，则排布行数就会增加，考虑到电源打孔的资源占用，并不有利于绕线。

一般来说，在形状比较方正、绕线比较容易，同时时序不太紧张的情况下，可以考虑选用较矮的标准单元以减小面积和降低功耗。

2）多阈值电压单元库

CMOS 晶体管漏电功耗与亚阈值电流存在如下关系。

$$P_{static} \approx I_{sub} V_{DD}$$

式中，$I_{sub} = I_s e^{\frac{q(V_{GS} - V_T - V_{offset})}{nKT}} (1 - e^{\frac{-qV_{DS}}{KT}})$。

在先进工艺下，器件的供电电压越来越低，标准单元的阈值电压也越来越低。阈值电压越高的标准单元，其漏电功耗越低，但门延迟越长，也就是速度越慢；阈值电压越低的标准单元，其漏电功耗越高，但门延迟越短，也就是速度越快。阈值电压与器件速度和器件漏电功耗之间的关系如表 3.7 所示。

表 3.7　阈值电压与器件速度和器件漏电功耗之间的关系

阈值电压	器件速度	器件漏电功耗
低阈值电压	高	高
标准阈值电压	中等	中等
高阈值电压	低	低

利用多阈值电压单元库进行漏电功耗的优化，设计出静态功耗低而性能高的电路。常见的多阈值电压单元库有 HVT 库（低泄漏、最低性能）、SVT 库（更高泄漏、更高性能）和 LVT 库（最高泄漏、最高性能）。HVT 库与 LVT 库之间的泄漏差异可以是 10～30 倍，性能差异为 20%～40%。

在先进工艺下，CMOS 标准单元库提供带有不同阈值电压的标准单元来实现相同的逻辑功能。例如，提供两个反相器单元：一个使用低阈值电压晶体管，另一个使用高阈值电压晶体管，其中低阈值电压单元具有更快的速度和更大的漏电流，而高阈值电压单元漏电流小，但速度较慢。

3）多通道长度单元库

相同的 SVT、HVT、LVT 单元可能具有多种不同通道长度供选择。不同通道长度可能导致的漏电流差异达 40%～200%，性能差异达 10%～20%。减小 CMOS 晶体管的通道长度可以显著提高芯片的性能，但会导致静态功耗的增大。

4）多驱动强度单元库

一般的逻辑单元都设计了至少 4 种不同驱动强度的单元：半倍驱动强度的低功耗单元、常用的单倍驱动强度单元、速度更快的 2 倍驱动强度单元和 4 倍驱动强度单元，以满足不同的设计需求。常用的反相器和时钟缓冲器具备更多的驱动强度，其中反相器达 10 多种，用于时钟树的时钟反相器和缓冲器可达 20 多种。提供多驱动强度单元使逻辑综合工具能够针对给定的负载选择最佳单元。

3.5.2　门级功耗优化

门级功耗优化（Gate Level Power Optimization，GLPO）是指基于网表的与工艺无关的优化，从已经映射的门级网表开始，在保持性能、满足设计规则和时序要求的同时，对设计进行功耗优化以满足功耗约束，如图 3.50 所示。当进行门级功耗优化时，依据电路的开关行为，使用工具同时对时序和功耗进行优化。

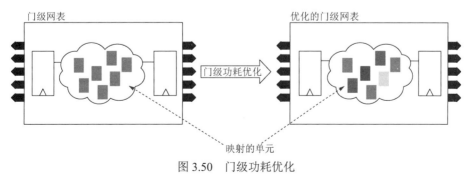

图 3.50　门级功耗优化

1．调整标准单元的驱动强度

可以在非关键路径上使用驱动强度较小的标准单元，以减小其输入电容，相应减小前级驱动门的翻转电流，降低电路的翻转功耗。有时，使用驱动强度较大的标准单元，可以提高输出转换速率，减小短路电流，降低电路的短路功耗。

2．引脚重分配

引脚重分配将高翻转概率信号连接到低负载电容的引脚上，以降低动态功耗，如图 3.51 所示。

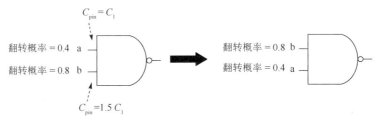

图 3.51　引脚重分配

3．重排序

图 3.52 所示为重排序操作，其中信号 b 是翻转率比较大的信号。在排序前的电路中，信号 b 的每次翻转要驱动 4 个门，而在排序后的电路中，信号 b 的每次翻转只需要驱动 2 个门，显然重排序操作有效地降低了动态功耗。

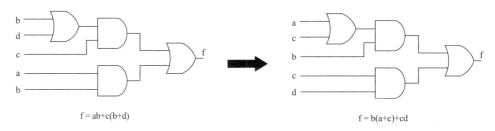

图 3.52　重排序操作

4．重映射

在图 3.53 中，电路中的信号 a 重映射之前要驱动两级的与非门，而在重映射之后，只需要驱动一级优化的逻辑门 OAI（OR-AND-INVERT），从而降低了动态功耗。

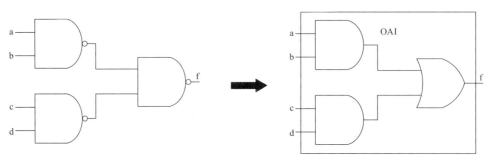

图 3.53　重映射

5．毛刺消除

图 3.54 所示为毛刺消除示意图。由于信号 A 和信号 B 的传输延迟不同，信号 C 上将会产生毛刺，插入缓冲器后，信号 C 上面的毛刺被消除了，从而避免了不必要的翻转功耗。

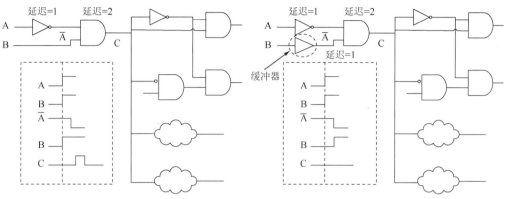

图 3.54　毛刺消除示意图

3.5.3　物理级功耗优化

物理级低功耗设计方法如表 3.8 所示。

表 3.8　物理级低功耗设计方法

设计选项	前提条件和备选方案	收益
功耗驱动的布局与布线	需要将时序约束和时序驱动的布局与布线相结合	可达 10%
时钟树综合	需要分析隐含的布局约束和潜在的拥塞情况，采用 CC-OPT 等算法	取决于芯片的大小和时钟树的跨度
电源门控	需要选择适当的电源开关	虽然可以降低功耗，但会增加 7%~10% 的面积
MTCMOS 技术	需要选择 SVT、HVT 或 LVT 等不同阈值电压的单元	
余量重分配	需要进行 HVT 和 LVT 替代	
物理优化		

1．定制库

定制组合逻辑和时序单元，优化功耗和性能。

2．标准单元筛选

出于特定要求，从标准单元库中去除一些单元，如大驱动标准单元因潜在的 IR 下降而不使用。

3．版图优化

一个合理的布局规划和满足时序收敛要求的低功耗时钟树综合，是数字后端物理实现过程中保证芯片功能及其可靠性的重要环节。

1）减小电压压降

电压压降违例会增大动态功耗。调整 I/O 引脚摆放位置、宏单元摆放位置和优化电源规划可以在一定程度上减小电压压降。

将具有逻辑关系的 I/O 引脚与标准单元就近放置，时钟 I/O 引脚要尽可能靠近电源 I/O 引脚。电源 I/O 引脚要考虑电压压降，一般需要在布局完成后进行电压压降分析，以选择一个最好的摆放位置。

宏单元摆放在芯片四周，留出版图中间位置用于排布标准单元；宏单元四周要留出布线通道。

电源规划对电压压降有重要影响，适量增大电源环（Power Ring）宽度可以减小电压压降。全局的电源环通常使用顶层走线的策略，要保证每个宏单元至少有一个电源条（Strip）穿过，且使之分布均匀。

2）利用有用偏移

以往认为片上的时钟树需要保持低偏移，时钟树综合引擎试图实现零偏移。然而，这可能导致功耗问题，如同时翻转寄存器会引发高电流变化和高峰值功率，从而对电源网络造成压力。

如果存在时钟信号偏移，即不同器件的时钟信号在不同时间到达，则可以在一个时钟周期内均匀分配电量，使整个电路的峰值功率降低。因此，时钟树存在一定偏移其实是降低功耗的一种方法。

与传统的时序优化仅针对数据路径不同，Synopsys 工具中的 CCD（Concurrent Clock and Data，并发时钟和数据）机制或 Cadence 工具中的 CC-OPT（Clock Concurrent-Optimization，时钟并发优化）机制在优化时序时，可以同时考虑数据和时钟路径，其本质就是充分利用有用偏移来实现时序、功耗和面积优化。CCD 机制如图 3.55 所示。

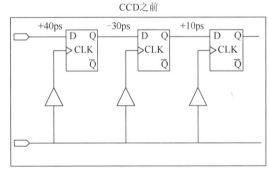
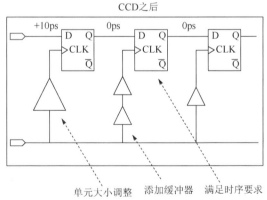

图 3.55　CCD 机制

3）减少毛刺

采用路径平衡技术，使到达逻辑门的信号延迟一致，从而减少毛刺。

4）优化布线

可以将高翻转概率的节点在寄生电容较小的金属层上布线，以降低整体功耗。此外，还可以减小时钟网络的电容，如减小互连线长度、选择不同材料来改变互连线介电常数、减小互连线之间的耦合等。

4．多阈值电压设计

在后端设计中，如果大量使用低阈值电压单元，则单元延迟减小，但漏电功耗上升；反之，如果大量使用高阈值电压单元，则漏电功耗降低，但单元延迟增大，性能相应降低。因此，真正实现性能与功耗的平衡是一项重要和艰难的工作。

使用多阈值电压单元库，可以实现低静态功耗和高性能的设计，在关键路径中使用低阈值电压单元以减小单元延迟，而在非关键路径中使用高阈值电压单元以降低静态功耗。多阈值电压设计如图 3.56 所示。

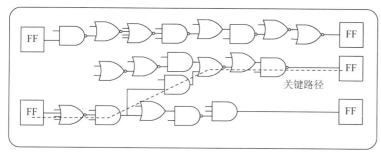
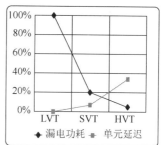

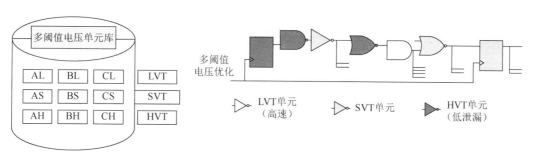

图 3.56　多阈值电压设计

利用多阈值电压单元组合实现时序优化如图 3.57 所示。

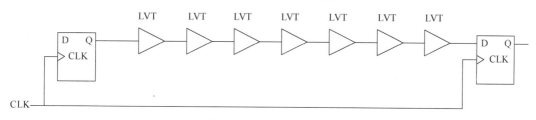

Setup Slack: +150ps

图 3.57　利用多阈值电压单元组合实现时序优化

数据路径上全部用了低阈值电压单元以满足时序要求，但是计算后发现建立时间有 +150ps 的余量，显然过多的低阈值电压单元会产生多余的漏电功耗。因此，可以将一部分低阈值电压单元替换成标准阈值电压单元甚至高阈值电压单元，在保证建立时间不出现违例的前提下尽量减少低阈值电压单元的数量，这是使用工具进行功耗优化的常见方法。

在低功耗设计中，更加有效的方法是把一个或多个模块所能使用的单元种类进行某些限制。例如，在图 3.58 中，各个主模块的工作频率不尽相同，CPU/GPU 等性能需求高，而音频（Audio）模块性能需求低，可以在优化过程中限制音频模块只使用高阈值电压单元或标准阈值电压单元，从而减小其整体漏电功耗。

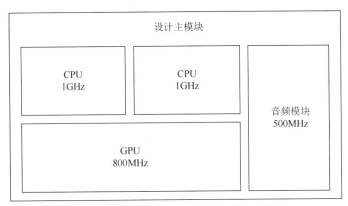

图 3.58　根据性能要求选择多阈值电压单元

5．余量重分配

在物理级优化设计中，通过权衡正时序余量来单独或同时降低动态功耗和漏电功耗。一个时序路径组（Timing Path Group）中含有多条时序路径，其中延迟最大的路径被称为关键路径。通过调整标准单元大小来降低功耗，如缩小非关键路径上的标准单元可以降低动态功耗 10%～15%；通过配比使用高低阈值电压单元来减小漏电功耗，如在非关键路径上使用高阈值电压单元可以降低漏电功耗 20%～60%。余量重分配如图 3.59 所示。

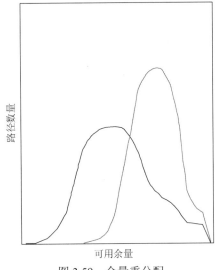

图 3.59　余量重分配

6．电源门控

电源门控可以大幅降低整体功耗，同时降低漏电功耗和动态功耗。

7. 低功耗设计流程

图 3.60 所示为低功耗设计流程，由于共享标准电源意图描述格式 UPF，因此极大地方便了多电源设计和电源门控等物理设计。

图 3.60 所示流程与传统流程相似，但在各个阶段中加入了新的功能：在综合过程中，自动插入电平转换器和隔离器等；在版图设计中，布局、时钟树综合及时序优化会考虑物理区域的布局，自动插入电源开关。在逻辑综合、版图设计和签核前验证阶段，应针对不同电压的电源域进行适当的延迟计算，并导入低功耗检查工具来检查电平转换器、隔离器和电源开关是否正确插入。另外，还需要进行由电源开关产生的电压压降分析及含有不同电源的 LVS 验证等。

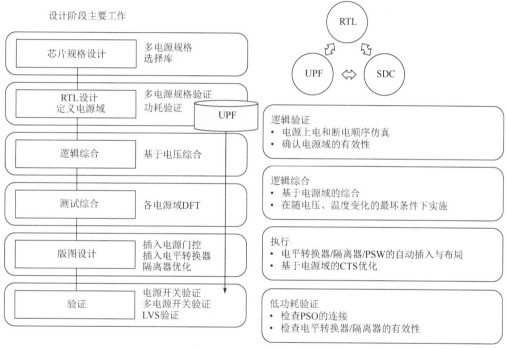

图 3.60　低功耗设计流程

表 3.9 所示为低功耗设计的相关事项。

表 3.9　低功耗设计的相关事项

多电源设计	自动插入电平转换器
	基于电压的延迟计算
电源门控	自动插入隔离器
	自动插入电源开关
	削减电源开关
	含电源开关的压降分析
	插入常态开缓存器
	支持保存寄存器
	电源关断时的逻辑仿真

续表

	电平转换器、隔离器的遗漏检查
	计算功耗
通用	物理验证（DRC、LVS）
	支持 UPF

小结

- 系统级低功耗设计主要是指评估不同操作模式下的功耗，提出合理的软硬件分工策略，确定芯片功耗降低的目标和优先级。
- 算法及架构级低功耗设计包括探索提高电源使用效率的算法及架构、选择适当的频率和电压控制策略、IP 内部及集成的低功耗设计、互连和 I/O 单元低功耗设计等。
- RTL 低功耗设计主要使用数据门控、信号编码、共享资源和减少毛刺等技术。
- 综合中的低功耗设计包括优化的单元库选用、综合优化策略选择和松弛余量分布分析等。
- 物理级低功耗设计包括工艺选择、门级功耗优化和物理级功耗优化。

第 **4** 章

时序分析与签核

先进工艺节点下的设计日益复杂，规模日益增大，需要选择合适的工具，应用准确快速的分析和优化技术，实现性能、功耗、面积（PPA）平衡。

设计分析和签核包括寄生参数提取、静态时序分析、信号完整性分析、电源完整性分析、时序收敛和 ECO 等。需要加快设计收敛速度，提高签核质量。

本章首先介绍偏差与时序影响因素，然后讨论静态时序分析，接着介绍基于变化感知的时序分析和芯片级设计约束，最后介绍时序签核。

4.1 偏差与时序影响因素

在芯片设计、制造、应用等各个环节都不可避免地会引入偏差，偏差将导致晶体管、电阻、电容及绕线等元器件电特性的不确定性。

4.1.1 偏差

引入偏差的因素主要分为工艺、电压和温度三类。

1. 工艺

迁移率、栅极电容、宽长比、阈值电压等参数受到芯片制造过程中光刻、刻蚀、离子注入等工艺参数的操作精度影响。

对于晶体管，最重要的工艺偏差是沟道长度 L 和阈值电压 V_t，如图 4.1 所示。

对于互连，最重要的工艺偏差是线宽、间距、金属和电介质厚度，如图 4.2 所示。

工艺偏差可以发生在批次间（L2L）、晶圆间（W2W）、硅片间（D2D）和硅片内（WID），如图 4.3 所示。

工艺偏差按其特性可以分为系统性工艺偏差（Systematic Process Variation）和非系统性工艺偏差（Non-systematic Process Variation）两类。一些工艺偏差是系统性的，其行为已经被很好地理解，并且可以通过分析来预测，如由光学接近度、化学机械抛光（Chemical

Mechanical Polishing，CMP）和金属填充等引起的偏差。另一些工艺偏差则是非系统性的，具有不确定或随机的行为，如由随机掺杂波动、栅氧厚度变化等引起的偏差。

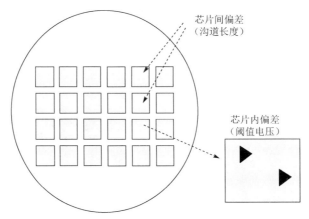

图 4.1　晶体管中的工艺偏差

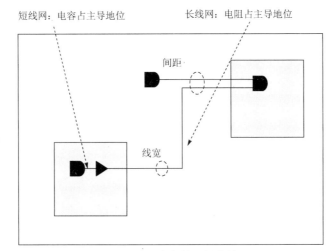

图 4.2　互连中的工艺偏差

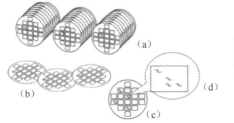

（a）批次间（Lot-to-Lot，L2L）
（b）晶圆间（Wafer-to-Wafer，W2W）
（c）硅片间（Die-to-Die，D2D）
（d）硅片内（Within-Die，WID）

图 4.3　工艺偏差

　　非系统性工艺偏差可以进一步细分为全局性偏差（Global Variation）和局部性偏差（Local Variation）。全局性偏差是指工艺偏移导致的硅片间、晶圆间、批次间偏差，如同一硅片上所有管子的沟道长度都比典型值偏大或偏小。局部性偏差是指同一硅片上不同管子受工艺偏差影响不同，如同一硅片上有些管子的沟道长度偏小，而有些偏大。显然，局部性偏差比全局性偏差小。

局部性偏差可以进一步细分为空间关联偏差（Spatially Correlated Variation）和随机或独立偏差（Random Or Independent Variation），前者指相邻管子有相似特征，后者指相邻管子在统计学上完全随机或独立，如图 4.4 所示。

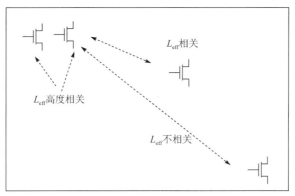

图 4.4 局部性偏差

工艺偏差会导致芯片的物理参数，如线宽、沟道掺杂浓度、线厚、临界尺寸和栅氧厚度的偏差；物理参数偏差会导致电特性参数，如线的电容/电阻、阈值电压、饱和电流和栅极电容的偏差；电特性参数偏差会导致延迟偏差，如单元延迟（Cell Delay）、单元转换速率（Cell Slew Rate）和线延迟（Net Delay）的偏差。图 4.5 所示为工艺偏差的影响。

图 4.5 工艺偏差的影响

2．电压

电压偏差的来源有多种，电压源精度、电源网络的压降、环境噪声、晶体管活动本身都会导致电源网络的电压偏差。

晶体管栅极电压、漏源电压等与电源电压的稳定性和晶体管的压降有关。芯片外接的电源电压的影响是系统性的，其波动会影响片上所有器件；因为从电源引脚到各晶体管所经过的电源网络的电阻不同，以及裸片各个区域电流消耗不均衡，所以在同一裸片内电压分布是不均匀的，这种影响是局部性的。

现实中并不存在一个理想电压源，而芯片需要在一个电压范围内才能正常工作，时序库通常覆盖标称电压（Nominal Voltage）的±10%范围。

3．温度

工艺库中的标称温度是指晶体管结温（Junction Temperature），该结温由环境温度和芯片本身运行导致的温度升高共同决定，其通常远高于环境温度。晶体管的迁移率和阈值电压直接受温度影响，而金属互连线受温度影响较小。

环境温度是系统性的影响因素，民用、军用或太空级别的应用场景对温度变化范围的要求不同。例如，对于工业级芯片，环境温度大多为-40℃～85℃；对于军用级芯片，结温范围更宽广。

通常来说，温度升高，单元延迟会增大，但是进入深亚微米工艺后，因温度反转效应的存在，单元延迟随温度不再是单向变化的。近些年，在进行同步电路时序收敛时会大量使用时钟有用偏移（Clock Useful Skew），导致时序并不会随着单元延迟的变化而单向变化。因此，建立及保持时间的时序需要同时收敛在最低温度和最高温度下。此外，由片上功耗分布的不均匀导致的温度偏差同样需要考虑。

图 4.6 所示为偏差分类。

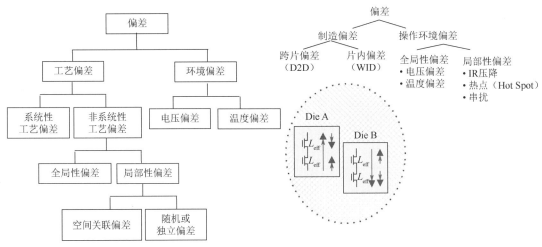

图 4.6　偏差分类

4.1.2　工艺角

不同芯片的参数变化范围较大，为降低设计难度，需要将器件性能限制在某个范围内，并报废超出此范围的芯片，工艺角（Process Corner）用于定义这个范围，以此来严格控制预期的参数变化。

工艺角分为前段工序工艺角和后段工序工艺角。前段工序（Front End Of Line，FEOL）是指半导体晶圆制造工序的前半部分，主要影响晶体管的性能。后段工序（Back End Of Line，BEOL）是指半导体晶圆制造工序的后半部分，主要影响金属层的连线。图 4.7 所示为工艺角示意图。

1．前段工序工艺角

集成电路是依靠平面工艺一层层制备的。对于逻辑器件，首先是在硅衬底上划分制备晶体管的区域，然后是离子注入实现 N 型和 P 型区域，接着是制造栅极，随后又是离子注入，实现每一个晶体管的源极（Source）和漏极（Drain），从而在硅衬底上实现了 N 型和 P型场效应晶体管。这部分工艺流程被称为前段工序。

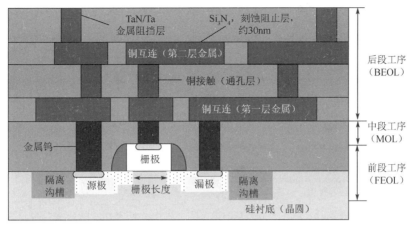

图 4.7　工艺角示意图

生产过程中的工艺、机台存在差异，由此导致的芯片偏差分为 TT、FF、SS、FS、SF 五个角，这里前后两个字符分别对应 NMOS 和 PMOS 的工艺角类型。前段工序工艺角如图 4.8 所示。

- TT：NMOS -Typical Corner，PMOS -Typical Corner。
- FF：NMOS -Fast Corner，PMOS-Fast Corner。
- SS：NMOS -Slow Corner，PMOS -Slow Corner。
- FS：NMOS -Fast Corner，PMOS -Slow Corner。
- SF：NMOS-Slow Corner，PMOS -Fast Corner。

这里的 Slow 和 Fast 指的是载流子迁移速度，简单而言，Fast 表示芯片速度快。

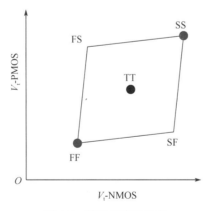

图 4.8　前段工序工艺角

2．后段工序工艺角

后段工序就是建立若干层的导电金属线。不同层金属线之间由柱状金属相连，目前大多选用铜作为导电金属，因此后段工序又被称为铜互连。这些铜线负责按设计要求连接硅衬底上的晶体管而实现特定功能。由于工艺波动，每层金属线的线宽 W、线厚 T、层间绝缘介质厚度 H 及线间距 S 存在差异，因此互连线工艺的参数值与标准值不同。后段工序工艺角如图 4.9 所示。

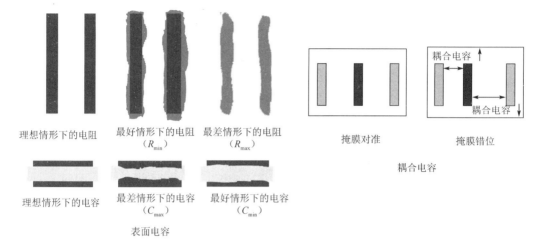

理想情形下的电阻

最好情形下的电阻
（R_{min}）

最差情形下的电阻
（R_{max}）

掩膜对准

掩膜错位

理想情形下的电容

最差情形下的电容
（C_{max}）

最好情形下的电容
（C_{min}）

耦合电容

表面电容

图 4.9　后段工序工艺角

互连线有不同的工艺角，主要考虑寄生电容和寄生电阻，寄生电感在特殊工艺或先进的 3nm/2nm 工艺中才需要考虑。

4.1.3　环境角

环境角（Environmental Corner）由电压和温度（结温）决定。温度标准分为商业标准、工业标准、军事标准。表 4.1 和表 4.2 分别给出了环境角的一般定义及不同工艺下的常见环境角。

表 4.1　环境角的一般定义

标准	最小	最大
商业标准	0℃	70℃
工业标准	-40℃	85℃
军事标准	-55℃	125℃

表 4.2　不同工艺下的常见环境角

工艺	电压	温度
28nm 工艺	0.99V	125℃
		-40℃
	0.81V	125℃
		-40℃
40nm 工艺	1.1V	125℃
		-30℃
	0.9V	125℃
		-30℃

在较老的工艺节点上，通常只需要考虑最差（Worst）和最好（Best）两个环境角。但是在先进工艺节点上，单元电压达到阈值后，温度反转效应会引入反向效应，致使单元延

迟可能与温度反转效应的方向相反。为此在 90nm 及以下工艺节点，需要再增加两个环境角，即 Best-hot 和 Worst-cold，如图 4.10 所示。

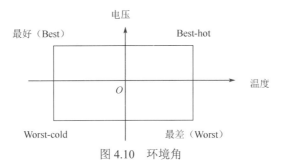

图 4.10　环境角

4.1.4　片上变化

在实际生产中，多个制造批次之间，甚至同一批次同一晶圆上的不同区域的芯片，因为工艺、电压和温度等生产和外部条件的变化，可能存在差异，从而导致内部晶体管整体速度变快或变慢，这种全局差异用角（Corner）来描述。进一步，工艺和环境参数在同一芯片的不同部分也可能不一致，这种局部差异称为片上变化（On Chip Variation，OCV），如图 4.11 所示，此差异远小于全局差异。在图 4.11 中，同一晶圆上不同芯片之间的参数误差比较大，而同一芯片上的参数误差比较小。

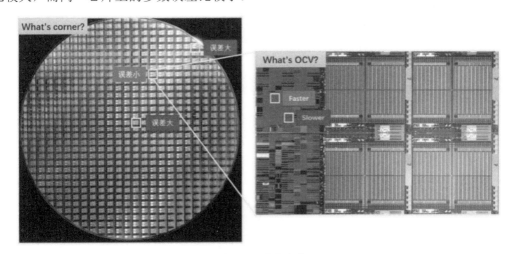

图 4.11　片上变化

同一芯片不同区域的工艺和环境差异可能由许多因素引起，包括芯片不同区域的压降变化，PMOS 或 NMOS 器件的阈值电压变化、沟道长度变化，局部热点造成的温度变化，互连金属刻蚀或厚度变化。片上变化会影响芯片不同区域的走线延迟和单元延迟，其影响通常在时钟路径上更为明显，因为时钟路径在芯片中传播的距离更长。

芯片与芯片之间可能的全局差异用工艺、电压和温度（PVT）来建模，而单个芯片内可能的局部差异用片上变化来建模。

4.1.5　串扰

先进工艺下的诸多因素，如金属层数量增加、走线既细又高、布线密度更高、大量的交互模块和互连线、频率变高和电源电压变低，使两个或多个信号之间产生无意识的耦合。串扰（Crosstalk）是由芯片上相邻信号之间的电容耦合引起的信号干扰，其中受影响的信号称为受害者（Victim），而产生影响的信号称为攻击者（Aggressor），如图 4.12 所示。两个耦合的线网（Net）可能产生相互影响，其中一个可能既是受害者又是攻击者。

串扰最终会带来两种噪声效应：毛刺和延迟。毛刺是指在受害者稳定信号上产生的噪声，延迟是指受害者的时序变化。

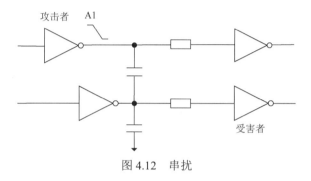

图 4.12　串扰

1．串扰毛刺

当攻击者电平转换时，通过耦合电容在受害者上产生毛刺（正或负）。图 4.13 所示为攻击者线网上升沿电平转换的串扰引起的正毛刺。其中，与非门单元 UNAND0（攻击者）电平转换，一些电荷通过耦合电容 C_c 转移到受害者线网上，并导致正毛刺。

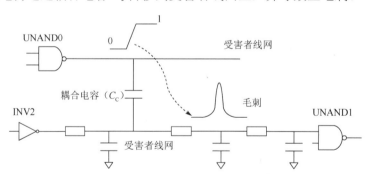

图 4.13　攻击者线网上升沿电平转换的串扰引起的正毛刺

1）串扰毛刺的种类

串扰毛刺可分为以下 4 类，如图 4.14 所示。

- 上升毛刺（Rise Glitch）：受攻击者线网的电平上升转换影响，在受害者线网稳定的低电平信号上引起的上升。
- 下降毛刺（Fall Glitch）：受攻击者线网的电平下降转换影响，在受害者线网稳定的高电平信号上引起的下降。

- 过冲毛刺（Overshoot Glitch）：受攻击者线网的电平上升转换影响，在受害者线网稳定的高电平信号上引起的上升，超过其稳定值。
- 下冲毛刺（Undershoot Glitch）：受攻击者线网的电平下降转换影响，在受害者线网稳定的低电平信号上引起的下降，超过其稳定值。

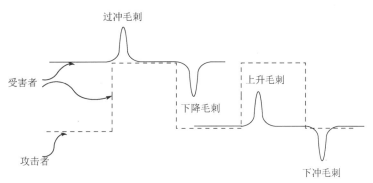

图 4.14 串扰毛刺的种类

2）串扰毛刺的幅度

毛刺幅度由耦合电容、攻击者的压摆（Slew）和受害者线网的驱动强度等决定。攻击者线网与受害者线网之间的耦合电容越大，受害者线网上的接地电容越小，则毛刺幅度越大。攻击者线网单元驱动强度越高，受害者线网单元输出驱动强度越小，毛刺幅度越大。

3）串扰毛刺的传播

由攻击者线网耦合引起的毛刺是否可以通过扇出单元传播，具体取决于扇出单元、毛刺属性（如毛刺高度和毛刺宽度）和毛刺发生的时刻。

对于时序逻辑单元（触发器或锁存器）或存储器而言，时钟或异步置位/复位端口上的毛刺会严重影响设计功能，可能造成亚稳态。数据输入端口上的毛刺可能会导致锁存不正确的数据，当毛刺幅度足够大时，扇出单元甚至会将其视为不同的逻辑值，如受害者线网上的逻辑 0 可能在扇出单元处被视为逻辑 1。

2．串扰延迟

当一个相邻线网电平转换时，通过耦合电容的充电电流会影响该线网的时序。

在图 4.15 中，线网 N1 通过电容 C_c 耦合到相邻的线网（标记为攻击者线网）。假定线网 N1 在输出端具有上升电平过渡，如果此时攻击者线网处于稳定状态，则不需要考虑来自攻击者线网的串扰延迟影响；如果此时攻击者线网同时进行电平转换，则需要考虑不同的串扰延迟影响。

1）正串扰延迟

当攻击者线网与受害者线网朝相反方向转换电平时，会增加受害者驱动单元和线网互连的延迟，产生正串扰（Positive Crosstalk）延迟，如图 4.16 所示。在图 4.16 中，受害者线网信号在下降的同时，攻击者线网信号却在上升，因而增加了受害者线网的延迟。正串扰延迟可分为负上升延迟（上升沿滞后到达）和负下降延迟。

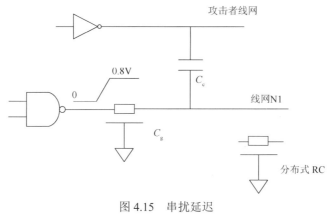

图 4.15　串扰延迟

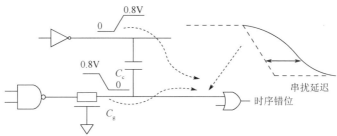

图 4.16　正串扰延迟

2）负串扰延迟

当攻击者线网与受害者线网朝相同方向转换电平时，会减少受害者驱动单元和线网互连的延迟，产生负串扰（Negtive Crosstalk）延迟，如图 4.17 所示。在图 4.17 中，攻击者线网与受害者线网信号同时上升，因而减少了受害者线网的延迟。负串扰延迟可分为正上升延迟（上升沿提前到达）和正下降延迟。

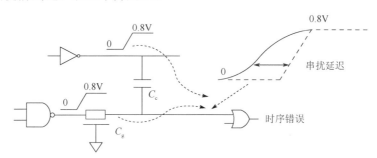

图 4.17　负串扰延迟

3．串扰的累积与相关性

通常，受害者线网可以通过电容耦合到许多线网。当多个线网同时转换电平时，由于有多个攻击者，因此对受害者线网的串扰耦合噪声和延迟影响会更加严重。

比较保守的方法是将每个攻击者线网引起的串扰影响累积起来，得到受害者线网的最差情况。也可通过单个攻击者线网引起的串扰影响的均方根来计算受害者线网受到的串扰影响。

不同攻击者线网引起的串扰，可能发生在相同或不同的时间窗口，并因而产生不同的影响。必须考虑攻击者线网的时序相关性，首先确定多个攻击者线网是否同时进行电平转换，然后决定是否需要合并各自带来的串扰影响。

各种信号之间的功能相关性也需要考虑。例如，扫描控制信号仅在扫描模式（Scan Mode）下进行电平转换，在功能模式期间保持稳定，不会在其他任何信号上引起毛刺。在某些情况下，测试时钟与功能时钟互斥，不需要同时考虑最差情况的噪声和延迟。

4.1.6　IR 压降

IR 压降（IR Drop）是指芯片电源和地电平出现的升高或下降，如图 4.18 所示。随着半导体工艺的演进，金属互连线的线宽越来越小，其电阻上升，因而在整个芯片上存在一定的 IR 压降。

IR 压降取决于从电源引脚至所计算的逻辑门单元之间的等效电阻。金属互连线上的逻辑门单元同时翻转将导致很高的 IR 压降，不过电路的同时翻转是功能设计所需，所以一定程度的 IR 压降不可避免。IR 压降分为静态 IR 压降和动态 IR 压降两种类型。

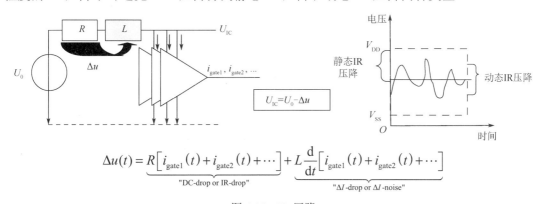

$$\Delta u(t) = \underbrace{R\left[i_{\text{gate1}}(t) + i_{\text{gate2}}(t) + \cdots\right]}_{\text{"DC-drop or IR-drop"}} + \underbrace{L\frac{\text{d}}{\text{d}t}\left[i_{\text{gate1}}(t) + i_{\text{gate2}}(t) + \cdots\right]}_{\text{"}\Delta I\text{-drop or }\Delta I\text{-noise"}}$$

图 4.18　IR 压降

静态 IR 压降是设计的平均压降，而动态 IR 压降由晶体管的高频开关引起，依赖于逻辑的转换时间。

大量电路同时开关可能引发峰值电流需求，产生的 IR 压降会导致建立和保持时间违例。对于 CMOS 电路来说，电源电压会影响 CMOS 电路转换的快慢，如图 4.19 所示。

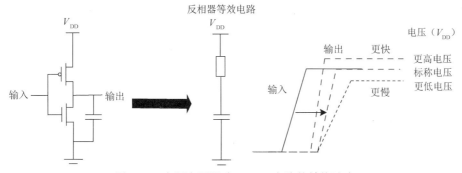

图 4.19　电源电压影响 CMOS 电路的转换速度

通常，时钟网络上的高 IR 压降会导致时钟保持时间不够，而数据路径信号网络上的高

IR 压降会导致建立时间不够。对于时钟电路，如果电压不断升高，则时钟周期会逐渐变短；如果电压不断降低，则时钟周期会逐渐变长。这些时钟周期长度的变化称为抖动。抖动会影响系统的性能，如一个芯片在抖动比较小的情况下可以运行在 1GHz，但是当抖动比较大时，芯片就只能运行在 800MHz。

对于接口电路，当电源噪声出现在信号沿时，会引起信号的抖动，否则会影响信号的幅度。如果信号幅度变化过大，超过接收电路的判决电平，就会引起接收电路的误判。信号的抖动如图 4.20 所示。

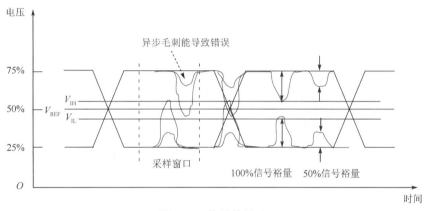

图 4.20　信号的抖动

4.2　静态时序分析

静态时序分析（Static Timing Analysis，STA）是指遍历电路存在的所有时序路径，计算信号在这些路径上的传播延迟，检查信号的建立和保持时间是否满足约束要求，根据最大路径延迟和最小路径延迟找出违背时序约束的错误。其优点是不需要对输入信号施加激励几乎就能找到所有的关键路径，运行速度快；缺点是只适用于同步电路，无法验证电路的功能，需要特定工具支持，对于新工艺可能还需要建立一套特征库。

动态时序分析（Dynamic Timing Analysis，DTA）是指对输入信号施加不同激励，通过仿真进行功能和时序分析。仿真可以是行为级、门级或晶体管级，包括 RTL 代码、网表和 SPICE 格式。其优点是仿真比较精确，不需要特定的时序分析工具支持，适用于任何电路，包括同步电路、异步电路、锁存电路等，不需要额外建立一套特征库；缺点是需要设计出不同的测试激励，可能导致关键路径无法全面检查，并且大规模电路的仿真特别耗时。

4.2.1　时序路径分析模式

时序路径是指数据信号传播过程中所经过的逻辑路径。每一条时序路径都存在与之对应的一个始发点和一个终止点。时序分析中定义的始发点分为组合逻辑单元的数据输入端口和时序单元的时钟输入端口；终止点分为组合逻辑单元的数据输出端口和时序单元的数据输入端口。

根据始发点和终止点的不同，存在 4 种类型的时序路径，如图 4.21 所示。

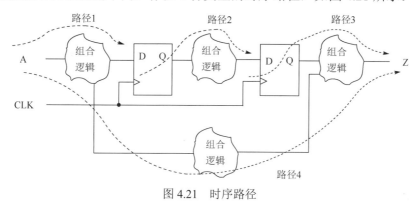

图 4.21　时序路径

1. 最快路径和最慢路径

最快路径是指在信号传播延迟计算中工艺参数调用最快的路径，分为最快时钟路径和最快数据路径。最慢路径是指在信号传播延迟计算中工艺参数调用最慢的路径，分为最慢时钟路径和最慢数据路径。

在建立时间分析中，最快时钟路径是指时序路径中，时钟信号从时钟始发点到达终止点时序单元时钟端口的延迟最短的捕获时钟路径，而最慢时钟路径是指时序路径中，时钟信号从时钟始发点到达终止点时序单元时钟端口的延迟最长的发射时钟路径，如图 4.22 所示。

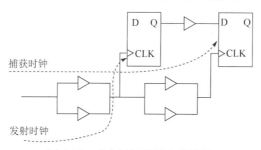

图 4.22　建立时间分析中的路径

在保持时间分析中，最快时钟路径是指时序路径中，时钟信号从时钟始发点到达终止点时序单元时钟端口的延迟最短的发射时钟路径，而最慢时钟路径是指时序路径中，时钟信号从时钟始发点到达终止点时序单元时钟端口的延迟最长的捕获时钟路径，如图 4.23 所示。

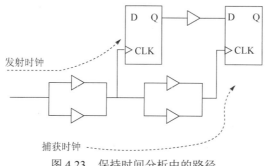

图 4.23　保持时间分析中的路径

2．余量

余量（Slack）是表示设计是否满足时序要求的一个称谓，正余量表示满足时序要求，负余量表示不满足时序要求，由下式表示。

余量=所需时钟周期−实际时钟周期

3．路径分析模式

对于某一条时序路径，有两种分析模式：GBA（基于图）模式和 PBA（基于路径）模式。

1）GBA 模式

GBA 模式是默认的分析模式。对任何一条时序路径来说，存在很多的时序弧（Timing Arc），如图 4.24 所示。单元延迟由该级单元的输入压摆（Input Slew）和输出负载决定。输入压摆影响着该单元的输出压摆（Output Slew）。

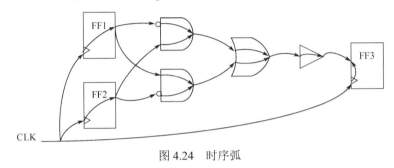

图 4.24　时序弧

当使用 GBA 模式时，工具选定单元多个输入端口的压摆中最差的和最好的作为该单元最差（Worst）输入压摆和最好（Best）输入压摆。因此，GBA 模式是一种偏悲观的分析模式。

在计算建立时间余量（Setup Slack）时，统一采用最差输入压摆来计算该单元的输出压摆，如图 4.25 所示。

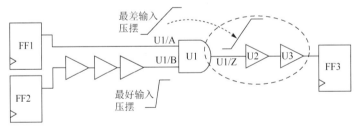

图 4.25　建立时间余量的 GBA 分析

在计算保持时间余量（Hold Slack）时，统一采用最好输入压摆去计算该单元的输出压摆，如图 4.26 所示。

2）PBA 模式

当使用 PBA 模式时，工具选定某一单元各输入端口的真实压摆去计算相应实际路径的压摆，与 GBA 模式相比偏乐观。对图 4.27 中的时序路径，在分析建立时间时，如果采用 GBA 模式，则工具只考虑每个单元最悲观的情况，因此时序路径会选用最悲观的路径，就是①指向的路径；如果采用 PBA 模式，则工具会选用真实存在的路径，也就是②指向的路径。

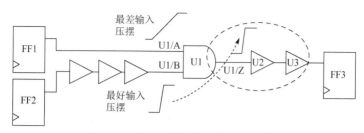

图 4.26　保持时间余量的 GBA 分析

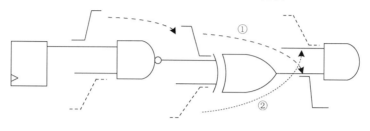

图 4.27　PBA 模式

PBA 模式计算精确和真实，但计算量太大，导致运行时间长。对于图 4.28 所示的一个 5 级逻辑，到节点 Z[2]存在 320 条时序路径。因此，当设计规模达上百万个门以后，如果采用 PBA 模式，则工具需要花费极长的时间去寻找真实的压摆传播。因此，通常采用 GBA 模式来分析时序，只有在签核的最后阶段，当违例的时序路径较少时，才会使用 PBA 模式对 GBA 模式下存在时序违例的路径进行分析，没有违例的路径则不再分析。

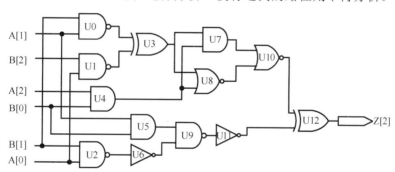

图 4.28　PBA 模式分析的时序路径

PBA 模式中有两种计算方式：Path 方式和 Exhaustive 方式。Path 方式是指基于 GBA 模式分析的结果，选择最差的路径重新使用 PBA 模式来计算。Exhaustive 方式则基于每个终止点，使用 PBA 模式重新计算所有时序路径后得出最差的。Path 方式不能遍历所有违例的时序路径，存在分析不足的风险，因此应该用 Exhaustive 方式进行最终签核的时序分析。

4.2.2　时序分析模式

静态时序分析工具提供多种时序分析模式，根据不同的设计需求选择不同的时序分析模式，以在合理的计算负荷范围内得到接近实际工作的时序分析结果。常用的时序分析模式为单一分析模式、最好-最差分析模式、OCV（片上变化）分析模式。

1. 单一分析模式

在单一分析模式下，工具只会在指定的一种工作条件下检查建立时间和保持时间，即所有的延迟计算都基于单一库中同一 PVT 条件，该工作条件可以是最好、典型、最差中的一种，但只能是其中一种。

1）建立时间分析

在单一分析模式下，触发器到触发器的时序路径的建立时间要求为

（发射时钟最慢路径延迟+最慢数据路径延迟）≤（捕获时钟最快路径延迟+时钟周期-终止点时序单元建立时间）

在分析建立时间时，计算得到发射时钟最慢路径、最慢数据路径和捕获时钟最快路径。在图 4.29 中，假定时钟周期为 4，则发射时钟最慢路径延迟为 1.4（=U1+U2=0.8+0.6），最慢数据路径延迟为 3.6，捕获时钟最快路径延迟为 1.3（=U1+U3），时序单元 FF2 的建立时间要求为 0.2（查库得到），因此，建立时间余量为 0.1（=1.3+4-0.2-1.4-3.6）。

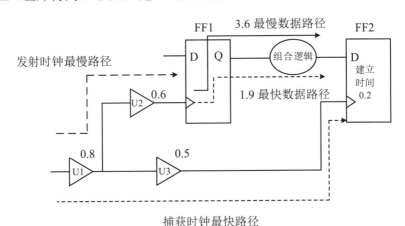

图 4.29　单一分析模式：建立时间分析

2）保持时间分析

单一分析模式下要满足的保持时间要求为

（发射时钟最快路径延迟+最快数据路径延迟）≥（捕获时钟最慢路径延迟+终止点时序单元保持时间）

2. 最好-最差分析模式

在最好-最差分析模式下，工具会同时在最好和最差 PVT 工作条件下检查建立时间和保持时间。也就是说，当使用此模式时，需要读入两个库（环境），一个用于设置最好的工作环境（延迟最小），另一个用于设置最差的工作环境（延迟最大）。

最好-最差分析模式中建立时间和保持时间的基本计算公式与单一分析模式下的基本计算公式一致，不同点在于计算建立时间时工具会调用逻辑单元的最大延迟时序库，并检查时序路径最大延迟是否满足触发器建立时间的约束；在计算保持时间的过程中，工具会调用逻辑单元的最小延迟时序库，并检查时序路径最小延迟是否满足触发器保持时间

的约束。

在图 4.30 中，假定时钟周期为 4，则发射时钟最慢路径延迟为 U1 单元延迟+U2 单元延迟=0.7+0.6=1.3，最慢数据路径延迟为 3.5，捕获时钟最快路径延迟为 U1 单元延迟+U3 单元延迟=0.5+0.3=0.8，建立时间要求为 0.2，因此触发器之间路径的建立时间余量为-0.2（=0.8+4-0.2-1.3-3.5），存在时序违例。

但上述分析模式过于悲观，因为在同一芯片内，不同区域的器件参数变化不会同时跨越最好边界条件（使用最小延迟时序库）和最差边界条件（使用最大延迟时序库）。

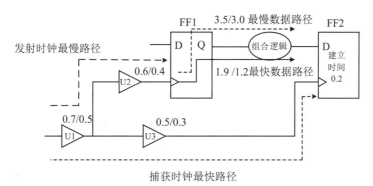

图 4.30　最好-最差分析模式：建立时间分析

3．OCV 分析模式

OCV 是指在同一芯片上，由制造工艺等原因造成的偏移，这些偏移对互连线和单元的延迟都产生影响。

当定义了两个时钟时，由于时钟路径较长和早期发散，因此存在 OCV，尤其当寄存器大面积分布且数量较多时。即使时钟树平衡良好，OCV 仍然可能存在。OCV 分析模式如图 4.31 所示。

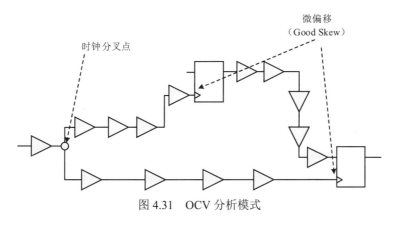

图 4.31　OCV 分析模式

1）考虑时序减免的 OCV 分析模式

为了更好地对芯片内部的参数差异建模，可使用时序减免策略：一次先读入一个边界条件，再使用时序减免策略来建模同一芯片内的差异，其目的是使时序分析结果更加符合实际情况。不同生产工艺的时序减免系数来自实际工程经验。

例如，设置如下的时序减免系数。

```
set_timing_derate -early 0.9
set_timing_derate -late 1.1
```

那么工具在计算时序延迟过程中，最快路径会基于单一时序库的计算结果减少 10%的延迟，最慢路径则会基于单一时序库的计算结果增加 10%的延迟。

根据时序减免系数，工具会在时序路径的每级逻辑门、互连线和端口上都加上或减去一个延迟（该值为原来延迟乘时序减免系数）来作为最终的延迟结果，如图 4.32 所示。

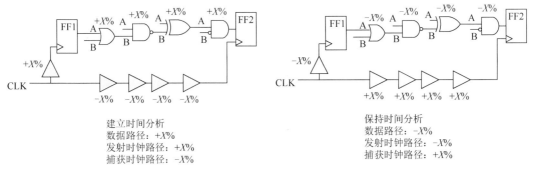

图 4.32 考虑时序减免的 OCV 分析模式

对于图 4.33 所示的时序路径，如果不考虑 OCV 影响进行建立时间检查，则有

到达时间=1.2+0.8+5.2 =7.2ns

需求时间= 1.2+0.86-0.35+时钟周期=1.71ns+时钟周期

需求时间必须大于或等于到达时间，因此时钟周期大于或等于 5.49ns，即最小时钟周期为 5.49ns。

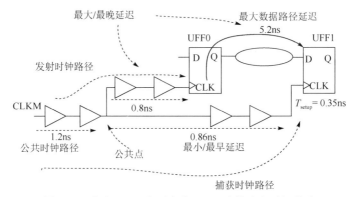

图 4.33 考虑 OCV 和不考虑 OCV 时的建立时间检查

将 OCV 纳入考虑范围，进行建立时间检查，则有

到达时间 =（1.2+0.8+5.2）× 1.1=7.92ns

需求时间=（1.2+0.86）× 0.9-0.35×1.1 + 时钟周期=1.469ns+时钟周期

需求时间必须大于或等于到达时间，因此时钟周期大于或等于 6.451ns，即最小时钟周期为 6.451ns。可以看到，在考虑最差情况的 OCV 后，电路的运行频率明显下降了。

因此，进行建立时间检查时的最差情况为：发射时钟路径延迟和数据路径延迟由于OCV 而增大到最大，与此同时，捕获时钟路径延迟由于 OCV 而减小到最小，此时其检查最为严苛。保持时间的检查则正好相反。

2）考虑公共路径悲观去除的 OCV 分析模式

在上面的计算中，有一段公共时钟路径既属于发射时钟路径，又属于捕获时钟路径。在计算中使用了不同的时序减免系数，其中在到达时间的计算中，时序减免系数为 1.1，而在需求时间的计算中，时序减免系数为 0.9，这样的分析偏悲观。因为在真实情形中，公共时钟路径的 PVT 只有一个，不可能同时具有两个时序减免系数，所以需要进行适当处理。

公共路径悲观去除（Clock Path Pessimism Removal，CPPR 或 Clock Reconvergence Pessimism Removal，CRPR）是指去除公共时钟路径的悲观计算量，将公共点定义为公共时钟路径的最后一个单元输出端口。

针对图 4.33 所示例子，考虑 CPPR 后进行计算，则有：在公共点的最迟到达时间=1.2×1.1=1.32ns，在公共点的最早到达时间=1.2×0.9=1.08ns，而公共路径悲观（CPP）=1.32-1.08=0.24ns，因此时钟周期变为 6.451-0.24=6.211ns。可以看到，电路运行频率得到提高。

通常在功能模式下分析和修复 OCV 造成的时序违例。如果扫描时钟与功能时钟共享同一路径，则无须关注 OCV。测试模式与功能模式共享路径如图 4.34 所示。

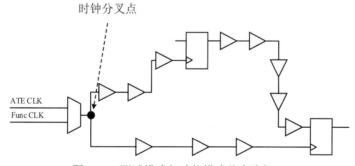

图 4.34　测试模式与功能模式共享路径

如果某些 OCV 路径没有出现在功能模式中，如 CDC 路径，但在测试模式中成为扫描路径的一部分，则仍然需要在测试模式下分析和修复 OCV 造成的时序违例，如图 4.35所示。

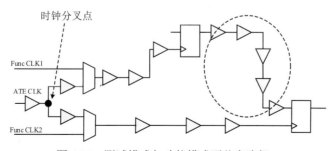

图 4.35　测试模式与功能模式不共享路径

4．反标

在物理版图中，各导电层及导电层之间的接触孔存在寄生电阻，导电层之间则存在寄生电容。电路中寄生参数的存在给电路的功能和信号完整性造成了一定的影响，所以在版图完成后，必须提取其中的寄生参数，并反标到逻辑电路进行仿真。

（1）SPEF 文件。

使用专门工具提取寄生参数后，通常用 SPEF（标准寄生交换格式）文件来存储，由静态时序分析工具读取。

（2）SDF 文件。

使用专门工具计算标准单元和互连线的延迟，用 SDF（标准延迟格式）文件来存储，由静态时序分析工具读取。但是，SDF 文件中缺少寄生信息，静态时序分析工具无法执行串扰计算。

4.3 基于变化感知的时序分析

老工艺下单元库进行特征值提取时，会同时考虑全局性偏差和局部性偏差，数据路径上所有单元不考虑深度、距离和单元类型，都使用同一个时序减免系数，即假定数据路径上所有单元的局部性偏差都趋向相同方向。然而实际的局部性偏差呈正态分布，不可能都变慢或都变快。在先进工艺下，局部性偏差愈显严重，如果继续采用传统的 OCV 分析模式来检查时序，则会引入不必要的悲观而导致时序很难收敛，同时可能增加不必要的面积和功耗。类似地，电压和温度偏差也分为全局性偏差和局部性偏差。

使用相同时序减免系数，对大部分路径而言过于悲观，对小部分路径而言又过于乐观。实际上，并非所有单元都同时变快或变慢，随机变化产生的效应可能会相互抵消，因此总随机延迟变化将小于所有单元延迟变化的总和。例如，如果一个反相器的性能变化为 5%，则 10 个相互连接的反相器的变化将远小于 50%。在图 4.36 中，有一条由 10 个缓冲器组成的数据路径，如果每个缓冲器的偏差是 5ps，那 10 个缓冲器的偏差就是 50ps，但实际上 10 个缓冲器整体的偏差是远小于 50ps 的，所以使用单一的时序减免系数来模拟 OCV 过于悲观，而且随着工艺进步，设计频率提高，这种悲观度已无法承受。

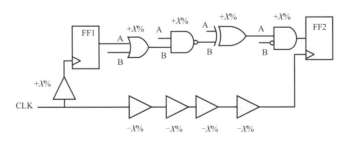

图 4.36　同一个时序减免系数导致悲观分析

芯片制造过程中的工艺偏差由全局性工艺偏差和局部性工艺偏差两个部分组成，可以定义成完全角（Full Corner）。其中全局性工艺偏差也称为片间器件偏差（Inter-die Device

Variation），描述同一器件在不同芯片间的差异，而局部性工艺偏差也称为片内器件偏差（Intra-die Device Variation），描述同一器件在同一芯片不同区域的差异。将局部性工艺偏差分离出去，仅考虑晶圆之间的全局性工艺偏差，则定义出全局角（Global Corner），包括慢全局角（Slow Global，SSG）、典型全局角（Typical Global，TTG）和快全局角（Fast Global，FFG）。显然，全局角加上片上方差（也称为局部方差）才等于完全角，如图 4.37 所示。

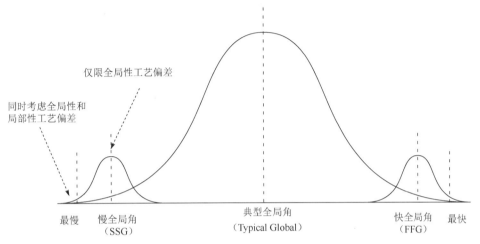

图 4.37　完全角由全局角和片上方差构成

台积电 28HPC+选择 TT±2.5σ 边界作为 SSG 和 FFG，如图 4.38 所示。由于总存在局部性偏差，因此无法单独标定全局角，即全局角仅是派生值，每个芯片制造厂都有自己的方法来提取全局角，彼此可能存在差异。需要注意，通常全局角±3σ 在完全角的 3σ 范围之外，使用后者更为保守。

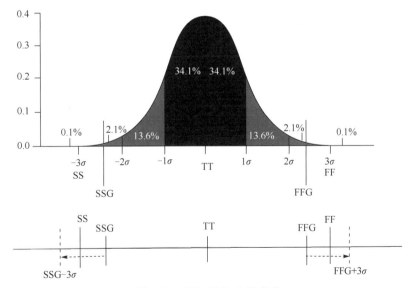

图 4.38　SSG 和 FFG 的定义

在老工艺中，由于局部性工艺偏差非常小，所以在构建单元库时会整体考虑局部性工艺偏差和全局性工艺偏差，在进行静态时序分析时用最差模型，即假设所有晶体管的工艺偏差都朝向同一个方向，对应的工艺角为慢慢角（SS）和快快角（FF）。而在先进工艺下，局部性工艺偏差显著增大，如果再用最差模型会过于悲观，所以需要采用新的统计学模型，在构建单元库时只包含全局性工艺偏差，局部性工艺偏差则使用统计 OCV 进行补偿，对应的工艺角则为全局角 SSG 和 FFG。进一步，考虑到消除 NMOS 管和 PMOS 管全局性工艺偏差和局部性工艺偏差中的一些共同因素影响，便出现了 SSGNP 和 FFGNP 工艺角。图 4.39 所示为各种不同的工艺角。

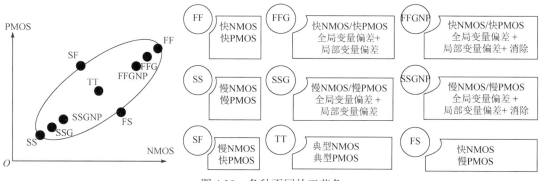

图 4.39　各种不同的工艺角

4.3.1　AOCV

OCV 由随机分量和确定性分量组成。随着数据路径的增长，OCV 效应会减弱，当相隔距离较远时，主要是全局变量起作用，OCV 的影响变量如图 4.40 所示。

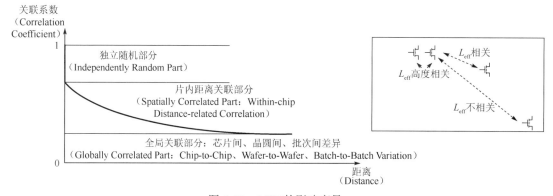

图 4.40　OCV 的影响变量

AOCV（先进片上变化）是一种伪统计方法，通过考虑 OCV 效应的变化而避免过度悲观的 OCV 分析，通常用作统计时序分析的快速近似，可以提供更好和更准确的结果，有助于先进工艺的时序分析和收敛。

AOCV 依据路径中每个单元的距离和深度而选择不同的时序减免系数。其中基于距离的 OCV（Distance-based OCV）又称为基于位置的 OCV（Location-based OCV，LOCV），主要考虑单元的放置位置。基于深度的 OCV（Depth-based OCV）又称为基于级数的 OCV（Stage-Based OCV，SBOCV）或基于层次的 OCV（Level-based OCV），主要考虑单元在路径中的放置级数。基于深度的 OCV 如图 4.41 所示。

距离越远或深度越大，其偏差分布越接近正态分布，对应的时序减免系数越小，因此该路径的整体偏差越小。剔除部分不必要的悲观量，可以使电路在尽量覆盖实际情况的前提下更加容易收敛。

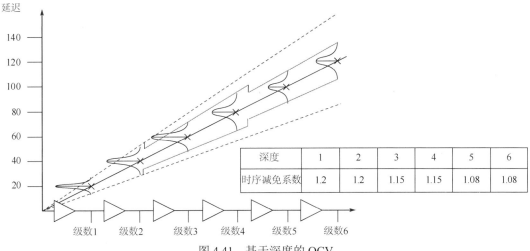

图 4.41 基于深度的 OCV

AOCV 有专门的库，称为 AOCV 表。如果只考虑距离或深度，则产生一维时序减免系数表；如果二者都考虑，则产生二维时序减免系数表，如图 4.42 所示。二维时序减免系数表虽然更加精确，但是需要提供单元物理位置信息，以及延长静态时序分析的分析时间。

图 4.42 基于距离和深度的二维时序减免系数表

AOCV 将时序减免系数模拟成路径深度和距离的函数，所以对同一段路径上不同深度、不同类型的器件有不同的时序减免系数，而且会考虑距离的影响，相较于 OCV 更精确。但是 AOCV 存在两个局限：一是没有考虑器件转换和负载对偏差的影响；二是 GBA 模式下计算得到的深度和距离过于悲观，PBA 模式下虽然可以得到精确的深度和距离，但是运行时间令人难以接受。

4.3.2 SOCV/POCV

在先进工艺下，器件和互连线的不同参数相互独立，而且每个参数都呈统计分布，时序路径延迟计算并不是各影响因素的单纯相加，而需要进行相关性分析与统计学计算，因此传统静态时序分析悲观且不切实际，其局限性日渐突出。使用统计静态时序分析（Statistical Static Timing Analysis，SSTA）可以进行近乎精确的模拟，然而其过于复杂，难以在工程中实际应用，目前使用的方法是在传统静态时序分析模型上不断改进 OCV 模型。

OCV 分析模式使用最小-最大延迟来描述延迟变化，即指定路径的最小和最大延迟绝对值。随着工艺进步，单元延迟偏差呈类正态分布，如图 4.43 所示，X 轴代表单元延迟，Y 轴代表概率。在 Nominal 情况下概率最大，而在 Best 和 Worst 情况下概率最小。

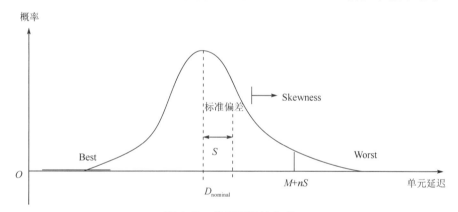

图 4.43　单元延迟的分布

每个单元/线网的延迟符合正态分布。延迟是输入转换和输出负载的函数，最高概率出现在均值周围，落在 $\pm 3\sigma$ 区间内的概率为 99.7%，如图 4.44 所示。

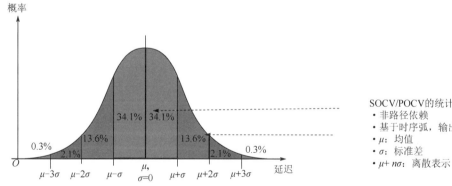

SOCV/POCV的统计特性：
- 非路径依赖
- 基于时序弧，输出负载/输入转换
- μ：均值
- σ：标准差
- $\mu + n\sigma$：离散表示

图 4.44　单元/线网延迟的正态分布

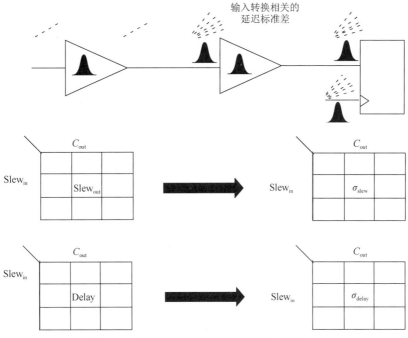

图 4.44　单元/线网延迟的正态分布（续）

计算每个时序弧的时序，统计组合每个阶段的延迟，从而得到整条路径的累积延迟，如图 4.45 所示。

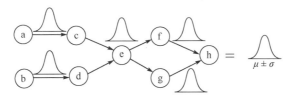

路径到达　$\mu=\sum(\mu_a, \mu_c, \cdots, \mu_h)$

路径到达　$\sigma=\sqrt{\sigma_a^2+\sigma_c^2+\cdots+\sigma_h^2}$

图 4.45　累积延迟的计算

当进行 SOCV/POCV（静态 OCV/参数 OCV）静态时序分析时，需要使用代工厂提供的 LVF（自由度变化格式）文件，以获取 σ。

```
object_spec: libXYZ/NAND2
pin: Y
pin_direction: rise
related_pin: A
related_direction: rise
type: delay
when:
related_transition:  0.0002, 0.0050, 0.0125, 0.0500
output_loading:      0.0002, 0.0015, 0.0035, 0.0090
```

```
sigma:
    0.0029, 0.0034, 0.0042, 0.0066
    0.0035, 0.0036, 0.0044, 0.0065
    0.0039, 0.0043, 0.0050, 0.0072
    0.0061, 0.0066, 0.0071, 0.0088
```

OpenSource Liberty Version 2013.12 开始支持 LVF。从 2017 年开始，LTAB（自由度技术咨询委员会）批准了对 LVF 的扩展，以提供先进的 Moment-based 模型。在 16nm 及以下的先进工艺节点和超低电压下，延迟会产生强非高斯分布（Strongly Non-gaussian），表现出均值偏移（Mean-shift）和偏移效应（Skewness effect）。于是从 2017 年起新引入了 3 个 Moment-based 模型，用于对已有模型的矫正，它们分别是 Mean-shift、Standard Deviation 和 Skewness。

SOCV/POCV 引入了统计模型，如图 4.46 所示，放弃了最差和最好的极限情况而采用 $M+nS$ 和 $M-nS$ 的值，其中 M 代表均值（Mean），S 代表标准差，因此时序情况会比 OCV 及 AOCV 更为乐观。

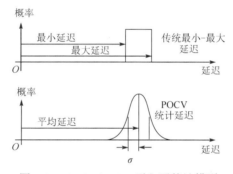

图 4.46　SOCV/POCV 引入了统计模型

SOCV/POCV 是在某个特定 PVT 条件下的单参数统计静态时序分析方法，不依赖单元的深度和距离，同时考虑了输入转换和输出负载的影响。显然，SOCV/POCV 计算得到的延迟比简单的最小-最大延迟法所计算出来的值更符合实际，各种 OCV 分析模式的比较如图 4.47 所示。

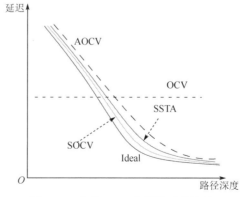

图 4.47　各种 OCV 分析模式的比较

4.4　芯片级设计约束

本节将讨论扁平式芯片级设计约束、模块级时序模型和裕量。

4.4.1　扁平式芯片级设计约束

扁平式芯片级设计约束（Flatten Chip Level SDC）可直接利用模块级 SDC 或在芯片级重新定义时钟。可以将多种模式下的时序约束组合在一起，形成芯片级的单一时序约束，也可以分开形成多个不同模式下的时序约束。静态时序分析工具利用扁平式芯片级设计约束进行在各种模式下的芯片检查，包括功能模式和测试模式。

模块级时钟和芯片级时钟的关系需要根据实际情况加以调整。例如，在芯片顶层，不同模块的寄存器总线（如 APB）可定义为同步，但是彼此之间如果不存在数据通道，则在物理实现的时钟树综合（CTS）中可视为异步。重要的芯片架构信息需要传递给后端工程师。

1．模块级 SDC 利用

扁平式芯片级 SDC 可以直接利用模块级 SDC，特别是硬核的 SDC，而不必显性重写，但模块时钟的描述在模块级与芯片级可能存在差异。如有必要，可按顺序施加模块级 SDC。在图 4.48 中，有一个从 IP2 到 IP1 的时钟，所以先施加 IP2 SDC，再施加 IP1 SDC。

在芯片级扁平化后，对于模块级 SDC，需要考虑：模块级时钟定义点是否仍然有效？模块级时钟是否采用芯片级所有定义的时钟？模块级端口延迟如何？

如果在模块级 SDC 中，时钟定义点位于模块端口，则芯片级扁平化后，该定义点不再有效；如果模块级时钟定义来自内部单元，则芯片级扁平化后，该定义点仍然有效。模块级 SDC 再利用问题如图 4.49 所示。

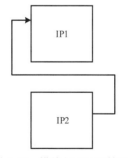

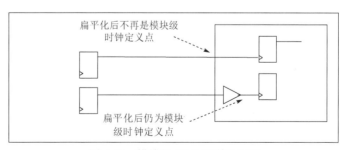

图 4.48　模块级 SDC 利用　　　　　图 4.49　模块级 SDC 再利用问题

如果模块级时钟定义点位于模块端口，则扁平化后，芯片级指定的所有时钟将传递到模块内部；如果模块级时钟定义来自内部单元，则模块仅使用自身内部定义的时钟。模块级时钟定义的有效性如图 4.50 所示。

模块级时钟端口约束在芯片级看来，可能就是普通的寄存器到寄存器时序约束，也可能是芯片级端口约束的一部分。芯片级指定时钟的传递如图 4.51 所示。

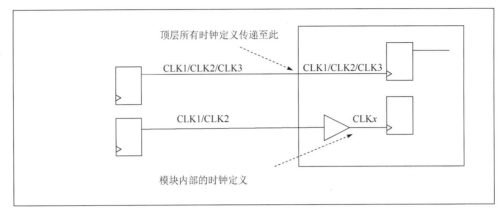

图 4.50　模块级时钟定义的有效性

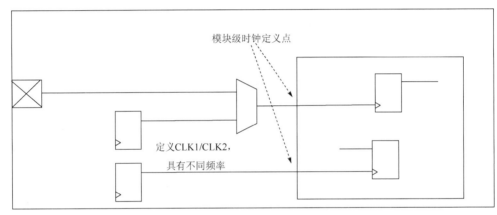

图 4.51　芯片级指定时钟的传递

对于芯片的非时钟端口，可直接利用相应时钟来定义 I/O 端口约束，如图 4.52 所示。

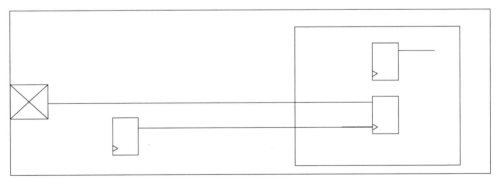

图 4.52　模块级的端口约束

2．芯片级时钟定义

在芯片级，对于不同时钟源或具有不同频率的同一时钟源，需要定义多个时钟。在图 4.53 中，在芯片级同一处定义了 3 个具有不同频率的时钟，而模块 A、模块 B 和模块 C 分别在模块端口处定义了各自频率的模块级时钟。此时，芯片级时钟将直接传递到各个模块，进行所有频率下的时序检查和收敛。

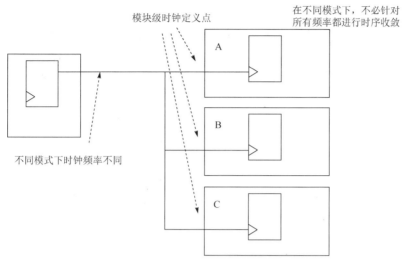

图 4.53 芯片级时钟定义

在实际应用中，各个模块可能仅使用其中某些时钟频率，模块之间存在数据通路。当各时钟为异步时，需要指明模块之间的虚假路径，以避免不必要的时序检查和收敛，如图 4.54 所示。

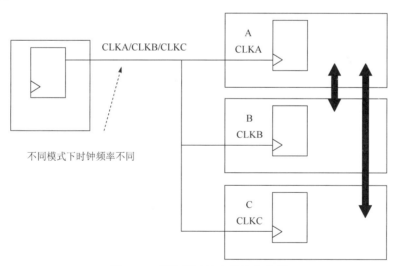

图 4.54 芯片级时钟定义的全传递

常用的办法是在模块内部端口处添加缓冲器，各个模块在缓冲器后定义自身感兴趣的时钟。这样，在模块内部仅需分析和收敛于所定义的时钟，如图 4.55 所示。

3．IP 测试

对于 IP 测试，如果使用同一引脚，但各自运行频率不同，则可以考虑在引脚上定义多个时钟，同时通过添加缓冲器，给各个模块定义各自的测试时钟，如图 4.56 所示。

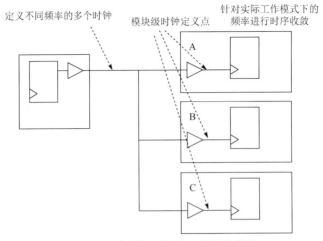

图 4.55　芯片级时钟定义的部分传递

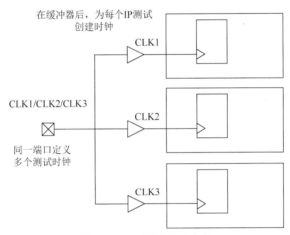

图 4.56　IP 测试时钟定义

对于静态测试信号，可以用最大延迟、多周期延迟和虚假路径方式来定义输入延迟，如图 4.57 所示。对于动态测试信号，则需要根据模式定义相应的输入延迟。

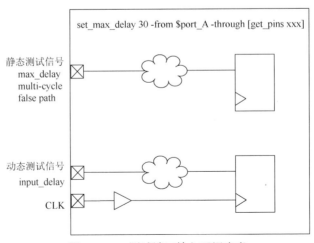

图 4.57　IP 测试端口输入延迟定义

4.4.2 模块级时序模型

一旦模块的时序已经收敛，就不需要在芯片级重复分析其内部时序。模块级时序模型（Block Level Timing Model）提供端口的 I/O 时序特性，内部时序路径通常会被丢弃，也不提供模块的完整网表。

常用的模块级时序模型有多种，如下。

- 接口逻辑模型：用于分层静态时序分析和签核。
- 抽取时序模型：用于基于单元的可重用 IP 和物理设计流程。
- 快速时序模型：用于自顶向下设计。
- 标记模型：用于复杂模块的静态时序建模。
- 超大规模模型：用于分层静态时序分析和签核。

各种模块级时序模型及其应用如表 4.3 所示。

表 4.3 各种模块级时序模型及其应用

模型	应用
快速时序模型	自顶向下设计
抽取时序模型	IP 重用
抽取时序模型	与非静态时序分析工具和第三方工具的接口
接口逻辑模型/抽取时序模型	综合
接口逻辑模型/超大规模模型	芯片级静态时序分析
标记模型	存储和数据

在扁平式全芯片时序分析中，需要读取全芯片的门级网表、时序文件（SPEF/SDF）、时序库和约束。考虑到运行时间和内存使用量，设计人员应该等到所有模块完成时序分析后，再执行完整的芯片时序分析。利用模块级时序模型可以进行层次化综合和分析流程，加快运行速度和节省内存使用量。模块级时序模型的应用（以接口逻辑模型为例）如图 4.58 所示。

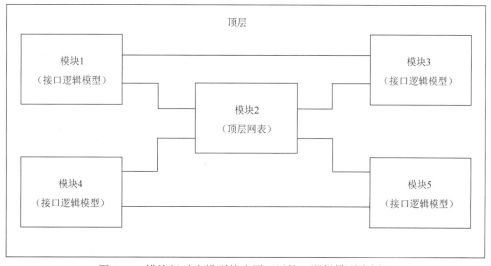

图 4.58 模块级时序模型的应用（以接口逻辑模型为例）

·167·

1．接口逻辑模型

接口逻辑模型（Interface Logic Model，ILM）是模块的部分网表，所有与接口相关的逻辑信息、时序信息、物理信息、寄生参数信息都可以被完整保留，但所有与接口不直接相关的内部逻辑都被隐藏了，如图 4.59 所示。

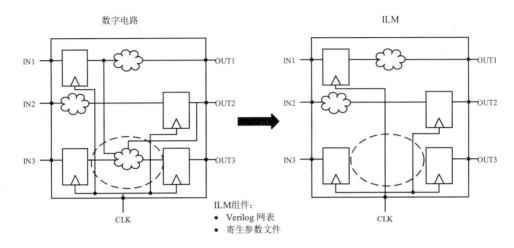

图 4.59　ILM

图 4.60 所示为 ILM 抽取示例。

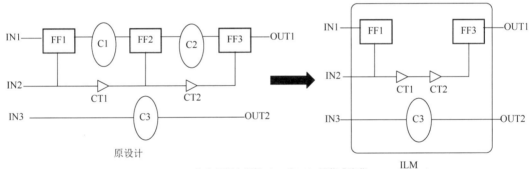

- 将内部组合逻辑（C1和C2）屏蔽或隐藏
- 将内部时序逻辑（FF2）屏蔽或隐藏
- 保留时钟树组件（CT1和CT2）
- 保留所有接口信息
- 保留所有与接口相关的逻辑（FF1、FF2、C3）

图 4.60　ILM 抽取示例

ILM 提供了模块的部分网表和寄生参数，使验证更容易，但也因此减少了对 IP 内部电路信息的保护。ILM 适用于层次化的综合、布局布线（Placement & Routing，PR）和静态时序分析流程的顶层时序分析和收敛，特别是可以用于精确的串扰分析。

ILM 准确度高、模型生成速度快、仿真速度中等，但不适合大规模电路使用。

2．抽取时序模型

抽取时序模型（Extract Timing Model，ETM）提供了与接口有关的时序信息，而内部时序路径会被忽略。ETM 中每个时序弧延迟是输入转换和输出负载的函数，如图 4.61 所示。

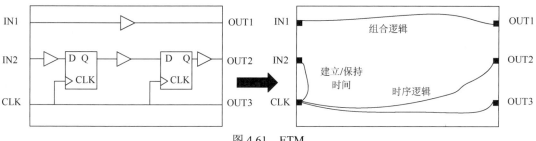

图 4.61　ETM

可以将模块理解为一个宏模块（Macro），当该模块的物理实现完成后，将其边界上的时序信息抽取出来，生成 ETM 文件。读入模块的 ETM 文件后，可以在顶层看到模块边界上的时序信息。可以在不同的设计阶段（PreCTS、PostCTS 及 PostRoute）分别抽取 ETM 供顶层设计人员使用，当然越往后 ETM 越精确。

ETM 只包含抽象的时序信息，没有任何网表信息，也不包含内部的寄存器路径，因此保护了模块内容，非常适合 IP 供应商。在综合等设计工具中描述时序，或者模块不能改动/不能查看时，可以使用 ETM。

ETM 仿真速度快、准确度中等、模型生成速度中等，但无法用于精确的串扰分析。

3．快速时序模型

快速时序模型（Quick Timing Model，QTM）是为设计还没有完成的模块建立的快速模型，包含了接口的时序信息，以便完整的时序分析能够进行。QTM 由 PrimeTime 脚本构造出来，如图 4.62 所示。

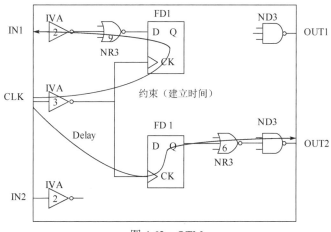

图 4.62　QTM

当模块的设计代码还没有完成，或者无法查看第三方提供的 IP 的内部电路结构时，可以使用 QTM，QTM 还可用于评估阶段时序预测和约束估计。

4．标记模型

标记模型（Stamp Model）是类似 DSP 或 RAM 等复杂模块的静态时序模型，包含引脚到引脚的时序弧、建立和保持时间数据、模式信息、引脚的电容和驱动能力等，还具有面积信息等。

标记模型语言是一种源代码语言，被编译成 Synopsys 的.db 文件格式，可以被综合和时序分析工具（Design Compiler 或 PrimeTime）使用。

当模块的标记模型还没有完成时，可以将 QTM 保存为标记模型。

5．超大规模模型

超大规模模型（HyperScale Model）是静态时序分析工具 PrimeTime 创立的一种模块级模型。对于输入端信号，该模型提供了从输入端到内部第一级寄存器路径上的所有支路信息，如一个模块输入信号可能首先经过一个二输入与门，然后才连接到寄存器上，比之 ILM，超大规模模型会多保留该与门的另外一个输入端到此寄存器的信息，如图 4.63 所示。对于输出端信号，超大规模模型会给与该端口有关的内部节点额外提供负载信息。另外，超大规模模型利用高扇出端口来表示内部删除的高扇出逻辑的时序。超大规模模型引入了 Top Context 概念，Top Context 意指与模块端口相连的一些模块外部的时序信息，以便模块层在进行时序分析时可以看到顶层的相关信息。超大规模模型运行速度稍慢，但准确度较高，超大规模模型+Top Context 可以保证时序分析的准确度高达 100%，具有与扁平化相同的效果。

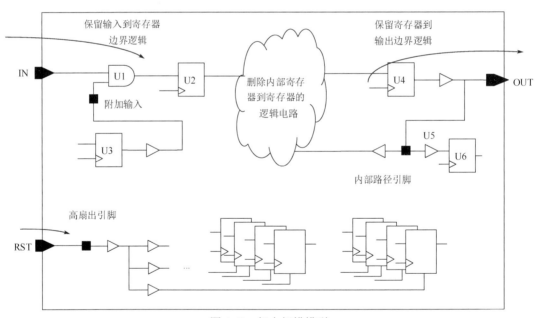

图 4.63　超大规模模型

4.4.3　裕量

时序估计的不确定性由多种因素构成，如图 4.64 所示。

- 建模和分析不确定性：器件模型、互连寄生参数的提取和时序分析算法中的不确定性。
- 工艺不确定性：制造设备的参数、芯片与芯片之间及特定芯片内部互连的参数不确定性。

- 工作环境不确定性：特定器件在其使用寿命期间的工作环境存在不确定性，如温度、工作电压、工作模式和使用寿命磨损。

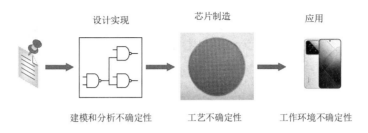

图 4.64　时序估计的不确定性因素

1. 设计裕量

设计裕量（Margin）是在设计不确定性方面引入的额外悲观因子。如果各个阶段的设计裕量不足，将无法达到设计目标频率。如果设计裕量选择得过于悲观，则会导致非必需的额外时序优化，增加额外的面积和功耗。图 4.65 给出了设计裕量与良率的关系。

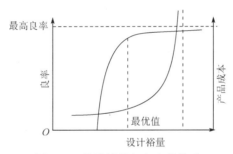

图 4.65　设计裕量与良率的关系

PLL、串扰、压降、温变、时钟偏移、OCV、衰老效应和物理实现等因素都会在不同设计阶段对时序产生影响。在每个设计阶段添加时序裕量以考虑预期的时序影响，从而克服延迟不确定性，按时达成目标频率，当然也会相应增加面积、功率、设计工作量和时间。时序裕量的组成如图 4.66 所示。

图 4.66　时序裕量的组成

1）PLL 抖动

PLL 抖动的计算参见图 2.18。

2）布局裕量

在逻辑综合阶段，标准单元的物理位置未知，进入布局阶段后时序会变差。

逻辑综合工具通常具有较好的逻辑优化能力，所以最好在逻辑综合阶段先保留额外的时序裕量，在布局阶段再去除，以抵消由布局造成的时序退化。

3）时钟偏移

时钟偏移确定时钟树综合时所允许的偏移。过低的偏移要求会导致时钟延迟增大，并可能增强 OCV 效应和增大动态功耗，过于宽松的偏移目标可能导致过多的保持时间违例。

可以使用以下公式来计算关键路径保持时间的最大偏移：

偏移（最大值）≤（前级触发器的 CLK-Q 延迟+从前级触发器的 Q 到后级触发器的 D 的线延迟 + 后级触发器的保持时间）

4）OCV 裕量

OCV 的产生因素包括工艺变化、IR 压降、片内温度变化、晶体管切换活动不匹配等。为了覆盖这些因素的影响，时序减免策略用于建立和保持时间检查。当估计 OCV 影响时，可以考虑平均时钟延迟，以及公共路径悲观去除。

5）电压裕量

当进行时序分析时，最差情况出现在最小电压处。如果允许动态 IR 压降小于 $10\%V_{DD}$，则意味着在最差情况下，从电源到晶体管电源引脚的压降将下降 10%。利用动态去耦电容可以减小动态 IR 压降。

6）噪声裕量

即便在布线阶段之后时序已经收敛，进一步的串扰分析仍会引入网络和单元延迟的变化。为此，需要在建立和保持时间的时序优化过程中设置噪声裕量。

2. SoC 时序收敛流程

在设计的早期阶段了解和设置各种时序裕量，随着设计过程的推进，当时序分析工具已考虑某时序裕量并计算后，便可消除该时序裕量，直至最终成功完成时序收敛。时序裕量的设置和消除语句如下所示，其中时钟抖动已在时钟周期中考虑。

```
if {$Stage == "synth"} {
set uncertainty [expr $NOISE_MARGIN + $OCV_MARGIN + $CLOCK_SKEW +
$PLACE_MARGIN
} elseif {$Stage == "place"}{
set uncertainty [expr $NOISE_MARGIN + $OCV_MARGIN + $CLOCK_SKEW
} elseif {$Stage == "cts"}{
set uncertainty [expr $NOISE_MARGIN + $OCV_MARGIN
} elseif {$Stage == "ocv"}{
set uncertainty [expr $NOISE_MARGIN
} elseif {$Stage == "si" || $Stage == "signoff"} {
set uncertainty 0
} else {
error "The variable 'stage' is NOT set properly"
}
```

在图 4.67 中，最初的逻辑综合缺少有关的物理实现细节，如插入延迟、偏移和串扰等。在理想时钟树下，需要在时序裕量中添加 OCV，并在 PostCTS 阶段及之后将其删除。在签核阶段由时序分析工具计算。

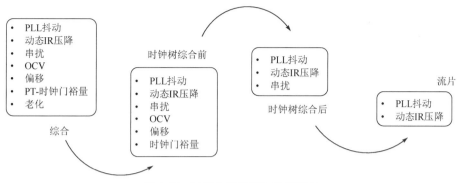

图 4.67　时序收敛流程与时序裕量

3．静态时序分析中的时钟不确定度

对于 TSMC 28nm HPC 技术，考虑到工艺裕量和 YOL（Year Of Life，使用寿命）裕量，代工厂建议将时钟不确定度设定为

建立时间为 25ps +时钟抖动，保持时间为 50ps

由此，模块级静态时序分析的时钟不确定度可设置成：建立时间为 100ps，保持时间为 50ps；芯片级静态时序分析的时钟不确定度可设置成：建立时间为 70ps，保持时间为 40ps。

4.5　时序签核

时序签核（Timing Sign-off）主要包括时序修复和收敛、信号和电源完整性对时序的影响分析。

4.5.1　场景

当进行静态时序分析时，首先需要考虑签核场景。每一个场景由以下 3 个部分组成。
- 工作模式（Operating Mode）。
- PVT 角（PVT Corner）。
- 寄生角（Parasitic Corner，或者称为 RC Corner）。

1．工作模式

工作模式分为功能模式和测试模式。大型 SoC 的功能模式很多，数量可达上百个。测试模式与 DFT 强相关，比较常见的有扫描捕获模式（Scan Capture Mode）、扫描移位模式（Scan Shift Mode）、BIST 模式和 JTAG 模式等。

2．PVT 角

PVT 角是指一定的工艺、电压和温度条件，三者相互组合形成了多种 PVT 角。工艺一般有五种情况，即 FF（Fast NMOS and Fast PMOS）、SS（Slow NMOS and Slow PMOS）、SF（Slow NMOS and Fast PMOS）、FS（Fast NMOS and Slow PMOS）和 TT（Typical NMOS and Typical PMOS）。电压考虑三种情况，分别是标称电压和标称电压的正负 10%，如

1.0V+10%、1.0V、1.0V-10%。温度则是不同的结温,如-40℃、0℃、25℃、85℃、125℃。

设计时需要找到最好和最差情况,时序分析中将最好情况(Best Case)定义为速度最快的情况,最差情况(Worst Case)则相反。根据不同的仿真需要,有不同的 PVT 角,常见的 PVT 角如下。

- Typical:典型工艺、标称电压、标称温度。
- WCS:慢工艺、低电压、高温。
- WCL:慢工艺、低电压、低温。
- BCF:快工艺、高电压、低温。

(1)Typical。

Typical 由典型工艺(Typical Process)、标称电压(Nominal Voltage)和标称温度(Nominal Temperature)构成,一般用于功耗评估。标称温度可以选择 25℃或 85℃,统计中 85℃下的泄漏(Leakage)大约是 25℃的 8 倍,即温度每升高 20℃,泄漏大约翻一倍。

(2)WCS。

WCS 由慢工艺(Slow Process)、低电压(Lowest Voltage)和高温(High Temperature)构成。

(3)WCL。

由于先进工艺下温度对管子特性的影响并非线性的,所以按温度高低,PVT 角又分为WCL 和 WCZ(慢工艺、低电压、零度)。

(4)BCF。

BCF 由快工艺(Fast Process)、高电压(High Voltage)和低温(Low Temperature)构成。

在进行功耗分析时,还需要考虑另一些组合,如 ML(Max Leakage,最大泄漏)和 TL(Typical Leakage,典型泄漏)。

① ML。

ML 由快工艺、高电压和高温构成。

② TL。

TL 由典型工艺、标称电压和高温构成。

3. 寄生角

互连寄生参数可以在许多寄生角下提取,主要取决于制造过程中金属宽度和金属蚀刻的变化。

90nm 工艺节点之前,一般单元电阻远大于互连线网的电阻,因此对于互连线网来说,其电阻可以忽略不计,电容才是要重点关注的,可以说此时电容占主导地位。当电容最大时,互连线网延迟最大;当电容最小时,互连线网延迟最小。静态时序分析只需要考虑两个寄生角即可。

- C_{best}(C_{min}):线宽最小/间距最大,导致电容最小,电阻最大。
- C_{worst}(C_{max}):线宽最大/间距最小,导致电容最大,电阻最小。

随着工艺的进步,单元电阻不再远大于互连线网的电阻,尤其对于比较长的走线,其电阻已经到了不可忽略的地步,因此仅选用电容的极大极小值来代表走线延迟的极大极小值就不再可取,需要综合考虑走线的 RC 情况。理论上需要考虑(单元电阻+线网电阻)×

（单元电容+线网电容），其中，线网电阻×线网电容、单元电阻×线网电容、单元电容×线网电阻都与走线电阻和电容有关。走线上的电容和电阻有一定的负相关性，当外界环境变化时，走线电容如果减小，则电阻一般会变大。当走线电阻变大而单元电阻变小到一定程度时，走线上的 RC 就将占主导地位，其极值就可以代表走线延迟的极值，所以增加了两个新的寄生角，如图 4.68 所示。

- RC$_{best}$ 或称 XTALK Corner：通常较小的蚀刻增大了实际走线的宽度，从而导致电阻最小，但电容要大于 Typical Corner 下的值，而 RC 最小。对于长走线，具有最小的路径延迟，可用于最小（延迟）路径分析。
- RC$_{worst}$ 或称 Delay Corner：通常较大的蚀刻减小了实际走线的宽度，从而导致电阻最大，但电容要小于 Typical Corner 下的值，而 RC 最大。对于长走线，具有最大的路径延迟，可用于最大（延迟）路径分析。

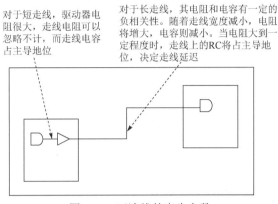

图 4.68　互连线的寄生参数

因此，代工厂提供了 5 个寄生角，分别是 C_{max}（C_{worst}）、C_{min}（C_{best}）、RC$_{max}$（RC$_{worst}$）、RC$_{min}$（RC$_{best}$）、$C_{typical}$，如图 4.69 所示。对于较短的互连路径，使用 C_{worst}/C_{best}，对于较长的互连路径，则使用 RC$_{worst}$/RC$_{best}$。

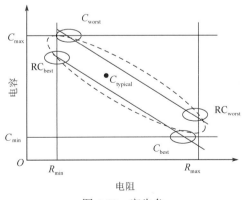

图 4.69　寄生角

具有较大电容的寄生角的电阻较小，具有较小电容的寄生角的电阻较大。因此，电阻在一定程度上补偿了各个寄生角的电容。对于所有类型的网络延迟，没有一个寄生角会真正对应极限情况（最差情况或最好情况）。

先进工艺引入了 DPT（Double Patterning Technology，双重印花技术），同一金属层上两个光罩（Mask）之间的偏差会导致互连线间距变化，从而影响耦合电容，如图 4.70 所示。考虑此因素，需要在寄生角中加入 CC_{worst} 或 CC_{best}。

- CC_{worst}：DPT 中的两个光罩间距更小，总体电容变大。
- CC_{best}：DPT 中的两个光罩间距更大，总体电容变小。

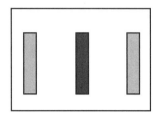
掩膜对准
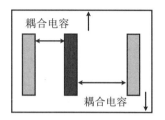
掩膜错位

图 4.70 DPT 中的电容变化

因此，DPT 中的寄生角有 $C_{worst}\_CC_{worst}$、$RC_{worst}\_CC_{worst}$、$C_{best}\_CC_{best}$ 和 $RC_{best}\_CC_{best}$，如表 4.4 所示。

表 4.4 DPT 中的寄生角

金属层特征	Nominal	CC_{worst}	CC_{best}
1	C_{worst}	$C_{worst}\_CC_{worst}$	
2	C_{best}		$C_{best}\_CC_{best}$
3	RC_{worst}	$RC_{worst}\_CC_{worst}$	
4	RC_{best}		$RC_{best}\_CC_{best}$
5	$C_{typical}$	$C_{typical}\_CC_{worst}$	$C_{typical}\_CC_{best}$

引入 DPT 后的互连寄生角如图 4.71 所示。

另外，寄生参数的提取也与温度有关，该温度往往与 PVT 角的温度对应。不过，实际制造过程中会发生不同层的金属处于不同工艺角的情形，此时需要通过设置线网减免系数（Net Derate）或时钟不确定度来覆盖。

4．场景分析

PVT 角与寄生角的组合可达数百种。如果考虑不同的工作模式，则理论上总的场景模式高达上千个。

总的场景模式数量=前段工序工艺角数量×后段工序工艺角数量×电压角数量×温度角数量×（功能模式数量+测试模式数量）。

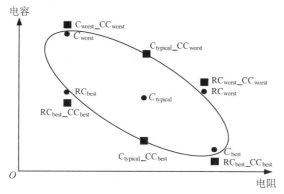

图 4.71 引入 DPT 后的互连寄生角

对于给定的设计，假设前段工序工艺角考虑 FF、FS、SF、SS 和 TT，后段工序工艺角考虑 C_{max}、C_{min}、RC_{max}、RC_{min} 和 $C_{typical}$，电压角考虑 V_{min} 和 V_{max}，温度角考虑 T_{max} 和 T_{min}，那么共有 100 种组合。假设具有 3 种测试模式和 5 种功能模式，这样便需要分析 800 个场景。

如果前段工序工艺角只考虑最好和最差两种，并消除布线工艺中的典型角，那么总的 PVT 角数量减少到 $2\times4\times2\times2=32$，最终总共需要分析约 250 个场景。对于大多数设计而言，此数量仍然偏大，如果在进行了充分的论证之后，进一步豁免和假设某些场景不会发生，或者可以被其他场景覆盖，则可以将场景数量大大减少，甚至低至 100 个以内。

对于建立时序检查，通常比较容易确定签核角，"SS-process + Slow-metal"是必需的。保持时序检查至关重要，理论上必须在每个定义角上进行检查。

在各个工艺节点上，实际的签核角选择应该遵从供应商和制造商的建议和要求。40nm 工艺下的常见分析角如表 4.5 所示。

表 4.5　40nm 工艺下的常见分析角

角名称	全称	描述
Typical	tt1p1v25c	常见的应用场景
WCS	ss0p99v125c	建立时序最差
BCF	ff1p21vn40c	保持时序最差
WCL	ss099vn40c	因为温度反转效应，有可能产生建立时序最差的情况
ML	ff1p21v125c	因为温度反转效应，有可能产生保持时序最差的情况

代工厂会提供多个不同 PVT 角下的时序单元库供静态时序分析。由于历史原因，在较老的工艺下，对时序单元库进行特征提取时会考虑局部性工艺偏差，从而引入了不必要的悲观度。在先进工艺下，全局性工艺偏差由 PVT 角和寄生角模拟，而局部性工艺偏差可由 OCV、AOCV、POCV 模拟。

5．多模式多角分析

随着模式和角越来越多，出现了快速时序分析和优化技术。多模式多角（Multi-Mode Multi-Corner，MMMC）分析是指同时在多个工作模式、PVT 角和寄生角之间，执行时序分析和优化。例如，假定一个设计具有 4 种工作模式（正常模式、睡眠模式、扫描移位模式和 JTAG 模式），并且在 3 个 PVT 角（WCS、BCF、WCL）和 3 个寄生角（$C_{typical}$、C_{min}、

RC$_{\text{min}}$）下进行分析，如表 4.6 所示。

表 4.6　待分析的 PVT 角和寄生角

寄生角	PVT 角		
	WCS	BCF	WCL
C_{typical}	① 正常/睡眠/扫描移位/JTAG 模式	② 正常/睡眠/扫描移位模式	③ 正常/睡眠模式
C_{min}	④ 不要求	⑤ 正常/睡眠模式	⑥ 不要求
RC$_{\text{min}}$	⑦ 不要求	⑧ 正常/睡眠模式	⑨ 不要求

总共需要检查 36 个可能情况下的时序，不过同时运行所有情况会导致运行时间过长。其实并非所有情况都是基本的，某些情况可能包含于其他情况，或者并非必需。例如，可以确定表 4.6 中情况④、情况⑥、情况⑦和情况⑨不相关，因此不需要分析。此外，可能不必在一个角上运行所有模式，如在情况⑤中可能不需要运行扫描移位模式或 JTAG 模式。如果可以使用 MMMC 功能，则静态时序分析可以在单个情况下运行，也可以在多个情况下同时运行。

MMMC 分析的优点是可以节省运行时间和简化分析脚本的设置。与每种模式或角需要分别多次加载设计和寄生参数相比，MMMC 分析只需加载一次或两次即可，这样更适合在本地服务器上运行。此外，MMMC 分析在优化过程中会对所有情况进行优化，从而避免在一个情况中解决的时序违例被引入另一个情况。

4.5.2　信号完整性分析

一般需要分析 4 种类型的串扰延迟和 4 种类型的串扰毛刺，如图 4.72 所示。

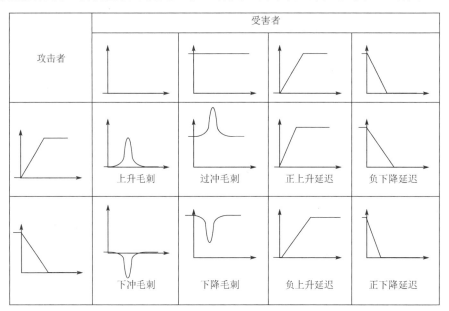

图 4.72　串扰延迟和串扰毛刺

1．串扰延迟分析

1）建立时间分析

当发射时钟（Launch Clock）路径和数据路径都具有正串扰，而捕获时钟（Capture Clock）路径具有负串扰时，构成了建立时间检查的最差条件，因此捕获触发器会更早捕获数据，如图 4.73 所示。由于建立时间检查的发射和捕获时钟沿不同（通常间隔一个时钟周期），所以公共时钟路径（Common Clock Path）对发射和捕获时钟沿可能具有不同的串扰影响。

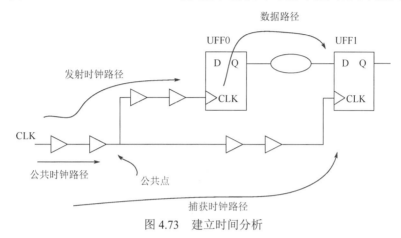

图 4.73　建立时间分析

2）保持时间分析

当发射时钟路径和数据路径均具有负串扰，而捕获时钟路径具有正串扰时，构成了保持时间检查的最差条件。与建立时间分析不同，在保持时间分析中，发射和捕获时钟沿通常是同一个时钟沿，通过公共时钟路径部分的时钟沿不会对发射时钟路径和捕获时钟路径产生不同的串扰影响。因此，在最差情况的保持时间分析中，来自公共时钟路径的串扰影响会被作为公共路径悲观度单独减去。保持时间分析如图 4.74 所示。

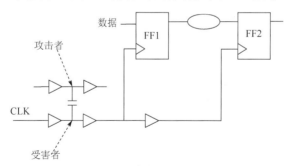

图 4.74　保持时间分析

2．串扰毛刺分析

直流噪声裕量（DC Noise Margin）是针对毛刺高度的检查，即检查单元输入中直流噪声大小的极限，进而保证正确的逻辑功能。例如，只要反相器单元的输入保持在 VIH 最大值之下，则输出就是高电平。相类似，只要反相器单元的输入保持在 VIH 最小值之上，则输出就是低电平。图 4.75 所示为反相器单元的输入-输出传输特性图。

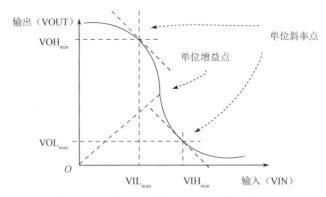

图 4.75　反相器单元的输入-输出传输特性图

基于 VIL 和 VIH 的直流噪声裕量是稳态噪声极限，VIL_{max} 和 VIH_{min} 称为直流噪声裕量极限，保守的毛刺分析会检查峰值电压电平是否满足扇出单元的 VIL 和 VIH 电平，只要所有线网都能满足，就可以认为所有毛刺对设计功能都没有任何影响，即不会导致输出发生任何变化。

如果将直流噪声裕量设置为 30%，那么任何高度大于电压幅度 30% 的毛刺都将被标识为可能通过单元传播并影响设计功能的潜在毛刺。图 4.76 所示为毛刺高度的影响。

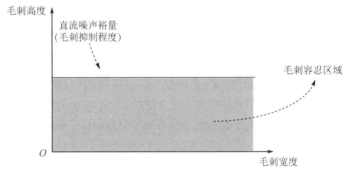

图 4.76　毛刺高度的影响

直流噪声裕量适用于单元的每个输入引脚，上升毛刺（输入低电平）和下降毛刺（输入高电平）通常独立。直流噪声裕量模型可以指定为单元库的一部分。

毛刺宽度也能影响毛刺传播，输入端的窄毛刺通常不会对单元输出产生任何影响。但是，直流噪声裕量仅使用恒定的最差高度值（Worst-case Value），而与毛刺宽度无关。如果毛刺很窄或扇出单元的输出电容较大，则毛刺不会影响正常功能的运行。假定图 4.77 中输入毛刺都相同，图 4.77（a）所示为一个未加负载的反相器单元，其输入端具有正毛刺。输入毛刺高于单元的直流噪声裕量，因此会在其输出端引起毛刺。图 4.77（b）所示为相同的反相器单元，其输出端有一定负载。此时输入端相同的输入毛刺会导致输出端的毛刺小很多。如果反相器单元的输出负载更高，如图 4.77（c）所示，则反相器单元的输出端将没有任何毛刺。因此，增大输出端的负载可使反相器单元更加能够抵抗从输入端传播到输出端的噪声。

毛刺宽度的影响如图 4.78 所示，其中斜线标识区域表示良好或可接受的毛刺，因为其太窄或太矮，或者既窄又矮，所以对单元输出没有影响。其他区域表示不良或不可接受的毛刺，因为其太宽或太高，或者既宽又高，所以会影响单元输出。在毛刺较宽的极限情况下，毛刺阈值对应于直流噪声裕量。

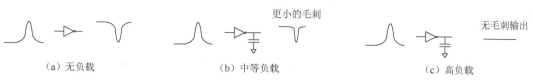

（a）无负载　　　　　　　　　（b）中等负载　　　　　　　　　（c）高负载

图 4.77　负载对毛刺传播的影响（在 3 种情况下，输入毛刺的大小相同）

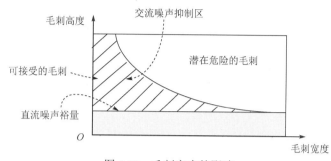

图 4.78　毛刺宽度的影响

3．噪声分析

信号完整性效应，如串扰延迟和噪声（或毛刺）传播，可能导致功能失效或时序失效。PrimeTime SI 是 PrimeTime 的信号完整性解决方案，加入了准确的串扰延迟、噪声和压降（IR）延迟分析。

噪声分析检查噪声峰值及宽度，并确定是否可以传播。单元库中包含了有关输出噪声幅度和宽度的详细表格或函数，它们是输入引脚的噪声幅度、噪声宽度和输出引脚负载的函数。进行噪声分析前，首先需要确认单元库中具备噪声模型。

数字逻辑单元可以认为由单级或多级 CCB（Channel Connected Block，通道连接块）组成，其中反相器、与非门、或非门只包含单级 CCB，与门包含两级 CCB，寄存器则包含多级 CCB。CCS-N 噪声模型基于 CCB 而建立。

对于单级 CCB 逻辑单元，噪声建模基于时序弧，噪声传播也基于时序弧。单级 CCB 噪声模型转换框图如图 4.79 所示。

图 4.79　单级 CCB 噪声模型转换框图

对于两级 CCB 逻辑单元，噪声建模基于时序弧，分为输入级和输出级，噪声传播同样基于时序弧。两级 CCB 噪声模型转换框图如图 4.80 所示。

对于多级 CCB 逻辑单元，噪声建模基于引脚，对于所有输入都抽取输入级模型，对于所有输出则抽取输出级模型。如果逻辑单元中存在某些 I/O 路径，也可以通过基于时序弧的方式建模。多级 CCB 噪声模型转换框图如图 4.81 所示。

为了进行噪声分析，需要对一个串扰造成的 Bump 进行建模，可以设置宽度、高度及面积等，Bump 模型如图 4.82 所示。在分析噪声时可以分别针对高度、面积、面积百分比进行分析。

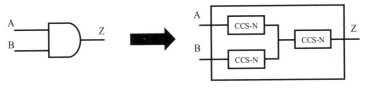

图 4.80 两级 CCB 噪声模型转换框图

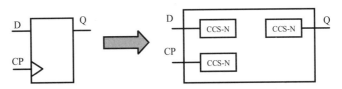

图 4.81 多级 CCB 噪声模型转换框图

4.5.3 电源完整性和功耗分析

电源完整性和功耗分析主要包括有效电阻检查、静态 IR 压降分析、电迁移分析、动态 IR 压降分析、去耦合电容分析、电压范围分析。

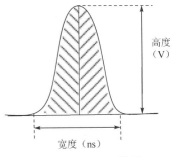

图 4.82 Bump 模型

1. 有效电阻检查

有效电阻检查（Effective Resistance Check）是指验证所有电路器件与电源网络的连通性，如是否所有器件都已连接，是否都以低电阻连接到电源网络。图 4.83 所示为通过提取电源网络而获得的电阻分布信息。

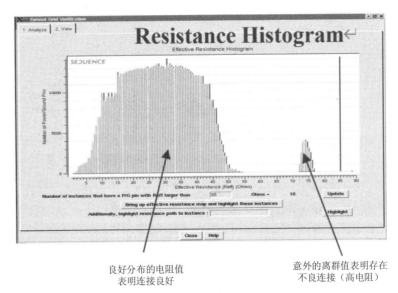

图 4.83 通过提取电源网络而获得的电阻分布信息

2．静态 IR 压降分析

静态 IR 压降分析是在直流工作模式下，芯片内部电路的无矢量功耗分析，以确认静态 IR 压降小于限制比例。

静态功耗分析中芯片上的 PG 网络近似于电阻网络，流经各个源器件的电流假定为直流电流，通过提取其电阻信息，选择激励信号，计算典型操作时间的平均功耗而获取恒定电流，用该电流乘电源网络的等效电阻，便得出非时变压降。静态 IR 压降分析如图 4.84 所示。

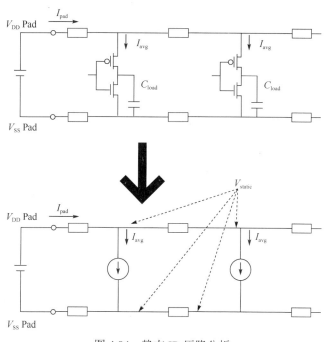

图 4.84　静态 IR 压降分析

3．电迁移分析

通过电源网络分析会获知线网的电流密度，根据对应工艺技术文件中对电迁移（Electromigration）的极限电流密度约束，得出整个芯片的电迁移报告，可以使用直流压降分析方法来确定高电流密度区域。此外，可以使用热仿真器进行协同仿真，以查看热效应。

4．动态 IR 压降分析

电源网络上存在很多的寄生电阻、寄生电容和去耦合电容，如果工作频率很高，或者分析中包含芯片封装，那么还需要考虑寄生电感。因此，电源网络的电压并非恒定设计值，而是随电路工作条件而上下起伏的。如果电源网络设计得不好，则会造成电压起伏过大，从而导致电路性能下降甚至电路不工作。图 4.85 所示为芯片电源上的电压及电流，可以看到，在短短的几纳秒内，电源电压的变化就达到约 50mV。

RLC 网络可用作片上电源/地网络模型，当进行动态功耗分析时，提取电源网络参数以获得片上电阻和电容，构成包含封装和键合线的 RLC 模型，如图 4.86 所示。选择对应特定操作的激励，可计算瞬变电流 $i(t)$ 和瞬变电压 $V(t)=i(t)\times R+[C\times(\mathrm{d}V/\mathrm{d}t)]\times R+L\times(\mathrm{d}i/\mathrm{d}t)$。

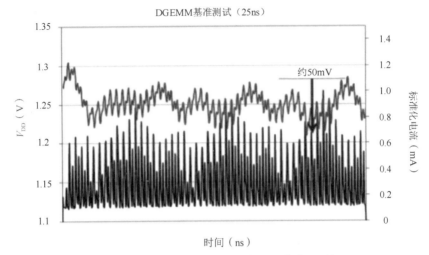

图 4.85　芯片电源上的电压（上部）及电流（下部）

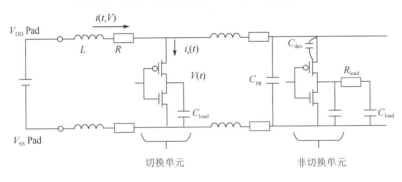

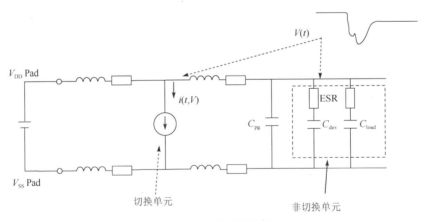

图 4.86　动态功耗分析

　　动态功耗分析用于验证动态压降（如电流和电压瞬变）是否在规定范围内，以确认芯片可以在外部 RLC 环境中按预期运行。该分析属于矢量（Vector-based）分析，结果具有高准确度，更接近真实物理情况，在芯片设计中不可或缺。

5. 去耦合电容分析

在电源网络上加去耦合电容可以稳定电源电压，有效减小电源电压噪声，如图 4.87 所示。此外，芯片上的元器件对去耦合电容有所贡献，如晶体管的寄生电容及导线之间的耦合电容。去耦合电容的摆放十分复杂，最好均匀分布，在一些敏感基本单元附近数量需要足够多，而且如果离工作单元过远，则起不到减小电源电压噪声的作用。

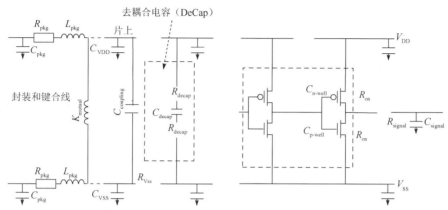

图 4.87　在电源网络上加去耦合电容

6. 电压范围分析

芯片电源一般由 PCB 上的电源管理芯片（PMIC）提供，该电源经过 PCB 连线，到达封装基板，最后到达芯片。因此，PMIC 提供的标准电压受 PCB 和封装的 IR 压降影响，到达芯片时会出现一定程度的降低。

在大多数情况下，时序签核在标准电压的±10%范围内进行，图 4.88 所示为电压范围和压降的关系。

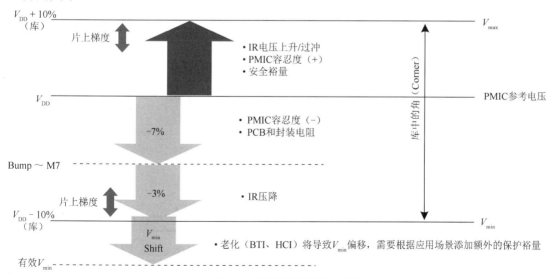

图 4.88　电压范围和压降的关系

考虑到系统和封装的压降，可以升高电压，使到达芯片的电压更接近标准电压，也就是说，±10%电压范围包含了一定的设计裕量。当临近流片时，静态 IR 压降仍大于 3.5%，虽然超过了签核标准，但其实仍可以流片。因为当芯片 IR 压降变大时，留给封装基板的裕量就会变小，但考虑到系统上可能有裕量，所以芯片仍能正常工作，当然这需要经过封装和系统工程师的专业评估。

4.5.4　时序收敛

时序收敛是后端设计的核心任务之一，也是判断一个工具好坏的重要标准。

布局布线工具中的时序优化包括通过物理综合增大或减小数据路径中的延迟来修复违例、通过时钟树优化增大或减小时钟路径中的延迟来修复违例、通过线工程操纵线来修复违例。

1．物理综合

物理综合（Physical Synthesis）方法包括改变单元大小、增加缓冲器、假负载插入和网表重构。其中，网表重构包含克隆（复制门）、扇入树或扇出树重新设计（改变门的拓扑结构）、交换引脚（更改连接）、门分解（如将 AND-OR 门更改为 NAND-NAND 门）、布尔重组（如应用布尔定律来改变门电路）等。图 4.89 所示为多种物理综合方法。

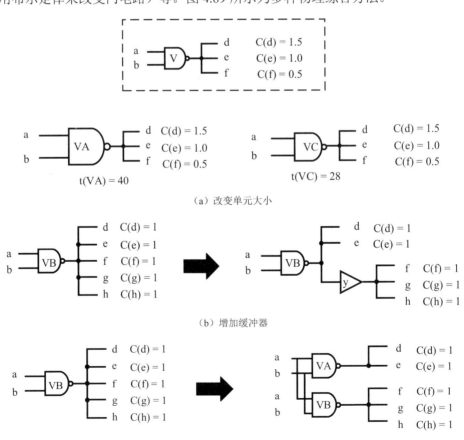

图 4.89　多种物理综合方法

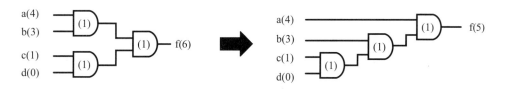

（d）扇入树重新设计

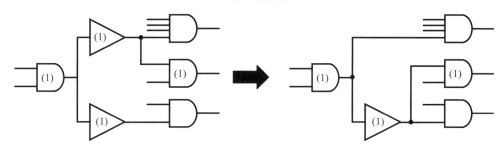

（e）扇出树重新设计

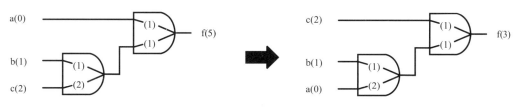

（f）交换引脚

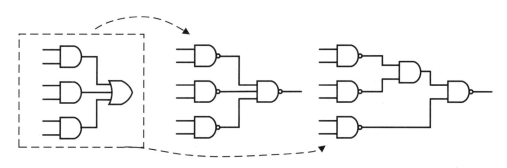

（g）门分解

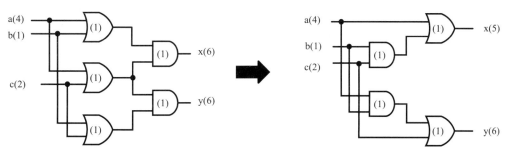

（h）布尔重组

图 4.89　多种物理综合方法（续）

2．时钟树优化

通过改变缓冲器/门单元大小、缓冲器/门单元重定位、假负载插入、层次调整、重配置等实现时钟树优化（Clock Tree Optimization，CTO），如图 4.90 所示。

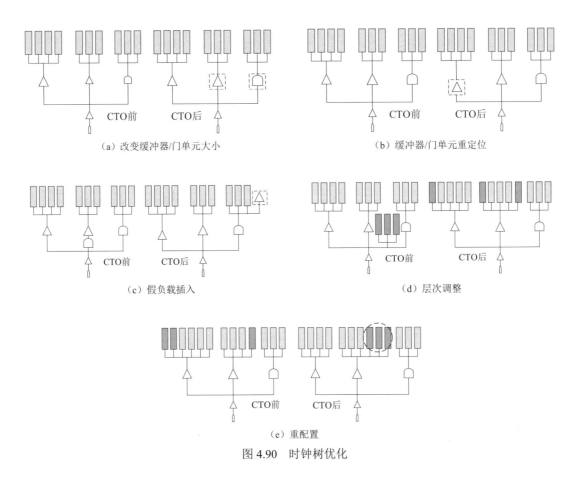

图 4.90　时钟树优化

3．线工程

线工程（Wire Engineering）主要是指加宽线和间距、顶层走线、屏蔽时钟线和分段加插中继器等。部分线工程如图 4.91 所示。加宽线和间距可以减小耦合电容，但会增大面积。顶层走线由于较粗，因此寄生电容较大，电阻较小。屏蔽时钟线（在时钟线旁边布线电源或地线）可以最小化或消除与相邻信号的耦合，但是会增大面积。分段加插中继器（将连线分成多段并插入被称为中继器的反相器或缓冲器）可以增大驱动强度，以减小延迟。

时序修复的基本手段有不同阈值电压的单元替换、不同驱动强度的单元替换、增加/移除缓冲器、调整非默认绕线规则和利用有用偏移等。

1）建立时间的修复

最好在开始后端设计之前就获得一个没有建立时间违例的网表。随着布局布线阶段的推进，建立时间违例会恶化。因此，在开始下一阶段的建立时间修复之前，最好将现阶段的建立时间违例都清掉，不过有些需要留到时钟树综合（CTS）阶段才能修复。

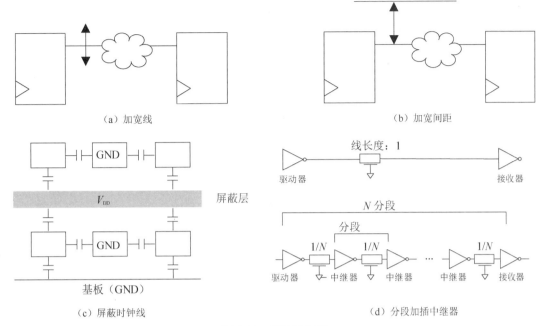

（a）加宽线　　　　　　　　　　　　　（b）加宽间距

（c）屏蔽时钟线　　　　　　　　　　（d）分段加插中继器

图 4.91　部分线工程

布局之后出现较多的时序违例，一般有三种原因。第一，规划（Floorplan）不合理，如模块形状、端口位置、存储器及 IP 的位置不合理；第二，设计上存在问题，需要进行重定时或流水化；第三，模块利用率太高，拥塞（Congestion）比较严重。

（1）布局后 CTS 前的违例。

首先检查设计中是否有建立时间违例，一般使用零互连延迟模式进行时序分析。如果没有违例，则应该是线延迟太大导致实际情形恶化，可以利用拓扑模式下的综合工具（DCT）进行综合。如果关键路径上的逻辑很复杂，而且主要由设计本身导致，则需要前端工程师参与分析和解决。

如果芯片规模太大而导致线延迟太大，则可以将一些时序关键单元相互靠近放置，如在同一模块内部可以成组放置或针对具体线网设置权重等。

（2）CTS 后的违例。

如果前面时序尚可，但 CTS 后存在较多建立时间违例，则可能是时钟树不理想，需要分析和解决，包括重新进行 CTS、利用有用偏移。

（3）布线完成后的违例。

如果在布线后存在违例，则很有可能是拥塞而导致线弯绕（Detour）及寄生电容过大。在先进工艺节点下，线网和通孔上的电阻太大而导致线延迟占了很大比重，布线时可以优化高阻抗网络，以减小导线电阻，同时保持可布线性。

打开信号完整性（Signal Integrity，SI）模式后，违例可能有所增加，首先需要分析是否由串扰或 OCV 导致，然后进行优化。图 4.92 所示为减小或消除串扰的常用方法。

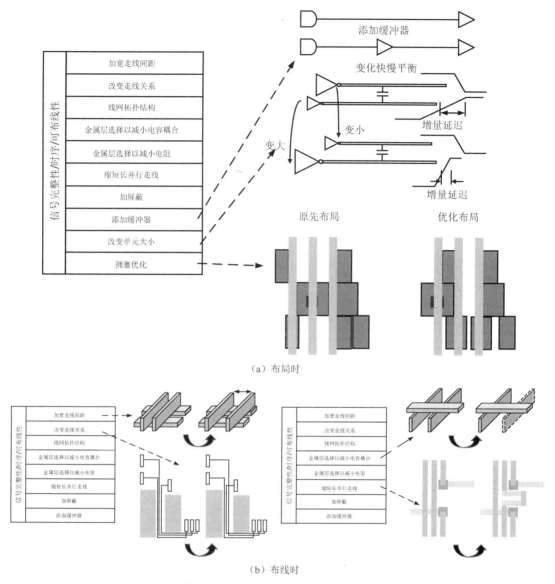

图 4.92　减小或消除串扰的常用方法

（4）时序签核阶段的违例。

进入时序签核阶段后，当前数据就不能再使用布局布线工具来进行优化了，只能通过 ECO 进行局部改动。ECO 一般分为两种。

- Function ECO：局部改动逻辑功能，如改变单元的连接关系、增加或删除单元等。
- Timing ECO：工具完成静态功耗优化后，经常会恶化某些路径的建立时间，此时，需要将某些单元替换成低阈值或大驱动单元。如果分析显示有一组寄存器存在较少违例，那么快速的解决办法就是对时钟树进行 ECO，如利用有用偏移调整时钟树并验证时序。可以采用手工 ECO 的方法，也可以利用 PrimeTime 等工具进行 ECO 修复。

2）保持时间的修复

随着布局布线阶段的推进，虽然线延迟会增大，但对保持时间的修复有益，因此签核前各个阶段存在的少量保持时间违例，可以留待后面修复。

修复保持时间违例的基本方法就是在组合逻辑路径上插入缓冲器，还可以插入延迟单元（Delay Cell），或者将数据路径的单元替换成高阈值单元。

可以通过工具或人工调整时钟树的延迟（Latency）以利用局部有用偏移，不过调整时需要考虑前后级的时序裕量。如果保持时间违例的路径数量超级多，且数值较大，则很有可能是时钟树相当不平衡导致的，需要重新进行 CTS。

插入锁定锁存器（Lockup Latch）可以修复保持时间违例。在图 4.93 中，时钟域 1 和时钟域 2 在功能模式下彼此不存在相互交互的路径。因此，在进行 CTS 时，由于各自独立生长时钟树，因此彼此之间的时钟延迟可能存在较大差异。虽然在功能模式下没有任何问题，但是在测试模式下，位于两个时钟域的寄存器处在同一条扫描链，在扫描移位时存在保持时间违例。

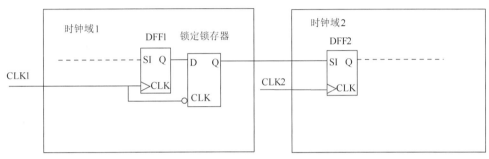

图 4.93　扫描移位模式下跨时钟域

通过加负时钟沿的锁存器（Latch）可以解决上述问题。从图 4.94 中可以看到，时钟域 1 中的 DFF1 到锁定锁存器的保持时间得到了明显改善，锁定锁存器到时钟域 2 中的 DFF2 的保持时间也没有问题。

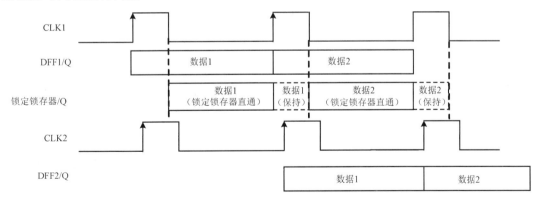

图 4.94　利用锁定锁存器改善保持时间

（1）Placement Aware 的时钟门控技术。

时钟门控技术可以减少时序电路不必要的翻转，以降低功耗。通常由工具进行综合时自动插入时钟门控单元，或者代码集成时直接例化。对于很多高性能设计，经常会碰到时钟门控单元方面的时序问题，常见的是时钟门控单元使能端的建立时间问题。时钟门控单元越靠近时钟源（Clock Root），越能够显著降低芯片功耗，但时序问题越严重。因为时钟门控信号所在路径的延迟比被门控的时钟路径延迟大，这导致建立时间问题难以解决。

DC 综合后，网表中没有时序违例，但后端布局后发现时序违例比较严重，即便时序路径上都已经使用了最大驱动单元。这是因为 DC 综合时，一个时钟门控单元所带的所有寄存器都认为彼此聚集在一起，但在后端实现时，彼此物理位置相隔较远，如图 4.95 右图所示。由此出现两大问题，第一是时序违例，第二是时钟树延迟变大，功耗变大（时钟树的非公共路径变长）。

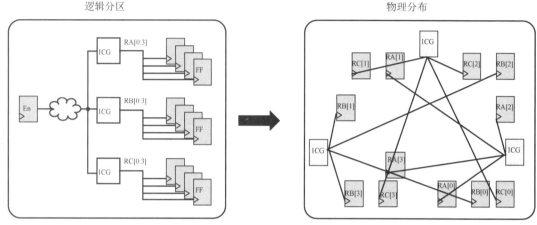

图 4.95 时钟门控

在 DCT 工具中可以进行物理敏感的时钟门控单元插入。主要方法为在插入时钟门控单元时考虑寄存器的摆放位置，将同属一个时钟门控单元的寄存器成簇摆放，进行冗余时钟门控单元的合并、拆分和克隆。在物理实现阶段，精准估算时钟门控单元延迟来实现时序优化。非物理敏感与物理敏感对比图如图 4.96 所示。

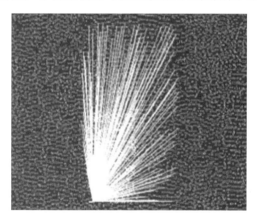
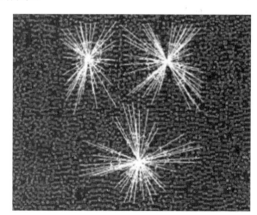

（a）非物理敏感　　　　　　　　　　　　　　（b）物理敏感

图 4.96 非物理敏感与物理敏感对比图

（2）静态时序分析签核方法。

PVT 角和寄生角用于模拟全局性工艺偏差；Flatten OCV、AOCV、SOCV/POCV 用于模拟局部性工艺偏差。静态时序分析会在不同 PVT 角下依据相应的 OCV 来计算单元时序；

在不同寄生角下，引入 OCV 的影响来计算互连线延迟。

- OCV 降额因数用于建立时间和保持时间检查。
- 时钟不确定性需要在建立时间和保持时间检查时考虑进来。
- 信号完整性建模在签核阶段时序检查时必须考虑到，PBA 模式可以在时序签核时使用，以降低 GBA 模式下时序过度悲观的程度，加速时序收敛进程。
- 至少使用 4 个签核角：最差情况下的 PVT 角、最好情况下的 PVT 角、最差情况下的 PV 角及最好情况下的温度角（模拟温度反转效应）、典型（标称）情况下的 PVT 角，28nm 以下工艺需要引入更多的签核角。

4.5.5　ECO

ECO（Engineering Change Order，工程变更命令）是正常设计流程的一个例外，是指对设计版图（Layout）进行小范围修改和重新布线（不影响设计其他部分的布局布线）。

ECO 可分为功能 ECO 和非功能 ECO，其中功能 ECO 源自客户对设计的追加需求，或者发现存在设计缺陷（Bug），非功能 ECO 是在不改变网表的情况下修复部分时序及串扰等问题而进行的 ECO。

在大型 SoC 中，随着设计复杂性增加，功能 ECO 的要求也增加。只动金属层 ECO（Metal ECO）在流片前的最后一分钟更改设计方面发挥着至关重要的作用，有助于节省高额的掩膜成本，也有助于避免在重新流片（Re-spin）时更改所有层掩码。

芯片被制造出来后，如果发现任何功能问题，或者在下一次制造中需要增强一些功能，则通常会利用预先放置的备用单元（Spare Cell）来完成。为了降低成本，保留后续 ECO 的可能性，鉴于事先并不知道后续 ECO 时需要用到怎样的单元，一般会挑选一些万能单元（Universal Cell），这样通过简单组合就可以实现其他复杂逻辑。

1. 备用单元

一般在自动布局布线（Auto Placement Route，APR）时会预留一些备用单元。经常使用两种备用单元，一种是普通备用单元，具有与功能单元相同的功能；另一种是 ECO 备用单元，可以替换成多种功能单元。此外，还有释放单元（Freed Cell），是指原本服务于原始逻辑功能，但因更改而被释放出来的单元，可用于实现新功能。

备用单元可重用，设计中的微小更改由只动金属层 ECO 来完成，不需要运行整个设计周期，节省成本和时间，不过会增大漏电功耗和面积开销。

1）普通备用单元

通常，只动金属层 ECO 使用普通备用单元来实现。普通备用单元主要包括各种组合和时序单元，其最小集合包括反相器、缓冲器、与非门（NAND）、或非门（NOR）、与门（AND）、或门（OR）、异或门（XOR）、多路复用器（MUX）、触发器（Flip Flop）和锁存器（Latch）的多个不同驱动强度的例化，以及一些专门设计的可配置备用单元，但是不可能包括所有库单元类型，因此如果 ECO 时需要更多数量的特定单元类型，或者现有单元的驱动强度有限，那么都会导致问题。

（1）布尔逻辑等效转换。

与非门常常被当作万能逻辑单元，用以演化出其他逻辑单元。在图 4.97 中，利用二输入与非门，基于布尔逻辑等效转换实现了反相器、二输入与门、二输入或门。

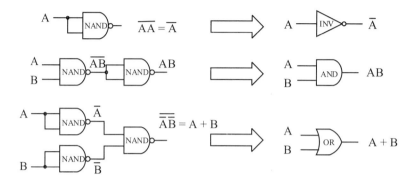

图 4.97　利用二输入与非门实现 ECO

图 4.98 中利用双路选择器来实现 ECO。

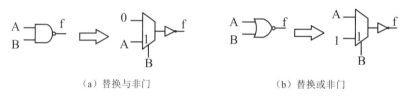

（a）替换与非门　　　　　　　　（b）替换或非门

图 4.98　利用双路选择器实现 ECO

备用单元的输入通过电压钳位单元与电源或地连接，其输出则保持悬空状态。需要指出，输入不能悬空，否则易受噪声影响，导致不必要的开关操作而产生额外功耗。备用单元的连接如图 4.99 所示。

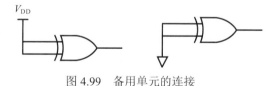

图 4.99　备用单元的连接

（2）备用单元的使用。

利用备用单元能够修改或改进芯片功能，并且保持掩膜变化最小。当进行只动金属层 ECO 时，使用邻近位置已经放置的备用单元并修改互连金属连接，更换一些金属层掩码而非基础层掩码。例如，图 4.100 所示电路中利用上面的异或门和下面的与门来替换中间电路的最后一个或门。

（3）备用单元的放置。

在理想情况下，备用单元在设计中不执行任何逻辑操作，仅充当填充单元（Filler Cell），在布局布线期间均匀地放置在芯片/模块上，如图 4.101 所示。

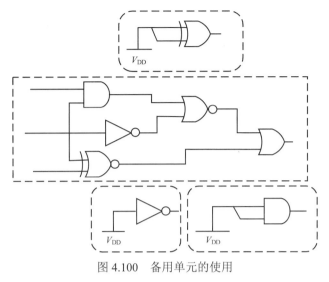

图 4.100　备用单元的使用

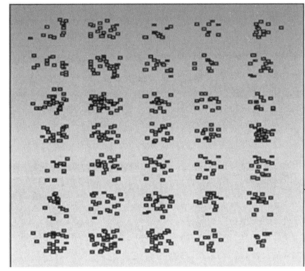

图 4.101　备用单元在芯片/模块上的分布

　　备用单元可以通过网表或布局布线工具命令添加。备用单元输入接地或接高电平，输出悬空。由于 I/O 引脚在各金属层均走线，因此在 ECO 时可根据需要改动任意特定金属层，所需改动的掩膜版层数最少为 1 层。备用单元可以在模块内添加，也可以在全局添加。因为备用单元会占用额外面积，所以占比不宜过大，通常是 1%，最大不超过 2%，对于非常不稳定的新设计，则可以根据具体需求增大其占比。

　　2）金属可配置门阵列

　　金属可配置门阵列（Metal Configurable Gate Array，MCGA）单元专为只动金属层 ECO 而开发。门阵列单元是内部晶体管没有连接的可编程单元，当进行 ECO 时，通常使用底层金属（如 M1）将其内部的晶体管连接起来，以实现对应的逻辑功能。在后端设计阶段使用两种不同类型的门阵列单元，一种是门阵列填充单元，用作原始流程中的普通填充单元或去耦合单元（DeCap Cell），其在后端布局布线阶段被添加并分散在设计中；另一种是门阵列功能单元（Gate Array Functional Cell），在流片后的 ECO 中用于替换门阵列填充单元。

（1）门阵列填充单元。

门阵列填充单元是物理单元，在 lef 文件中有定义，在 lib 文件中则没有定义，即只存在于 DEF 中，不存在于网表中。门阵列填充单元具有各种宽度倍数，如 4x、8x、16x、48x。

（2）门阵列功能单元。

门阵列功能单元是真正有逻辑功能的单元，包括各种组合和时序单元，具有多种驱动强度。

（3）映射和交换。

门阵列单元有多种 Site，如 1、3、5、10。在 ECO 时，可以根据逻辑功能将一个门阵列填充单元映射成多个门阵列功能单元。传统的门阵列单元内部没有任何预先定义的基本逻辑功能，所以可用来组合出任何逻辑功能，如一个 10Site 的门阵列填充单元可以映射成 1 个 INV（反相器）、1 个 MUX、1 个 DFF 和 1 个 BUF（缓冲器），如图 4.102 所示。门阵列功能单元内部有预先定义的基本逻辑功能，只要通过金属层（M1/M2）连接起来，就可以构成所需要的逻辑单元。

1 Site 门阵列填充单元　　　　　　　　10 Site 门阵列填充单元

在布局布线中，1 个门阵列填充单元被多个门阵列单元替代

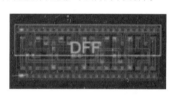

1 Site　　　　　　3 Site　　　　　　　5 Site　　　　　　1 Site

图 4.102　门阵列填充单元映射

ECO 备用单元面积大，在布局布线阶段作为填充单元已添加。当进行 ECO 时，以最低的导线连接成本将门阵列功能单元映射到最近的门阵列备用单元上，即先将门阵列填充单元移除，再将门阵列功能单元放置在剩下的空位上。由于 MOS 管三端悬空，在 ECO 时一定会改动 M1、V12、M2 三层，即需更改掩膜版层数最少为 3 层。此外，如果 ECO 去耦合单元被替换，则将失去去耦合优势。

2. ECO 分类

ECO 分为流片前的 ECO、流片过程中的 ECO、流片后的 ECO。流片前的 ECO 可以改动任何层，流片后的 ECO 仅能修改金属层。不同阶段的 ECO 代价不一样，早期的 ECO 代价较小，如果流片后发现致命缺陷而进行 ECO，代价就很大。

1）流片前的 ECO

当设计进行到某个阶段时，RTL 代码必须冻结（RTL Freeze），即不再允许更新 RTL

代码，即使后面仿真验证发现缺陷。因为此时后端布局布线接近完成，进入了时序收敛阶段。如果此时更新 RTL 代码，则意味着需要重新运行整个流程，从综合到布局布线，再到时序修复，从而严重影响整个项目的流片时间，甚至冲击后续芯片生产和应用。

因此，此时前端工程师只能在末版 RTL 代码的基础上实现功能 ECO。这种在流片前进行的 ECO，也被称为 Pre-mask ECO，通常发生在完成后端工作到签核阶段之间。流片前的 ECO 比较灵活，可改动量较大，可达几百个单元，甚至上千个单元，时间成本相对可控。

2）流片过程中的 ECO

一般代工厂会提供一种服务，允许客户在量产工艺加工进行到某个阶段时，暂时停止部分晶圆进程。因此可以在加工到 Poly 层，后面的金属层还没有开始加工时，停止大部分晶圆进程，而继续加工少量晶圆到完成。对这些已完成晶圆上的裸片进行测试，如果发现存在功能或时序上的问题，则可以利用预先布置在裸片上的备用单元来解决。此时只改动几层金属层光罩就可以完成标准单元重新连接，而不用改动其布局，否则要改动 Poly 层之前的所有光罩；那些暂停加工的晶圆，此时就可以用新的金属层光罩继续加工，于是在硅和光罩两个方面都降低了成本。

当数字后端完成物理实现，时序已经符合签核标准，但前端工程师还没完成大部分用例的后仿真，芯片又面临着上市压力时，可以开始启动流片，即将 GDSII 文件上传给代工厂，前提是确信设计中不存在大问题。此外，在文件送出后，有大约 1、2 周时间，代工厂会先进行基础层和 M1 层的加工，期间如果后仿真发现问题，则可以改变 M2 层及以上金属层的连线，利用备用单元去修复，因此不需要添加额外单元，也不耽误之前的流片。当然此时进行 ECO，时间压力很大，也存在一定风险。

有时为了验证金属重连接是否真能解决问题，会在先一步加工完成的有问题裸片上进行聚焦离子束（Focus Iron Beam，FIB）操作，以在不影响其他金属布线的前提下，切断有问题的金属连接，重新连接到合适的备用单元上，并测试裸片，确保金属重连接方案可行，此时重做金属层光罩就更有把握。

3）流片后的 ECO

当芯片在回片测试中发现缺陷而必须修复时，需要进行 ECO。此时可能仅需改动少数几层金属层，也可能需要改动大多数甚至全部金属层，甚至重新流片。进行 ECO 之前，前端工程师需要制定 ECO 方案，由后端工程师进行评估，包括需要改动的层数、时序是否能快速收敛等方面。

流片后的 ECO 不涉及基础层而只涉及金属层。其成功的前提是设计中含有足够的可供新功能实现的单元。不论是普通备用单元、释放单元，还是门阵列单元，都必须有足够资源来实现新添加的逻辑功能，可利用 ECO 工具来检查。受限于备用单元的位置，如果附近找不到资源就比较困难，因此修改规模十分有限。通常简单的 ECO 可以通过手工完成，复杂的 ECO 则必须借助工具完成。

3. ECO 流程

ECO 修改组合逻辑比较容易，如果碰及触发器则需要格外小心，因为可能影响时钟树，进而造成大量的时序违例。ECO 网表修改完后，还需要与相应的 RTL 代码修改进行逻辑等效性检查（Logic Equivalence Check），以确保修改准确。

ECO 需要前后端工程师联手完成，一般首先由前端工程师找到需要修改的逻辑单元；然后由后端工程师找到其物理位置，检查周围是否有足够的备用单元或空间进行 ECO，检查时序，预估 ECO 后的时序，建议使用的 ECO 单元；接着由前端工程师修改网表；最后由后端工程师完成单元摆放和布线。只动金属层 ECO（Metal-only ECO）流程如图 4.103 所示。

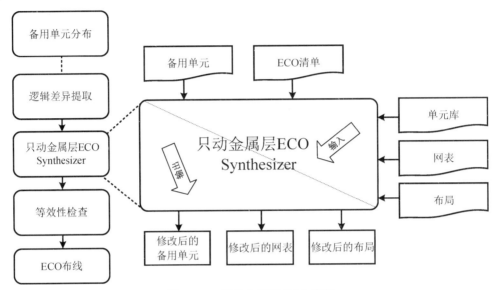

图 4.103　只动金属层 ECO 流程

（1）前端工程师制定 ECO 方案，并且验证方案可行性和有效性。

（2）编写 ECO 脚本。

（3）后端工程师根据 ECO 脚本，以手工或自动的方式进行单元摆放和布线。

（4）通过形式验证来确保后端变更后的功能与前端 ECO 方案功能的一致性；确认基于流片版本的 GDSII 文件中所有改动的层，重新进行 Dummy Insertion 或人工修改 Dummy。

（5）进行时序签核，修复所有的建立时间、保持时间和 DRC 等违例。

（6）运行 DRC 和 LVS 并修复违例。

（7）交付新的 GDSII 文件。

小结

- 在芯片设计、制造、应用等各个环节，工艺、电压和温度将引入偏差，造成晶体管、电阻、电容及绕线等电特性的不确定性。其中工艺偏差可以发生在批次之间、晶圆之间、芯片之间及芯片内部。

- 串扰是芯片上相邻信号之间的电容耦合引起的信号干扰，会导致毛刺和延迟。IR 压降是芯片电源和地网络上的电平下降或升高，对延迟有影响。

- 在静态时序分析中，需要遍历电路存在的所有时序路径，计算信号的传播延迟，检查其建立和保持时间是否满足时序约束要求。静态时序分析用于时序分析签核，包括基于 PVT 角和 OCV 来计算单元时序、基于寄生角来计算互连线延迟，通常进行多模多角静态时序分析。

- PLL、串扰、压降、温变、时钟偏移、OCV、衰老效应和物理实现等因素会在芯片设计的不同阶段对时序产生影响。添加时序裕量以考虑各个阶段的预期时序影响，从而克服延迟不确定性，及时达到目标频率。
- 时序签核主要包括时序修复和收敛、信号完整性和电源完整性对时序的影响分析。
- ECO 是正常设计流程的一个例外，可分为功能 ECO 和非功能 ECO。

第 **5** 章

验证

大型 SoC 的单次流片成本非常昂贵，而验证工作可以促使在芯片研发流程中及早发现设计缺陷。SoC 验证贯穿整个设计流程，从阶段划分上说，可以分为功能验证（Functional Verification）、等价性检查（Equivalent Checking）、静态时序分析和时序验证（Static Timing Analysis & Timing Verification）、版图验证（Physical Verification）等。当前验证工作已经占整个芯片开发工作的 70% 左右。图 5.1 所示为芯片的简略设计流程。

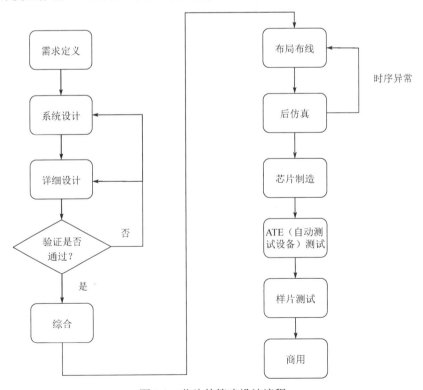

图 5.1 芯片的简略设计流程

在整个 SoC 设计缺陷分布中，功能缺陷超过 60%，因此 SoC 验证工作应着重于功能验证。功能验证是验证中最复杂、工作量最大也最灵活的部分，包括模块级验证、子系统级验证和芯片级验证等。

在设计被综合前，首先要对 RTL（寄存器传输级）描述进行逻辑功能验证，以确保验证过的模块或芯片具有 100% 的功能正确性。通常，RTL 功能验证主要采用由底向上的验证策略，即在模块集成到芯片前尽可能地对每一个 IP 或模块进行验证，然后对整个芯片或系统进行验证。

通常，DFT（可测性设计）扫描链在创建门级网表之后插入，因此，门级验证将用于验证扫描链的正确性。在低功耗设计中，在综合和物理实现期间将添加 RTL 中不存在的逻辑电路，如钳位单元、电压转换器和电源门控等，这些需要在门级网表上得到验证。此外，需要验证物理设计中的逻辑优化、时钟树加入、布局布线等没有改变 RTL 功能。

通用验证方法（UVM）是一种高效的验证方法，不仅可以缩短验证周期，还具有很好的可重用性。

本章首先介绍 SoC 验证，然后讨论 IP 和模块级验证，接着介绍系统级验证和门级验证，接下来讨论 DFT 验证和低功耗验证，最后介绍 ATE 测试的仿真向量和通用验证方法。

5.1 SoC 验证

SoC 验证就是对基于 IP 实现的 SoC 系统进行功能验证、时序分析、功耗分析及物理验证等，以保证正确的系统功能和良好的产品性能。

虽然验证工作的初衷是证明设计的正确性，但是验证无法证明设计没有缺陷，只能在项目进度允许的时间内，尽可能地发现缺陷。

5.1.1 验证方法

功能验证是指设计者通过各种方法来比较完成的设计与设计文档中的实际规定是否一致，确保设计能够实现文档所描述的功能，主要方法有动态仿真和形式验证。其中动态仿真通过构建用例去激励待测设计（DUT），利用仿真工具进行仿真模拟，从而判断 DUT 的正确性；形式验证则通过工具对 DUT 进行逻辑分析来实现验证。

1．异构验证方法

异构验证方法是指采用不同的策略，包括建模验证、软件仿真、硬件仿真、原型验证及形式验证，针对不同需求实现不同功能，如图 5.2 所示。例如，软件仿真、硬件仿真和原型验证，三者在运行速度、成本、设计规模等方面就有极大差别，其中硬件仿真速度快，但非常昂贵；软件仿真成本低，具备较高的可复用性，但设计规模受限，运行速度不理想。将不同的功能组合在一起，能够缩短整个设计流程。

1）处理器驱动的验证（软硬件协同验证）

处理器驱动的验证主要通过处理器执行软件代码来验证芯片功能，如图 5.3 所示。

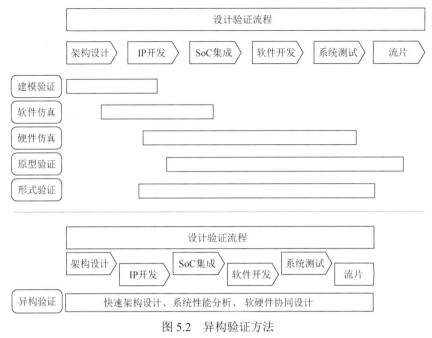

图 5.2　异构验证方法

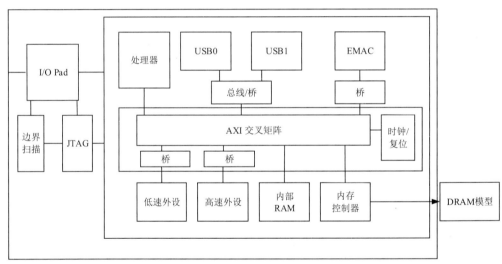

图 5.3　处理器驱动的验证

2）模型驱动的验证

如果需要，则模块 RTL 可以由总线功能模型（Bus Function Model，BFM）替代，以加速验证过程，基于 BFM 的验证如图 5.4 所示。

2．验证可重用

重用是一个很重要的概念，不仅与 IP 联系在一起，还与一些规则和约束密切关联，意味着在当前设计完成后，如果再利用或修改时，可以跳过原设计者，而直接由其他使用者方便地完成。在验证中，重用是指尽可能地重用仿真模式、驱动、监视器、脚本、模块等。

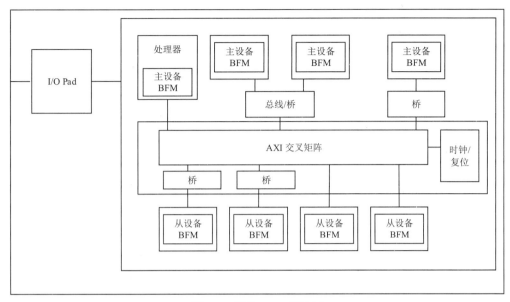

图 5.4　基于 BFM 的验证

SoC 验证过程分为两个部分，首先是 IP 验证，然后才是 SoC 系统验证。从重用的角度，希望在 IP 验证和 SoC 系统验证时，使用相同环境，以便 IP 验证时的仿真向量、驱动、监视器、脚本、模块等可以在 SoC 系统验证时重用。

3．验证度量

无论是直接验证还是随机验证，都可以通过一些指标来对验证的效果进行评估。目前，常用的指标有代码覆盖率和功能覆盖率。

1）代码覆盖率

代码覆盖率统计的是在仿真过程中，用例所覆盖的 DUT 中代码的行、条件分支、状态机跳转和接口信号翻转等代码的覆盖情况。代码覆盖率的高低并不能反映验证完备性的高低，只能提供对验证覆盖充分性的参考。

在图 5.5 中，A 区表示较高的代码覆盖率、较低的验证完备性，一个可能的原因是已经实现的代码并没有包含全部需求的功能。B 区表示较高的代码覆盖率、较高的验证完备性，这是比较期望的结果。C 区表示较低的代码覆盖率、较低的验证完备性，此时需要构造更多的用例。D 区表示较低的代码覆盖率、较高的验证完备性，一个可能的原因是设计中包含了太多的冗余代码。

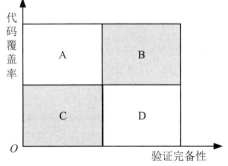

图 5.5　代码覆盖率和验证完备性的关系

2）功能覆盖率

功能覆盖率统计的是用例覆盖设计功能的情况。在动态仿真中，可以通过仿真器对用例的功能覆盖率进行统计。仿真完成后，针对功能覆盖率进行分析，可以发现哪些功能已经覆盖，哪些功能需要构造新的用例进一步覆盖。

功能覆盖率从芯片的功能角度出发，很大程度上能够反映出验证完备性。然而，由于功能覆盖率的定义依赖于验证工程师对需求的理解，主观性较大，因此一般建议由设计者来输出功能覆盖率测试点，以确保设计者所关心的点可以被覆盖到，验证工程师则利用脚本将测试点转换为功能覆盖率统计语句，仿真后输出功能覆盖率报告，与设计者一起分析验证是否完备。

4．验证完备性

验证完备性只是一个定性概念，很难给出一个量化指标。我们永远无法保证芯片设计没有缺陷，但如果不能规避，则意味着该芯片项目的失败、人力和资金的大量损失。当然，一个芯片项目的成功与否并不单单取决于验证是否完备，验证完备性仅是众多因素之一。

可以参考以下几点以达到更好的验证完备性。

- 需求把握：需求应该来源于原始的设计规范，而非经过重新解释的设计需求。
- 设计理解：对于同样需求，不同开发工程师的设计实现不尽相同。验证工作针对具体设计，需要理解其设计特点。
- 计划安排：着手验证之前，需要进行细致的规划，包括用例类型和优先级、任务分配和进度等。
- 问题记录和跟踪：认真分析发现的问题，构造新的用例，及时跟进问题的解决情况。不定期复盘发现的问题，从而抓住设计者容易犯错的点，指导验证用例的设计。
- 交流和评审：多与开发工程师交流，探讨其设计思路，分析如何设置用例；通过同行评审，与开发工程师共同审核验证工作以进一步提高验证完备性。
- 借助代码覆盖率和功能覆盖率等度量指标。

5.1.2 验证流程

验证阶段是为了更好地开展验证工作，与其他工作流程协作而划分的，目的在于提升效率、降低风险。验证阶段的划分并非一成不变，各阶段的工作可以根据具体情况灵活调整。模块验证与系统验证的出发点不同，其验证阶段的划分也存在一定差别。

1．模块验证流程

模块验证流程可以划分为多个阶段，覆盖了一个模块从规划开始到流片所经历的各个验证阶段，如图 5.6 所示。

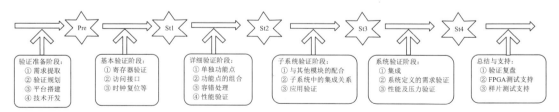

图 5.6　模块验证流程

1）验证准备阶段

研究验证对象的各种资料，进行验证需求分析；对验证工作进行规划，估算需要的验证时间，以及相应的培训工作；如果需要，则着手自行开发验证模型；搭建验证平台。

2）基本验证阶段

虽然设计还没有实现 100% 的功能，但可以验证一些基本功能，如总线接口访问、寄存器访问、时钟复位的连接等。

3）详细验证阶段

基本验证通过后，可以针对需求展开详细验证。首先，针对单一功能快速构造用例，验证其功能正确性，由于模块设计还没有稳定，因此此时应避免构造复杂用例；然后，借鉴单一功能验证的用例和调试经验，进行功能的组合验证。最后，进行更为复杂的验证，如容错验证和性能验证等。

4）子系统验证阶段

在子系统验证时，首先，要确保子系统集成的正确性、子系统内各子模块的独立功能正常；然后，验证子系统内多个子模块的协同工作；最后，进行子系统的性能和压力等验证。

并不是所有模块都需要经历子系统验证阶段，只有当模块功能并不完全独立，与其他模块存在紧密耦合时，才需要规划子系统验证。

5）系统验证阶段

模块和子系统是完整芯片的一部分。当模块集成到整个芯片后，需要在全芯片的环境中对模块功能进行验证，主要包括芯片级的模块互连验证、模块关键功能验证、跨模块合作验证和跨模块性能验证等。

需要合理设计验证用例，提高模块级验证的完备性，为更高层次的验证提供好的调试保障。

6）总结与支持

在模块的各个验证阶段都需要经常对模块的前期验证工作进行复盘总结，查漏补缺。另外一项重要的工作就是对模块的 FPGA 测试或样片测试进行支持。

2．系统验证流程

图 5.7 所示为系统验证流程。

图 5.7　系统验证流程

1）需求提取

在决定立项，获取项目的研制规范后，展开验证需求的提取工作。重点关注系统相关的功能和性能定义，分解模块的细节需求以确定在模块级覆盖或在系统级覆盖；对于规范中不够详细的需求，需要获取更多的信息来进行细化；另外，有部分验证需求是由特定的系统方案引入的（如地址空间的划分、中断号的分配等），在规范文档中不会体现，需要在验证需求提取时特别关注。

2）验证规划

根据验证需求的复杂程度和项目的研发周期等，制定项目的人力、培训、服务器资源和进度等。对于项目引入的验证人员不熟悉的技术，需要提前规划好培训计划，以便验证人员能够更好地展开验证；应平衡需求复杂度、进度和人力之间的关系，如果进度要求紧，则需要投入更多人力，如果项目规模大，则需要更多的服务器资源，提前申报，以免拖延进度；验证进度与开发进度紧密联系，需要关注开发进度中是否留有足够的验证所需时间，由不充分的验证导致的迭代将花费更多时间。

3）平台搭建

在验证人员全面进入项目之前，需要准备好验证平台，以支持验证激励代码的编写。验证平台的快速搭建涉及软件编译、硬件仿真所需脚本、软硬件代码组织管理、软件代码的加载、项目的地址映射等。需要提供含有 Stub 模型的最小系统的代码，以便于在验证前期调试系统级验证平台。

4）RTL 验证

RTL 验证可分为集成验证、系统验证和验证复盘等。首先，通过集成验证清除集成连接等基本问题；然后，在系统验证阶段，对各个模块功能、系统功能，以及系统设计时引入的低功耗和 IP 测试等进行验证；最后，复盘整个 RTL 验证工作，检查验证对需求的覆盖情况。

5）网表验证

网表验证可能是系统验证与模块验证的最大区别，其目的是确保 RTL 经过综合和后端布局布线后仍能够正常工作。受限于项目时限和仿真速度，网表验证无法覆盖所有用例的时序，只能关注重点和易出问题的通路。网表验证需要筛选合适的用例，并根据仿真时间排列用例的优先级。

6）验证复盘

在项目流片后，回顾整个项目过程，对于发现的问题和解决方法等进行总结和分析，从而吸收经验，帮助后续项目少走弯路，提升团队和个人能力。

5.1.3　验证计划

需要制定一个全面的验证计划（Verification Plan），并对其进行评估，而后作为规范来遵守。由于 SoC 是由多个模块组成的一个复杂的系统级芯片，因此验证计划中不仅要有针对整个系统的验证策略，还要包括系统中每个模块的验证策略。验证计划的主要内容如下。

- 对模块和顶层的测试策略。
- 组成标准测试程序（Testbench）的各个组件的定义和规范，如 BFM、总线监视器（Bus Monitor）等。
- 验证工具和流程。
- 仿真环境的定义和搭建。
- 关键测试点。
- 验证工作结束的标准。

一个高质量的验证计划使验证工程师可以较早地开发标准测试程序环境。为此，验证工程师要与设计工程师及时沟通交流，正确和充分理解设计需求和规范，以保证验证计划的易读、易用和可重用。一个好的验证计划可以有效提高验证效率，缩短开发周期，在 SoC 开发中具有重要意义。

验证工作面临三大关键问题：验证需求（做什么）、验证规程（怎么做）、验证报告（做得怎么样）。

1．验证需求

验证需求是验证工作的起点，其需求提取是否完备将会影响验证工作的质量。模块验证和系统验证的需求侧重点有一定差别，其中模块验证的需求集中在模块内部，针对的是模块自身特性和性能等；而系统验证的需求关注模块间的交互及系统应用等。为了保证验证对需求的覆盖率，可以将验证需求划分为不同的优先级，如用 1～5 的数字表示，5 代表必需的，4 代表重要的，3 代表应该的，2 代表可能的，1 代表备忘的。优先覆盖优先级较高的需求，以保证重要功能和核心应用的质量。

2．验证规程

验证规程关注如何描述验证用例。在编写验证规程文档时，不同的验证工程师写法各异，描述的细致程度也不同。对于具体的验证用例，验证方法和验证规程是核心内容。验证规程的描述需要遵守如下要点。

- 与验证用例保持一一对应。
- 验证用例中如果调用封装函数，则其描述可以不体现寄存器基址、偏址、配置值，但需要在描述函数功能时给出函数名称，如"调用函数 Print_Pad_Config 配置打印引脚""调用函数 DDR_Init 初始化 DDR SDRAM"。
- 访问项目系统配置模块、时钟和复位、互连、存储设备等的操作，需要体现寄存器基址、配置值，如"ARM 对 DSP 核软复位控制寄存器（时钟和复位寄存器，偏址为 0x4C）写 0x1，释放 DSP 核复位""ARM 向 DDR SDRAM 0x40000000 开始的地址连续写入 100 个 32bit 的递增数，0x12345600、0x12345601、0x12345602……"。
- 如果需要通过波形观察来判断验证结果，则需要明确表述。
- 如果在验证过程中存在多个结果，或者下一个步骤执行的前提依赖于上一个步骤的正确结果，则此时需要分步描述期望结果。

下面是一个 SPI 双线模式读写环回验证的具体实例。

【验证用例名称】spi_dual_test。

【验证目的】系统通过 APB 接口可以正确访问 SPI 内部寄存器，SPI 配置双线模式可以正常与外挂模型进行数据传输。

【优先级】5。

【验证条件】系统启动正常，引脚复用功能检查通过，时钟复位信号输出正常。

【验证方法】外挂 Flash 模型与 SPI 数据传输。

【验证规程】

（1）配置 Pinmuxreg1 寄存器，选中 SPI 与 Pad 连接。

（2）配置 Enable 寄存器为 0，不使能。

（3）配置 Control 寄存器，选择传输模式为可写可读，选择单线、8bit 数据传输模式。

（4）配置 Baud 寄存器，设置时钟分频。

（5）配置 FIFO 寄存器，设置其深度。

（6）配置中断屏蔽寄存器。

（7）配置 Slave 使能寄存器为 1，使能 Slave。

（8）配置 Enable 寄存器为 1，使能 SPI。

（9）配置数据寄存器为′hb7，发送 CMD_ENTER_4BYTE。等待 Idle（空闲）状态。

（10）配置数据寄存器为′h6，发送 CMD_WRITE_ENABLE。等待 Idle 状态。

（11）配置数据寄存器为′h20，发送 CMD_SECTOR_ERASE。连续配置数据寄存器 4 次，发送 4B 地址，擦除对应地址数据。等待 Idle 状态。

（12）配置数据寄存器为′h6，发送 CMD_WRITE_ENABLE。等待 Idle 状态。

（13）配置 Enable 寄存器为 0，不使能。

（14）配置 Control 寄存器，选择双线、只发送、8bit 数据传输模式。

（15）配置 Ctrl0 寄存器，选择 32bit 地址宽度、8bit 指令宽度。

（16）配置 Enable 寄存器为 1，使能 SPI。

（17）配置 Slave 使能寄存器为 0，关闭使能。

（18）配置数据寄存器为′h22，发送 CMD_PAGE_PROGRAM_DUAL_4BYTE。配置数据寄存器发送 32bit 地址。

（19）连续配置数据寄存器 4 次，发送 4B 数据，等待 Idle 状态；重复 7 次。

（20）打开 Slave 使能寄存器。

（21）配置 Enable 寄存器为 0，SPI 不使能。

（22）配置 Control 寄存器，选择双线、只接收、32bit 数据传输模式。

（23）配置 Ctrl0 寄存器，选择 32bit 地址宽度、8bit 指令宽度，指令单线传输、地址双线传输，4 个等待周期。

（24）配置 Enable 寄存器为 1，使能 SPI。

（25）配置数据寄存器为′hbc，发送 CMD_READ_DATA_FAST_DUAL_IO_4BYTE。配置数据寄存器，发送 32bit 地址（和写地址相同）。等待 Idle 状态。读取该数据寄存器，与写数据比对，如果不一致，则输出错误。重复 7 次。

【期望结果】用例正常结束，日志文件（log 文件）无错误。

【边界条件】无。

【异常条件】无。

3．验证报告

各验证阶段任务执行完成以后，需要提交验证报告，注意使用最新发布的验证模板。验证报告包含如下内容。

- 验证版本描述及版本变更描述：对验证过程中的各个版本进行跟踪，需要认真记录每个版本的实现功能及变更情况，以便问题回溯。

- 验证结果：填写的条目要与验证规程一致。验证结果可以是本项目的验证结论或引用其他项目的验证结果。填写的结果要和实际的用例运行结果保持一致。
- 验证结果分析：主要对未验证项和验证不通过项进行分析。对于未验证项，要确认是否无法验证或是否具有其他手段（如 FPGA 测试）来覆盖以保证正确性；项目的最终验证版本中不能出现验证不通过项，如果没有合理的解释和处理，则不能结项。
- 度量指标：在验证过程中注意收集相关的数据，如需求覆盖率、代码覆盖率、验证执行效率等，如果留待报告时再去统计，则既费时又容易出现数据偏差。

5.1.4　验证平台

设计层次的提高、系统复杂性的提升都给验证增加了不少的难度。需要开发通用、自动、便捷和可控可观测的验证平台，包括 IP 模块单独验证平台和 SoC 系统验证平台，其中 IP 模块单独验证平台主要验证 IP 模块是否满足规范，而 SoC 系统验证平台主要验证模块的互连和模块间的交互。如果 IP 模块单独验证平台的仿真模式能够完全或部分被 SoC 系统验证平台重用，则可以大大节约平台开发时间，从而最终提高验证效率。

使用 SoC 通用验证平台有效降低了验证人员和设计人员的工作量，极大限度地提高了验证效率。一个通用的验证平台，既可以进行模块级验证，又可以进行芯片级验证，并且支持从行为级一直到物理级的验证，其优势如下。
- 解决了 IP 集成时多个 IP 协同验证的问题。
- 克服了传统验证方法中测试程序只能串行控制各个模块的缺点。
- 建立了一个统一的可配置的系统测试环境，不需要为每个 IP 建立各自的测试环境，提高了验证代码的可重用性。
- 不仅可以验证 RTL IP，还可以验证行为级和门级的 IP。
- 综合使用了直接（定向）验证、约束随机验证、形式化属性验证和覆盖驱动验证等多种验证方法和手段，使验证更直观、效率更高。

1. 自动化回归

自动化回归是指用例回归的自动化技术。通过用例编写规范、流程设计和仿真脚本优化等手段来实现用例回归的自动化，以解决用例回归耗时长、回归情况统计效率低等问题。

验证自动化回归流程如图 5.8 所示。

项目组一般需要设置专门的服务器以用于自动化回归验证用例。当调试完成的用例被上传后，专用服务器更新最新用例，同时硬件代码更新到指定版本，从而定时自动化回归验证用例。

当运行自动化回归用例时，为加快仿真速度，一般不记录（Dump）仿真波形。所有验证用例完成回归后，由脚本自动统计用例回归情况，并将统计结果显示在指定表格中。平台自动收集失败用例的种子，将表格中回归失败的用例按照收集的种子重新仿真并记录仿真波形，并通知相关验证负责人进行用例失败分析。

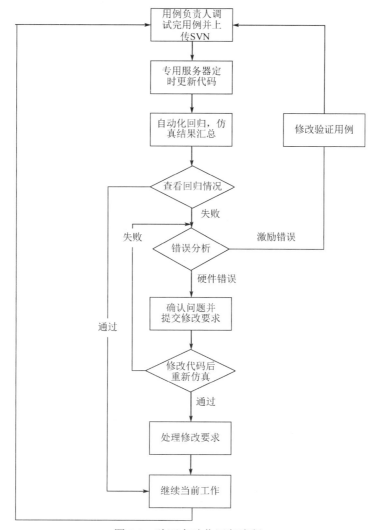

图 5.8　验证自动化回归流程

2．验证自动化对平台的要求

验证自动化对平台的要求如下。

- 统一环境、统一设置、统一硬件代码。
- 支持用例串并联结合仿真。
- 支持自动仿真结果汇总，统计用例通过情况。
- 支持超时强制结束机制。
- 支持定时启动仿真。
- 支持代码、验证平台自动更新。
- 定义并实现基本公共函数（PLL 初始化、DDRSDRAM 初始化、打印函数、超时函数、中断初始化函数、DMA 函数、用例结束函数），定义公共变量（系统基址、中断、DMA 等），并保持项目间的一致性，方便用例的移植。
- 支持 BFM 模型和 RTL 代码快速切换配置。

3. 验证自动化对用例的要求

验证自动化对用例的要求如下。

- 支持用例自动结束功能（调用平台公共函数）。
- 支持用例仿真结束后自动对结果进行判断，不允许出现依靠观察波形判断结果的用例。
- 仿真结果比对后调用平台公共的结果输出函数。
- 直接调用平台中已定义的公共函数，不允许重新实现。
- 用例中需要增加异常处理机制，调用超时强制结束函数。
- 验证用例内容全部实现，不允许修改 Testbench。
- 中断、模块基址、公共函数调用平台，全部预先定义。

5.1.5　验证层次

层次化的验证方法是指将验证步骤分层进行，其目的是在保证验证质量的前提下，提高验证效率。SoC 验证分为模块级验证、芯片级验证及门级网表验证。

模块级验证就是对 SoC 系统中某个模块或 IP 进行单独的验证，其目标是要达到足够高的功能覆盖率，使得当模块集成到整个芯片中时不会带来任何模块本身的功能错误，否则芯片级验证将变得非常困难。

当单个模块被验证完毕之后，就可以被集成到子系统或芯片中去验证。在芯片级可能包含其他已被验证过的模块，所以验证主要侧重于模块间接口和交互的验证，通过模拟芯片运行的真实应用环境来测试系统运行状况是否与设计规范要求相符合。

每个层次的验证又可以分层，彼此紧密衔接。例如，考虑一个三层的层次化验证。第一层注重接口协议，第二层测试随机产生的大量事务序列，第三层则验证特定的逻辑功能。

基于总线的模块级验证，第一层主要关注物理总线接口，通过直接测试检查所有不同的总线周期运行是否正确，以确保不会违背总线协议。在第二层测试中，将独立的总线事务操作按照某种顺序组合起来，构成一个或多个事务序列，采用随机测试技术，通过对大量不同的事务序列的测试来获得更高的功能覆盖率。第三层测试的目的是测试特定的应用逻辑功能，使设计变得稳定，从而提高设计的健壮性。

在芯片级验证时，第一层测试主要检测模块连接是否正确，芯片中所有的模块接口是否符合总线协议。第二层测试主要检测各模块间交互是否正确，第三层则是对特定逻辑功能的测试，以覆盖芯片更多的模块和更多的应用场景。

门级网表验证则侧重于时序验证。

层次化的验证方法将大大提高验证环境的执行效率，可以更快地发现每个验证级别的问题，并且通过使用随机测试技术，可以在很短时间内获得更高的功能覆盖率，从而可以达到有效缩短验证周期的目的。

5.1.6　验证质量管控

验证质量决定了芯片设计的成败。在整个验证流程中的各个阶段需要通过各种方法对验证的实施和完成情况进行一系列的检查，梳理验证过程和覆盖情况，补充验证中缺失的部分和改进不完善的部分。同时，验证工程师可以进一步了解系统其他模块的内容，互相借鉴优秀的验证方法等。

对验证质量进行检查的举措包括组内互查、同行评审、审查和验证复盘等。

1. 组内互查

项目验证组内的验证工程师对项目的系统设计情况都比较了解，可以子系统为单元划分成不同小组，在各自承担验证任务的同时，通过组内互查，相互提出一些修改、完善或补充的建议，提高验证的覆盖和实施质量，通过交流也可以学习和借鉴别人的经验和方法。

组内互查可以贯穿于整个验证过程，同一组内互查结束后，如果需要还可以在不同小组间组合出其他互查小组，以进一步加深对系统的了解，发挥所有组员的能力，提升验证质量和验证能力。

组内互查至少需要覆盖以下内容，如表 5.1 所示，可以根据项目的具体情况添加。

表 5.1　组内互查检查单

互查项
Master（主设备）的访问通路验证是否已完成？
各个设备中断和 DMA 的集成通路验证是否已完成？
各个设备时钟复位的集成通路验证是否已完成？
各个设备总线接口的集成通路验证是否已完成？
各个设备工作接口的集成通路验证是否已完成？
各个设备可支持的系统不同应用模式的验证是否已完成？
各个设备可支持的不同外部器件的验证是否已完成？
各电源域的基本上电、掉电验证是否已完成？
各个设备自身的低功耗设计验证是否已完成？
验证用例是否已经达到对系统需求、验证需求的完全覆盖，无法覆盖的是否能给出合理解释？
DFT 验证是否已经完成？
验证用例是否已经完全稳定，能够实现快速回归、自动化，满足 100% RTL 阶段快速回归的要求？
是否完成拷机测试和压力测试？
验证用例是否有明确的优先级准则？根据版本变更情况及波形分析能否迅速完成并启动相应用例筛选和回归策略，实现快速回归？
系统方案是否经提供了系统的时钟频率组合场景（内核、矩阵、工作时钟）？是否有相关用例对要求的时钟组合进行了覆盖？
编译、仿真日志文件中是否包含不能解释的警告（Warning）？
有 Pad 接口的设备是否已经覆盖了相关的 Pad？
IP 与系统集成接口、SoC 与业务模块的接口信号是否 100% 转换（如未达到 100% 可解释）？
系统级功能覆盖率是否达到 100%？
验证过程中发现的所有问题（表格记录）是否已经解决，EC 系统是否已经全部关闭？
验证规程、验证报告是否已经完成？验证规程的描述与用例是否完全一致？

2．同行评审

同行评审是指将验证的工作产品在本项目内或其他项目上有经验的验证工程师间进行讲解和论证，讨论工作产品的正确性，听取其他工程师的改进建议等。同行评审分为项目内同行评审、项目间同行评审或以上两种结合同时进行评审。

验证过程的重要工作产品必须进行同行评审，如验证需求提取、验证用例规划、验证规程编写、验证报告输出等。系统工程师需要全面参与，帮助从系统的角度提出验证需要覆盖的场景等建议。

同行评审应遵循一定的流程，可参考图 5.9。

图 5.9 同行评审流程

3．审查

审查（Review）是指阶段性地回顾和检查，其目的是确认该阶段所做工作是否符合预期，实施过程是否规范合理等，如验证是否与系统需求紧密结合，是否得到有效执行；所遇问题和解决方法是否合理，是否存在值得共享的经验和教训，是否遗留有待解决的问题。对于同一个阶段，可以组织针对不同方向的审查，如针对低功耗验证的审查、针对场景验证的审查、针对集成验证的审查等。整个项目除完成阶段性的审查外，还要进行整体审查，以检查最终的验证覆盖与最终的系统需求和实现是否符合和统一。审查的实施通常采用会议的形式，由相关责任人对所做工作进行讲解，其他参会人员对过程和细节进行提问。

4．验证复盘

验证复盘的目的是梳理验证流程，总结使用的新技术和获得的效果，总结验证过程中发现的缺陷及采取的解决措施和修改建议，输出总结文档，为其他项目和后续项目验证提供参考和借鉴。

项目验证过程中通常会进行 RTL 验证复盘和网表验证复盘。RTL 验证复盘在 RTL 验证结束和网表验证开始前进行，注重查漏补缺，提升质量。网表验证复盘在项目流片前进行，注重经验教训总结，提升验证水平。

5.2 IP 和模块级验证

SoC 由一系列模块组成。模块可能是自己开发的，也可能是重用的第三方 IP。不论哪种情况，在系统集成前都必须进行 IP 验证工作。

基于 IP 的 SoC 设计，其验证通常占整个项目生命周期的 50% 以上，并且在多个阶段完成。从验证基本的 IP 和模块，到验证子系统，最后验证整个 SoC。

5.2.1 IP 验证

1. IP 复用

IP 是指芯片中具有独立功能的电路模块的成熟设计。在电路模块设计的三个不同阶段，可以得到不同类型的 IP，分别称为软化 IP、固化 IP 和硬化 IP。由软化到固化，再到硬化，IP 的可配置性和灵活性变小，但完善性提高，复用风险性降低。

利用已有的、成熟的 IP 进行芯片设计的过程称为 IP 复用。芯片设计公司购买 IP 厂商的 IP，通过 IP 复用可以快速设计出功能复杂的芯片，节约设计时间，提高芯片设计成功率。

一般来说，一个复杂芯片由自主开发的电路部分（自主设计部分）和多个外购 IP 集成而成，如图 5.10 所示。通常芯片设计公司可以外购芯片中绝大多数 IP，仅设计芯片中拥有自主产权的特定功能部分。

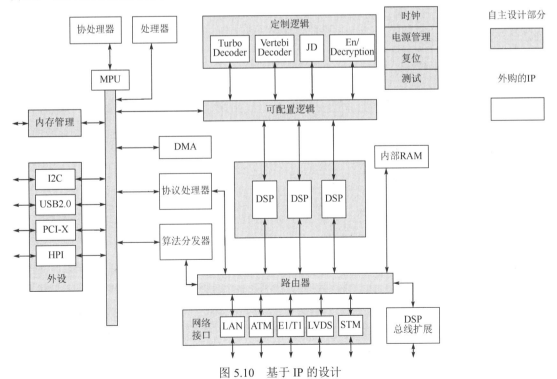

图 5.10　基于 IP 的设计

当购买 IP 时，需要评估下列内容。

- IP 是否满足所有功能要求？
- IP 是否满足 PPA（性能、功耗和面积）要求？
- IP 是否足够成熟？
- IP 是否通过必需的认证（Certificate）？

2．IP 自研

内部开发核心 IP 可以使产品与众不同，如对于基带芯片，如果内部开发处理器架构和实现、射频系统、电源管理模块等，将使产品与市场上的竞争对手区分开来。

但对于 USB、MIPI 等通用 IP，标准单元库、I/O 单元库等，通常直接外购，因为它们不但容易获得，而且已经在测试芯片或其他客户芯片上通过了验证。

自研 IP 一般使用理想的时钟和复位。

3．IP 验证

外购 IP 或自研 IP，都需要通过验证才能在芯片中使用。外购 IP 一般会单独建立验证环境，利用 IP 供应商提供的测试向量进行验证，自研 IP 则使用白盒验证手段。

IP 验证主要包括以下方面。

（1）代码检查。

代码检查主要包括代码静态分析、链接检查和软性检查等，以检查代码语法、可综合性、可维护性和可移植性等。

（2）规范模型检查。

规范模型检查（Formal Model Checking）主要进行设计特征遗漏性检查，以在早期发现错误。规范模型检查通过设计文档非正式说明、与设计者非正式沟通等途径抽取特征疑问，逐一验证，消除缺陷。

（3）功能验证。

一般利用基准测试向量基于事件或基于周期进行功能验证（Functional Verification），可以利用黑盒测试、白盒测试和灰盒测试等手段。从白盒的角度对模块进行验证，验证重点为模块所有可能的接口时序、模块所有的配置和状态寄存器、模块输入的各种数据结构域段、关键代码结构（RAM/多比特计数器/定时信号/FIFO 缓冲器/握手信号）、性能、异常处理（代码健壮性）等。

（4）协议检查。

协议检查（Protocol Checking）主要验证是否违反总线协议或模块互连约定，按照协议逐一检查并比较结果。

（5）随机测试。

随机测试（Random Testing）通过随机产生数据、地址、控制等信号检查功能正确性，减少模拟仿真工作量。

（6）代码覆盖率分析。

代码覆盖率分析主要对 RTL 代码的行、条件分支、状态机跳转等进行统计分析，使其覆盖率达到 100%（包含解析过的不可覆盖的部分），以提高设计可信度。

4．IP 验证平台

在进行 IP 验证以前，需要搭建一个 IP 验证平台，用于验证 IP 是否符合规范。虽然外购 IP 会提供验证环境，但也可以根据需要自行搭建验证平台。由于绝大部分 IP 都与总线直接相连，故在 IP 验证平台搭建时多采用 BFM，基于总线的 IP 验证平台如图 5.11 所示。该验证平台中不直接使用激励，这样一方面可以提高验证的可重用性，另一方面此时 DUT 与总线的连接更接近于实际芯片，其仿真结果与实际情况更相似。为了提高可重用性，将 BFM 分解成一个个小任务模型，以方便仿真模型和监视器调用。

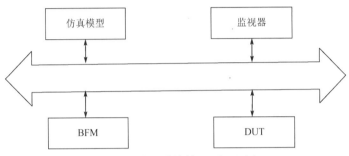

图 5.11　基于总线的 IP 验证平台

5．验证 IP

与设计 IP 类似，验证 IP（Verification IP）是预定义的功能块，可以插入验证平台。作为实际设计 IP 的仿真模型，验证 IP 可以帮助进行所有层级的验证。

验证 IP 根据协议规范的细节来验证设计，生成全面的测试激励、验证不同的接口及标准总线协议、缩短 SoC 验证时间和提高验证覆盖率。验证 IP 包含可重用的验证组件库和预定义的功能块，包括验证用例、驱动程序、配置组件、特定接口的验证计划，以及验证平台中必要的验证组件。这些验证 IP 通常是可配置的并易于集成到不同的验证环境中，以适应不同的语言和方法（OVM、UVM）。

验证 IP 的最佳来源是专注于开发和授权验证 IP 的供应商，他们通常有更广泛的产品和更好的支持，而且并不要求验证 IP 来自提供仿真平台的同一个供应商。在设计过程中，可以选择自研验证 IP 或外购验证 IP。

5.2.2　模块级验证

使用 IP 会增大芯片成本，但可以降低系统成本。大多数 SoC 设计都有一个标准的微处理器和许多标准化的系统功能，因此设计一次后就可以在多个设计中重复使用。大型 SoC 设计的验证通常占整个项目生命周期的 50%以上，并且在多个阶段完成，从验证较小的逻辑模块，到在子系统级别验证一组逻辑组件，最后验证整个 SoC。

芯片中使用的多个 IP，可能来自不同的供应商，其接口命名和协议等存在差异；时钟、复位和测试电路不一定符合特定芯片的要求；多个 IP 可能需要组合起来使用和实现。所以，一般需要添加额外的硬件，形成统一规范的模块，才能将多个 IP 高效和准确地集成到 SoC 上。

在 IP 或功能核心逻辑基础上形成模块时，会添加相关的接口、集成模块（Integration Block）和测试电路，因此模块级验证必须包含模块接口、集成模块、时序和测试功能的验证。

模块级验证一般属于白盒验证或偏白盒的灰盒验证。不管是接口还是具体功能，都会随着设计思路有所改变，不断完善。

模块接口验证主要包括寄存器总线、数据总线、客制化总线和其他 I/O 接口的验证。集成模块验证包含内部时钟和复位生成电路、时钟门控、模块本地 DMA 和中断、模块级引脚复用、DFT 相关电路（MBIST、EDT、OCC）、内部互连（桥、总线）和低功耗控制等逻辑的验证。需要在模块级进行 CDC 验证，以确认跨时钟域设计的正确性。

在设计的不同阶段，利用模块的不同模型和描述，可以方便和加快相关验证。常用的模块模型有 BFM、RTL 和网表。图 5.12（a）所示模型仅包括时钟、复位和总线信号，用于互连验证；图 5.12（b）中 RTL 代码用于功能验证，但缺失 DFT 和低功耗等相关接口；图 5.12（c）中网表则用于门级仿真和 DFT 仿真。

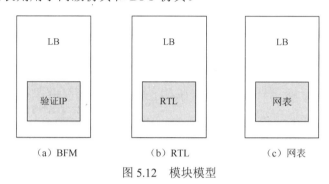

（a）BFM　　　　　　（b）RTL　　　　　　（c）网表

图 5.12　模块模型

建立专门的验证环境，按流程完备而独立地进行模块级的功能和性能的验证。但是某些与模块相关的芯片功能可能无法被独立的模块级验证覆盖，如与其他模块的交互功能，这就需要在子系统或芯片级来覆盖。

模块级验证可细分为两个层次：模块验证和子系统验证。不过两种是否都需要，取决于模块的特点和需求。

1．模块验证

模块验证的重点在于自身功能验证，需要验证模块的 I/O 接口、复位值、寄存器访问、中断（产生、查询、清除）、工作模式、状态机跳转、FIFO 操作、计数器运作、存储器操作，以及其他功能和性能。

模块验证以模块的规范和协议为基础，从特性中提取验证需求，设计验证用例，并根据验证的开展进行增补。验证需求通常可分为接口验证需求、复位特性验证需求、基本功能验证需求和基本性能验证需求。针对每一种需求，可以设计出若干验证用例，并设置验证优先级。模块验证需求分类和提取示例如表 5.2 所示。

表 5.2　模块验证需求分类和提取示例

需求分类	特性描述	需求描述	优先级
接口验证需求： 验证对象顶层各接口（输入接口、双向接口、输出接口）功能及时序的验证需求	支持通过 APB Slave 接口进行配置	可通过 APB Slave 接口读写模块的配置寄存器，对于错误的 APB 访问操作，模块能够忽略	5

续表

需求分类	特性描述	需求描述	优先级
	支持通过 64bit AXI Master 接口读写 DDR 中的图像数据	模块可通过 64 bit AXI Master 接口正确读写 DDR 中的图像数据，对符合 AXI 协议的各类延迟及总线报错行为能进行正确处理	5
	支持 4 级 Outstanding 传输	可连续发出 4 级 AXI 读写命令并正常工作，当 AXI Slave 回应能力低于 4 级时，需要正确配合 Slave 进行等待	5
	不支持乱序传输	不能发起 AXI 乱序传输，无须进行 AXI 协议的乱序传输验证	5
复位特性验证需求： 验证对象的复位特性（复位期间及复位释放后的输出引脚初始状态、关键存储空间和寄存器初始值）验证需求	复位使能正确	模块复位后寄存器和存储空间状态正确	5
基本功能验证需求： 基本功能验证按模块划分，必须覆盖验证功能点：①模块所有寄存器；②模块所有接口；③模块时钟和复位，若使用多时钟，则需要验证设计允许的时钟关系，如接口时钟频率大于或等于或小于工作时钟频率。复位验证还包括复位初始值验证和模块过程中的复位验证；④主设备的数据通路能访问系统划分和未划分的空间；⑤其他基本功能验证；⑥模块异常情况	支持 APB 时钟自动门控	可在 APB 接口空闲时期自动关闭模块内部 APB 时钟域内的寄存器时钟，并能在总线再次开始工作后正确提供时钟	5
	支持 AXI 总线时钟自动门控	可在 AXI 空闲时期自动关闭模块内部 AXI 时钟域内的寄存器时钟，并能在总线再次开始工作后正确提供时钟	5
	支持系统中断请求	在事件完成后能够正确发出中断信号以触发系统中断	5
	其他功能特性		5、4、3
基本性能验证需求： 验证对象的一些基本性能指标（除可靠性、电气性能、机械性能等）相关的验证需求，需要考虑但不限于如下内容：满负载、极限业务流量、激活所有硬件资源、边界条件等	支持工作时钟最高 100MHz		5、4、3

模块验证能够覆盖的特性绝对不应该提升到上一级去覆盖，理论上功能覆盖率应达到 100%，代码覆盖率达到 95% 以上，并通过预先设定的验证清单。如果一些验证无法完成，或者耗时太久失去价值，则需要结合项目的具体情况，寻找其他合适的解决方案。

2．子系统验证

一些单一模块可实现某些特定功能，也有一些模块只是某个功能模块的一部分，需要集成到子系统中才能实现完整功能，如处理器子系统、多媒体子系统、安全子系统等。子系统验证侧重点是子系统的时钟和复位逻辑、互连、DMA 操作、工作模式和复杂场景应用。验证完成后，芯片缺陷趋于收敛，覆盖率达到 100%，通过预先设定的验证清单。

以处理器子系统为例，其组件有多种来源，外购的、工具生成的、自研的、购买后二次开发的。对于外购的及工具生成的组件，并不需要验证其内部功能（由厂商保证），但需要关注与其他组件的协作和交互；对于自研及进行过二次开发的组件需要重点验证，如子系统中的时钟和复位模块等。结合处理器子系统的系统特性，验证需求可分为以下方面。

（1）启动：目的是验证 CPU 是否能够正常启动。启动方式可分为外部内存启动、内部 TCM 启动等，还可以细分为低地址启动和高地址启动，有时还存在外部启动内部执行的情况。

（2）时钟和复位：验证时钟和复位模块提供的时钟、复位是否满足处理器子系统的工作要求；时钟的分频和关断、复位的进入和释放等是否满足设计期望。

（3）总线接口：处理器子系统的总线接口通常有多个主设备接口和单个从设备接口。需要验证各个总线接口是否能够与外部组件进行正常的数据交互，如取指令、访问内存等。此外，对总线接口的一些特性进行覆盖，如总线的位宽（Size）、突发长度、缓存属性等。

（4）互连矩阵：一般为工具自动生成，不需要关注其内部实现，但仍需要关注与其他组件的交互，如经过该矩阵的各个通路是否能够正常访问，地址分配是否正常等。

（5）低功耗：低功耗验证是处理器模块验证的重点及难点。需要覆盖的验证内容包括处理器内核的低功耗、L2 缓存的低功耗、总线的低功耗，以及各个组件的时钟门控。关注是否能够正常进入低功耗状态；进入低功耗状态后，各个时钟是否按期望关闭；是否能够正常退出低功耗状态等。

（6）中断：这是一个验证重点，需要验证中断模式、中断触发（边沿或电平）、中断屏蔽、中断嵌套、中断优先级、中断处理等。

（7）子系统中 IP：子系统内部除互连矩阵外的各个模块，如处理器、缓存控制器、时钟和复位模块、中断处理模块等。其中对于进行过二次开发的处理器部分及其他涉及的内容要详细验证；重点验证改版过的缓存控制器，如 TCM 使能、访问、位宽转换、多端口功能、地址过滤、中断、按路缓存锁定（Lockdown by Way）、按行缓存锁定（Lockdown by Line）、缓存维护和属性、MBIST 等。验证时钟和复位逻辑内部所有寄存器的复位值和读写测试等。

（8）配置：处理器子系统内存在多个外购 IP，用户会根据具体需求进行配置。验证时要保证各个 IP 的配置和项目要求一致。

（9）调试：验证 JTAG 或其他协议的调试通路是否正常。

（10）性能测试相关：Bench Mark 的测试，如 Dhry、Coremark；功耗测试，如最大功耗测试。

（11）其他需要关注的功能。

5.3　系统级验证

SoC 由多个模块或子系统组成，芯片规格文档定义了明确的接口和功能。系统级验证是指在子系统或芯片层次验证各模块或子系统的协同工作，包括如下内容。

- 各个模块及子系统的互连性。
- 芯片接口。

- 芯片管理功能。
- 应用场景。
- 低功耗设计。

系统级验证需求提取来自项目用户需求、系统方案和研制规范等，通常可分为三个层次：驱动层、管理层和应用层。

1）驱动层验证

驱动层验证的内容如下。

（1）互连性验证。

SoC 芯片各模块主要通过总线相连，需要根据设计文档，验证相关模块之间的互连性，包括总线接口、总线协议等。

验证安全内容有无不当的访问或输出路径，确认禁止访问路径的有效性。

（2）配置功能验证。

根据寄存器地址映射（Register Address Map），通过寄存器总线和数据总线可以访问各个模块内部的寄存器。所有寄存器具有统一编址，可以是只读、只写和读写皆可等类型，其中寄存器段或位可以根据需要单独访问。复位后寄存器大多有确定的默认值。

需要根据设计文档，验证寄存器的可访问性和默认值，确认某些与安全相关的寄存器不会被意外访问。

（3）中断功能验证。

需要验证中断触发、中断屏蔽、中断优先级、中断产生和中断处理等有关功能。

（4）DMA 功能验证。

需要验证 DMA 连接，所有通道的请求、传输和中断等操作。

（5）功能模型验证。

多种功能模型可以用于 SoC 集成和验证，需要验证其正确性和有效性。

（6）芯片外设接口。

需要验证处理器和外设之间的通信功能，涉及外设模块内部 DMA、中断、FIFO 缓冲器及系统 DMA 和处理器的通信。

2）管理层验证

管理层验证主要关注时钟、复位、芯片启动、引脚复用、GPIO 功能和低功耗设计功能。

- 时钟：验证时钟分频电路、转换电路和门控电路。
- 复位：验证各种复位源、复位同步电路。确认复位的进入和释放满足设计期望。
- 芯片启动：芯片可能有多个启动源，需要运行不同的启动代码，验证相应的启动过程。
- 引脚复用：验证功能模式下的引脚复用和测试模式下的引脚复用。
- GPIO 功能：验证 GPIO 输入通道、输出通道及输出使能。
- 低功耗设计功能：一是电源管理的功能验证，包括验证系统电源管理机制、芯片上电及掉电过程，确保正确的上电顺序和掉电顺序，以及开机/关机所需时间；验证电源状态的变化对模块功能的影响，以及断电的隔离值对系统的影响等。二是睡眠唤醒功能的验证，即验证芯片进入睡眠状态及从睡眠状态中唤醒的机制。

3）应用层验证

应用层验证主要有系统的工作模式、代码软硬件协同、复杂应用场景、关键系统路径覆盖、性能测试、压力测试、低功耗场景等方面的验证，关注多模块工作的协同性、并发性和真实性。

- 用例验证：系统能否正确执行定义的任务，是否从单个任务开始并扩展到多个并发任务。
- 性能测试：在最坏的情况下，系统是否在不丢失保真度、丢失数据或其他可能导致系统功能意外降级的情况下运行。
- 压力测试：当多个随机任务发起时，系统能否处理并发任务、保持数据一致性、处理多个中断、保持数据完整性。这种类型的验证也可用于芯片的功率和热分析。

系统级验证需要特别关注很多设计中的风险区，如共享资源的访问冲突、独立验证的子系统之间的交互引起的复杂性、多核系统的缓存一致性、中断连接和优先级机制、仲裁优先级相关问题和访问死锁、软硬件协同、异常处理；多个复位和时钟域、多电源域、跨时钟域。对于系统需求中的某些特性，验证可不遍历，只要覆盖边界和典型值即可，此时验证需求的提取需要实事求是，在文档中需要明确描述覆盖情况。某些需求不适合 RTL 验证，如受限于验证时间或资源的需求，需要说明原因并给出建议，以保证可以通过其他方法验证。

4）健全性验证

运行少量验证用例，确认验证平台、环境、接口等基本构件工作正常，这种验证被称为健全性验证（Sanity Check）。

5.4 门级验证

门级网表是基础单元，如标准单元（Standard Cell）和存储单元（SRAM Cell）之间连线的列表，可以指综合网表（不带时钟树）、DFT 网表和 PR 网表（带时钟树）。

综合网表是在 RTL 功能验证完成后，RTL 代码经综合而生成的门级网表，只实现了门级的逻辑连接，并非实际芯片的物理实现。DFT 网表是为检测芯片生产制造缺陷，在综合网表的基础上增加了 DFT 后形成的网表，包括扫描链、MBIST、LBIST 等。

PR 网表是布局布线后的网表，即完成布局（Placement）、时钟树综合（CTS）、布线（Routing）、低功耗设计后的网表，其功能和时序特性最接近实际芯片。

需要指出，门级网表中基础单元的行为由各自的仿真模型来体现，独立于门级网表而存在。门级网表包含了设计的逻辑信息，而时序信息包含在标准延迟格式（Standard Delay Format，SDF）文件中，包括布局布线后电路的线延迟、器件延迟和 I/O 引脚延迟等。

门级网表与相关延迟信息的结合能够提供较为接近真正物理实现的模型，针对该模型的验证称为网表验证。网表验证包括形式验证（Formal Verification，FV）、静态时序分析（STA）和门级仿真（Gate Level Simulation，GLS）。

形式验证被广泛应用于从 RTL 到综合、DFT、低功耗设计，以及物理实现的各个不同阶段，用于验证不同设计层次之间的功能一致性，如 RTL 代码在综合后的网表、插入 DFT 前后的网表，以及门级实现之间是否等价，如图 5.13 所示。

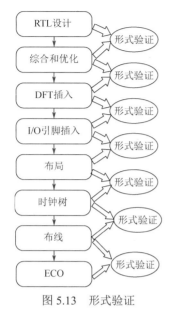

图 5.13　形式验证

静态时序分析利用时序分析工具，对带有延迟信息的网表进行全面完整的时序检查，以确保时序收敛。门级仿真与 RTL 仿真相对应。在进行 DFT、布局布线等物理实现生成网表之后，还需要进行基于 SDF 文件的门级网表仿真，以验证物理实现后的功能正确性。

理论上采用形式验证方法以保证门级网表在逻辑功能上与 RTL 相一致，静态时序分析则保证门级网表时序的正确性。对于全同步的设计甚至可以不进行门级仿真，对于存在异步电路的设计，只需要进行较少的门级仿真，重点关注异步时序部分。

后仿真处于投片前的冲刺阶段，往往进度要求很紧张，必须在较短时间内达到预期目的。网表、SDF 文件一般都很大，上千万个门级电路规模的网表和 SDF 文件一般会在吉字节量级，其仿真十分消耗服务器内存和硬盘空间。编译和仿真耗时，问题定位需要多次执行用例；网表可读性差，这些对定位问题造成困难和不便。后仿真用例规划不能太多，同时要尽量覆盖较全的路径，因此用例场景的设计、执行时间的控制都需要仔细规划。

后仿真关注的重点不是模块功能而是时序，因此没有必要进行模块功能的详细验证，其验证需求提取及验证策略需要考虑主要和典型的场景；关注跨时钟域设计、时钟转换；结合仿真时间、项目节点、工作站资源配置等因素来考虑用例构造；用例需要在 RTL 验证环境中通过，需要区分优先级，如系统高于子系统、典型场景高于极端场景。

1. 延迟模型

每个信号在通过元件时都存在延迟。延迟计算是逻辑仿真的重要功能，常用的延迟模型如下。

（1）零延迟模型。

零延迟模型的传输延迟为 0，不能处理反馈信号，可检验组合逻辑正确性，不便于处理异步时序电路。

（2）单位延迟模型。

电路中所有元件的延迟都赋予相同的值，并取值为 1，称为单位延迟模型。随着引入功能模块作为元件（延迟差别较大），单位延迟模型的延迟与简单门延迟相差甚远，不能正确体现时序关系，目前已经很少使用。

（3）标准延迟模型。

标准延迟模型根据元件特性给定一个标准延迟值，由于未考虑同类元件的分散性，因此与真实情况仍有差别。

（4）上升/下降延迟模型。

上升/下降延迟模型区分信号上升沿/下降沿的不同延迟时间，可以更加精确地反映实际情况。

（5）模糊延迟模型。

为反映参数的分布性，给出延迟时间的范围，期间信号值不定（用 X 表示），称为模糊延迟模型。模糊延迟模型适用于小规模电路的精确仿真，也称为最坏情况仿真。

（6）惯性延迟与传输延迟模型。

当元件的输入信号宽度太小时，大多数元件的输出端可能得不到响应，此延迟特性称为惯性延迟（Inertial Delay）特性。与此对应，任何宽度的脉冲波形都能传输到输出端的延迟特性称为传输延迟（Transport Delay）特性，其输出端可响应输入端的微小变化。

2. 门级仿真

时序验证中的门级仿真，除功能验证外，最主要的是检查时序要求是否满足，是否存在时序违例。

门级仿真可分为两种，一种是不带时序反标（Back-annotation）的门级仿真，另一种是带时序反标的门级仿真，即布局布线之后的仿真，也称后仿真。

（1）零延迟仿真。

零延迟仿真用于调试仿真平台，挑选验证用例，检验网表是否存在问题。综合后的网表就可以进行零延迟仿真，因为在布局布线之前，所以也称为前仿真，此时保持时间还没有收敛，所以存在不少时序违例。零延迟仿真将极大提高仿真效率，但是经常会引入竞争和零延迟死循环。例如，图 5.14 中的时钟路径本来有一些组合逻辑，但仿真运行在零延迟模式，可能会发生竞争，导致 FF2 处的数据可能在同一时钟沿被锁存。为此，可以在 FF1 的输出端添加一个单位延迟以延迟 FF1 输出，这样从 FF1 输出的数据将在下一个时钟沿锁存到 FF2。

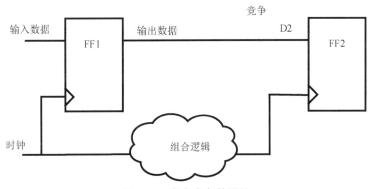

图 5.14　存在竞争的设计

（2）单位延迟仿真。

所有门延迟都固定为同一个值，如 1ps。在图 5.14 中，如果时钟路径中的组合逻辑有多级，那么从 FF1 输出的数据将在下一个时钟沿锁存到 FF2。

（3）SDF 文件仿真。

在布局布线完成以后可以提供一个时序仿真模型，里面包括器件的一些时序信息，如延迟信息和时序检查时间等，一般都使用标准的 SDF 格式。将时序信息标注到电路网表上是一个回溯的过程，所以称为反标。

后仿真也称为布局布线后仿真或时序仿真，是指提取有关的器件延迟、线延迟等时序参数，并在此基础上进行的仿真，是非常接近真实器件运行情况的仿真。

一般后端设计团队会提供至少三个角的 SDF 文件供门级仿真，分别是 fast.sdf、typical.sdf 和 slow.sdf，刚开始一般先使用 typical.sdf。

3. 时序检查

同步电路中的数据通过时钟沿采样传输，这就要求信号与时钟、信号与信号之间满足一定的时序关系，对相关时序关系的检查称为时序检查。Verilog 自带相关的系统任务，如 $setup、$hold、$setuphold 等；SDF 文件中存在对应的时序检查语句，用于提供实际网表的时序约束参数。

常见的时序检查类型有 setup 检查、hold 检查、setuphold 检查、recovery 检查、removal 检查、recrem 检查、skew 检查、width 检查、period 检查、nochange 检查。

（1）setup 检查。

setup 检查用于检查数据是否满足建立时间的要求。图 5.15 中①表示要检查的事件，②表示参考事件，③表示时序检查约束，即建立时间最小值，该值必须大于或等于 0。该时序检查可理解为在 CLK 上升沿之前，din 信号至少要保持在建立时间之内不变，否则就存在 setup 时序违规。

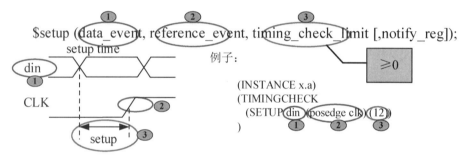

图 5.15　setup 系统任务及时序检查示意图

（2）hold 检查。

hold 检查用于检查数据是否满足保持时间的要求。hold 的含义是数据在参考事件之后保持稳定的时间，且该时间必须大于或等于 0。hold 系统任务及时序检查示意图如图 5.16 所示。

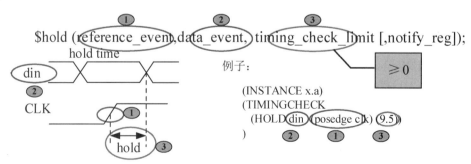

图 5.16　hold 系统任务及时序检查示意图

（3）setuphold 检查。

setuphold 检查用于同时检查 setup 和 hold 时序。当进行 setuphold 检查时，setup 或 hold 可以为负值，但两个数相加必须大于 0。setuphold 系统任务及时序检查示意图如图 11.7 所示。

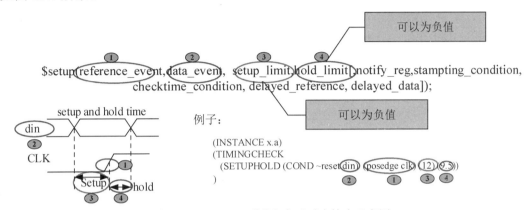

图 5.17　setuphold 系统任务及时序检查示意图

（4）recovery 检查。

recovery 检查用于检查异步复位信号的释放与时钟沿的关系，是对异步复位信号在时钟沿之前的时间限制，recovery 必须大于或等于 0。recovery 系统任务及时序检查示意图如图 5.18 所示。

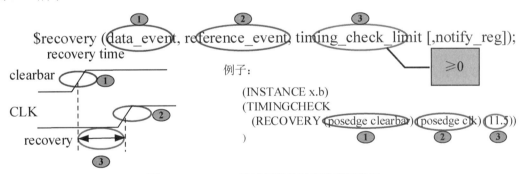

图 5.18　recovery 系统任务及时序检查示意图

（5）removal 检查。

removal 检查用于检查异步复位信号的释放与时钟沿的关系，是对异步复位信号在时钟沿之后的时间限制，removal 必须大于或等于 0。removal 系统任务及时序检查示意图如图 5.19 所示。

（6）recrem 检查。

recrem 检查将 recovery 和 removal 放在一起检查，与 setuphold 检查类似。当进行 recrem 检查时，recovery 或 removal 可以为负值，但两个数相加必须大于 0。recrem 系统任务及时序检查示意图如图 5.20 所示。

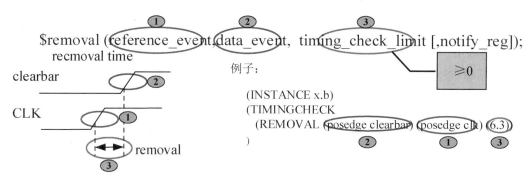

图 5.19　removal 系统任务及时序检查示意图

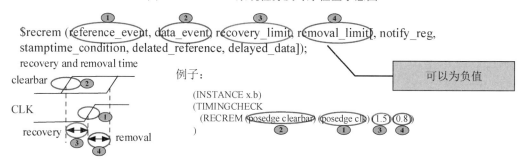

图 5.20　recrem 系统任务及时序检查示意图

（7）skew 检查。

skew 检查用于检查两个信号事件之间的最大延迟，当超过限制时会产生时序违规。skew 系统任务及时序检查示意图如图 5.21 所示。

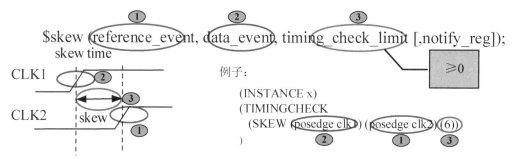

图 5.21　skew 系统任务及时序检查示意图

（8）width 检查。

width 检查用于检查脉冲是否满足最小宽度的要求。width 系统任务及时序检查示意图如图 5.22 所示。

在 width 系统任务中，timing_check_limit 表示脉冲的最小宽度，threshold 表示下限。当实际的信号脉冲宽度满足 threshold<width<timing_check_limit 时，系统会报时序违规。

（9）period 检查。

period 检查用于检查信号的最小周期，可以检查上升沿的周期，也可以检查下降沿的周期，或者同时检查二者。period 系统任务及时序检查示意图如图 5.23 所示。

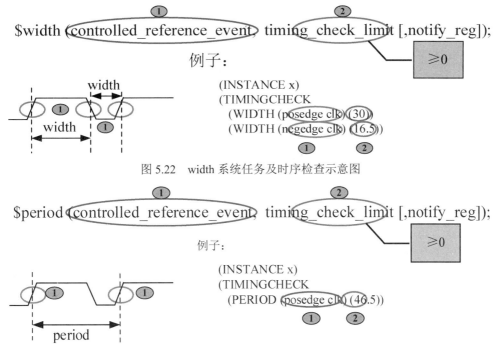

图 5.22 width 系统任务及时序检查示意图

图 5.23 period 系统任务及时序检查示意图

（10）nochange 检查。

nochange 检查用于检查与某个脉冲信号相关的信号的稳定性，如检查存储设备的读写控制信号。如图 5.24 所示，nochange 检查要求信号 addr 在信号 write 脉冲下降沿之前一段时间（start_edge_offset）开始一直到 write 脉冲上升沿之后一段时间（end_edge_offset）内保持稳定，否则会报时序违规，图中 start_edge_offset 和 end_edge_offset 分别为 4.5、3.5。

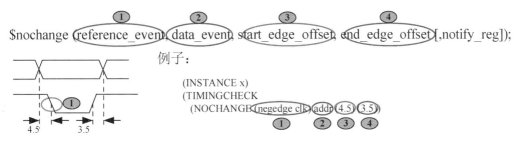

图 5.24 nochange 系统任务及时序检查示意图

（11）时序检查为负值的说明。

在 SDF 反标时经常会出现很多负延迟的情况。负延迟并不是指器件或路径的延迟为负值，而是指对器件或路径延迟的时序检查约束值为负值。时序检查约束值为负值是由延迟检查的方法导致的。图 5.25 所示为建立时间为负值的器件模型。

当数据和时钟信号到达触发器时需要满足建立和保持时间要求。时钟信号在器件内部的延迟较大，而数据信号的延迟较小；标准单元进行时序检查是针对模型的时钟和数据端口而言的，并非模型内部触发器的 CLK 和 D 端口，这就要求时钟信号和数据信号满足图 5.26 所示时序，即建立时间的时序约束表现为负值。

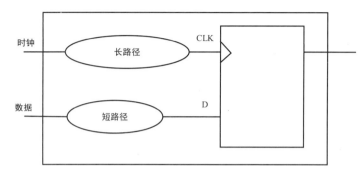

图 5.25　建立时间为负值的器件模型

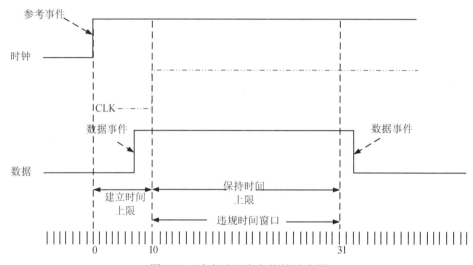

图 5.26　建立时间为负值的时序图

此时对应的时序检查语句为

```
$setuphold(posedge clock, data, -10, 31, notifyreg);
```

5.4.1　门级仿真的作用

任何芯片开发团队都希望通过流程来保证设计正确，希望门级仿真永远不会发现任何漏洞（Bug），以至于根本不需要进行门级仿真。但是，门级仿真确实能发现错误，在即将流片时出现门级仿真错误通常会非常严重，导致无法解决而影响进度和流片决策。查找和调试门级仿真错误毕竟还是比在实验室中调试芯片更为容易。

门级仿真错误的原因如下。首先，几乎所有芯片的 RTL 仿真都是通过零延迟测试完成的，这种"理想"的仿真可以提高仿真运行速度，但牺牲了捕获某些类型 Bug 的能力。

其次，RTL 代码被验证后，进行综合、DFT、低功耗设计和布局布线等步骤，中间所添加的逻辑并非最初的 RTL 所具备的，当然也无法通过 RTL 测试去发现 Bug。

此外，工具缺陷和限制也会导致 RTL 仿真错过 Bug 发现，如异步逻辑中的时序错误。

在图 5.27 中，步骤 1 会插入 DFT，生成 post_DFT 的网表；步骤 2 会根据 UPF 插入隔离单元，生成 post_ISO 的网表；步骤 3 进行后端布局布线，会插入时钟树和电源开关，生成最终的 post_PR 的网表。理论上每次生成新的网表都需要重新进行门级仿真，检查网表的完备性，防止综合、布局布线过程中的意外，保证功能正确。

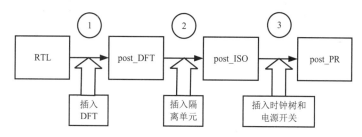

图 5.27　门级网表的产生和修改

门级仿真的主要作用包括时序约束的完备性检查、时序检查、初始化检查、DFT 验证、低功耗设计验证和防止工具泄露。

1. 时序约束的完备性检查

由于依靠相同的时序约束（SDC）进行物理设计和静态时序分析，因此时序约束不正确或不完整将同时导致设计和检查错误，从而错过发现该错误的机会。因而需要对时序约束进行大量人工复查，以防止约束遗漏，带时序的门级仿真可能会发现这些错误。时序约束可能存在的遗漏和错误有跨时钟域异步路径约束错误、多时钟周期路径（MCP）约束遗漏或错误、I/O 时序约束错误。

2. 时序检查

（1）时钟错误。

时钟产生和传播电路，以及时钟关断、使能和转换电路都可能产生毛刺、占空比失常、噪声超过芯片最高运行频率，通常仅在具有完整 SDF 时序的门级仿真中才能检测到上述错误。某些时钟存在多种选择，需要确保各种选择下功能的正确性（这种情况下静态时序分析可能不完整）。通常高性能低功耗的芯片必须能够在逻辑不停顿的情况下转换频率，该逻辑只能在具有完整时序的门级仿真上进行验证，以检测可能存在的时钟问题。

（2）复位时序错误。

同一时钟域的触发器复位在不同时钟沿释放，如处理不当会影响正常功能，这种错误通常只能在门级仿真中检测到。

（3）MCP 错误。

错误执行 MCP 可能会导致亚稳态或不正确的功能，这在 RTL 或简单的门级仿真中无法检测到。执行带时序的门级仿真时使用断言语句可以捕获 MCP 错误。

（4）异步电路的设计错误。

跨时钟域处理部分的功能正确需要依靠布局布线网表时序仿真来保证。因为静态时序分析不会检查异步路径，而设计中缺少同步器可能会导致时序违例产生不定态，带时序的门级仿真可以发现许多通过了所有其他检查的异步时钟域跨越问题。

3. 初始化检查

初始化检查用于检查设计的上电和复位操作，并检查设计是否对初始条件没有任何无意（Unintentional）的依赖性。大型设计都有一个非常大的时钟域，无法保证在同一时钟周期内使所有触发器都退出复位，但是在带时序的门级仿真中运行复位初始化测试可以发现此类问题，进而验证逻辑是否在复位设计下工作。运行启动代码，保证芯片上电后可以开始工作。

大多数芯片都需要很长时间进行复位和模块初始化，而这些可以在一个后仿真用例中运行，如 DDR SDRAM 初始化等。

4．DFT 验证

DFT 扫描链在创建门级网表之后才插入，因此，门级仿真将用于验证 DFT 扫描链的正确性。如果原始的 RTL 代码不包含 BIST/BISR（内建自测试/内建自修复）逻辑，则涉及 BIST/BISR 逻辑的错误只能在门级仿真中检测到。

测试向量（在测试机台上筛选部件的功能或结构缺陷的向量）仿真只能在门级网表上完成。

5．低功耗设计验证

在低功耗设计中，在综合和布局布线期间将添加 RTL 中不存在的逻辑电路，如钳位单元、电压转换器、电源门控等，它们需要在门级网表上得到验证。此外，需要在流片前对功耗进行非常精确的分析，利用工具在高功耗模式下进行门级仿真，为功耗分析、IR 压降分析提供波形，获得真实的功耗。

6．防止工具泄露

设计中会用到 Lint、Formal 和仿真器等工具。

诸如 Spyglass 之类的 Lint 工具会查看 Verilog/SystemVerilog/VHDL RTL 源代码是否会产生错误。某些 Lint 工具会产生过多的警告，需要人为检查和忽略。人为忽略 Lint 工具的错误警告会在 RTL 与门级功能之间造成差异，而且 LEC 工具不会发现这些被忽略的错误。

LEC 工具用于检查两个门级模型之间的逻辑等效性。如果要在具有相同设计的 RTL 与门电路之间使用 LEC 工具，则该工具首先将 RTL 综合为简单的门单元实现。

大型设计被分成多个部分，以便 LEC 工具能在合理的时间内处理完成。在此分割过程中，任何工具错误或任何不正确的豁免都会导致 RTL 与网表之间的功能差异，只有门级仿真可以检测到这一点。

静态时序分析工具用于进行完整的静态时序分析，但存在一些限制，包括无法检查异步路径。

当仿真器未正确模拟触发器时，就会发生 Delta-delay 竞争，即在时钟沿之前就获取数据输入值，而不是在时钟沿之后获取，这样看起来就像仿真出现了保持时间失败。

7．代码设计

（1）ifdef 错误。

代码中存在 ifdef 错误，然而 RTL 仿真使用的一组代码与综合时使用的不同，因此 LEC 工具不会捕捉到这一点。

（2）force 错误。

在测试平台中使用了下述代码。

```
force load_fifo_name_here = 1'b1;
force ecc_error = 1'b0;
force aix_bus = 32'bFFFFFFFF;
```

当验证人员忘记删除或释放所有或部分这些 force 命令时，可能导致验证通过，而错误未被发现。门级仿真会为大多数内部 force 命令报出编译错误，需要仔细审查和删除。建议在 RTL 仿真后期检查所有的用例以确保没有 force 错误。

（3）IP 错误。

在 RTL 仿真中，第三方 IP 工作正常，但时序、功能、ifdef 等错误只能在门级仿真中捕获。

5.4.2　不定态产生、传播和抑制

VHDL、Verilog、SystemVerilog 标准中定义了 4 种逻辑状态，即“0”“1”“X”“Z”，其中“0”代表低电平，“1”代表高电平，“X”代表不定态，“Z”代表高阻态。低电平和高电平很容易理解，而不定态和高阻态只有在模拟仿真时才会出现，真实电路中并不存在“X”和“Z”。

门级仿真中最困难的部分是“X”传播调试，需要预防“X”的产生，快速定位其来源，抑制其传播。

1.“X”产生

“X”的可能来源包括设计、验证平台和仿真工具等。

1）来自设计

一系列设计有关因素会导致“X”产生。例如，不带复位或未初始化的触发器和锁存器、未初始化的内存、时序违例、跨时钟域逻辑、时钟丢失或死时钟、输入信号为“X”、零延迟网表上的竞争、仿真模型（如引脚和 PLL）等。

2）来自验证平台

一系列验证平台有关因素会导致“X”产生。例如，引脚悬空/无驱动、输出多驱动、内存模型/BFM 泄漏、未初始化的逻辑驱动设计等。

3）来自仿真工具

（1）“X”悲观（X-Pessimism）。

在门级网表仿真中，对“X”是悲观处理的，即会将一个已知值在电路逻辑中传递为未知值。所有逻辑综合后都等效为门级电路，换句话说，所有逻辑语句在门级电路仿真时都是悲观处理的，以图 5.28 中 assign 语句为例。

```
assign D = (input && in1) || (~input && in2);
```

以上是一个选择器逻辑，当 in1 和 in2 为相同值时，D 的结果应该与选择信号无关，也就是当 in1 和 in2 都为“1”时，无论 input 值为何，其结果都应该为“1”。而对于实际门级仿真的悲观处理，在 input 值为“X”时，会将结果输出为“X”。

可见门级仿真中对"X"的处理是悲观的，这样就会出现不必要的"X"值，与实际电路存在差异。因为"X"都会暴露出来，虽然不会隐藏功能 Bug，但是需要确认是真实的"X"还是由悲观处理产生的，这将导致额外的工作量。

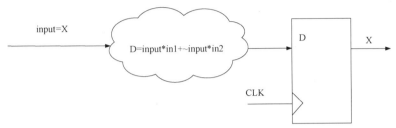

图 5.28　具有悲观"X"锁定的时钟分频器

（2）"X"乐观（X-Optimism）。

在 RTL 仿真中，对"X"是乐观处理的，即会将一个未知值在电路逻辑中传递为已知值。举例说明如下。

情形 1：if-else 语句。

```
always@(*)
    if (sel)
        out = a;
    else
        out = b;
```

结果如下。

sel	out
1	a
0	b
x	b

在 if-else 的选择电路中，当选择信号为"X"时，判断 if 条件不满足，则会执行 else 语句，所以 out 值为 b。如果没有 else 语句，则会产生锁存器，保持先前值。

情形 2：case 语句。

```
always@(*)
    case (sel)
        1: out = a;
        0: out = b;
    endcase
```

结果如下。

sel	out
1	a
0	b
x	prev

当选择信号为"X"时，非 0 非 1，不符合 case 语句中任何选项，则保持先前值，这是将未知状态传递为已知状态的乐观处理。

可见仿真中对"X"的乐观处理，与实际电路是存在差异的，可能导致无法检测到 RTL 功能错误，不过在门级网表仿真中可以发现这些问题。

4）其他来源

其他可能产生"X"的因素包括结果未知的操作、超出范围的位选择和数组索引、具有未知输出值的逻辑门、硬件模型中用户赋予的"X"值、验证平台的"X"注入等。

总之，由于"X"的存在，不同的处理方式，在 RTL 仿真、门级仿真和真实电路之间产生了差异。RTL 仿真的乐观处理，带来了隐藏功能 Bug 的风险；门级仿真的悲观处理，带来了额外的工作量，尤其门级编译和仿真速度很慢，调试也极其麻烦，将 X-Propagation 问题放到门级仿真中来解决并不是一个好选择。

5）时序违例

很多原因会导致"X"的产生和传播，但并不都会造成真正的问题。然而，由时序违例产生的"X"，即便没有传播到设计的其余部分而导致仿真失败，也可能造成真正的问题。尤其在门级仿真未验证到的用例中，时序违例可能导致芯片出现致命故障。

如果建立时间违例足够大并超出保持时间的限制，则此违例将会由静态时序分析工具报告，但并不会出现在门级仿真中。在图 5.29 中，静态时序分析工具报告了在 FF2 处存在建立时间违例，时差为-0.56ns，但过大的违例值使门级仿真错过警告，可能会影响设计功能。

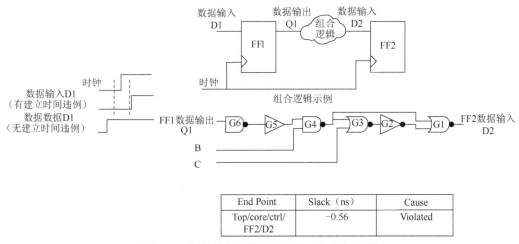

End Point	Slack（ns）	Cause
Top/core/ctrl/FF2/D2	-0.56	Violated

图 5.29　门级仿真未发现过大的建立时间违例

2．"X"传播和抑制

在门级仿真中，必须处理"X"的悲观传播。通常需要经过乏味的搜索，以找到所有"X"来源并予以消除，以便继续进行门级仿真。

1）初始化

存储器或寄存器没有初始化时，上电后可能是"1"，也可能是"0"，或者"1"和"0"中间某个状态，这样的不确定状态在仿真上就对应"X"。

（1）寄存器初始化。

在一般情况下，寄存器都要有复位端。但是，后仿真不仅包括设计网表，还有各种模型，里面存在没有初值和复位的寄存器，此时需要初始化以防止"X"的泄露，如下述代码所示。

```
`define init_all_to_low   0
`define init_all_to_high  1

    initial begin
    #500
    if(`init_all_to_low)
    begin
        force D = 1'b0 ;
        #3 force CK = 1'b0 ;
        #3; force CK = 1'b1 ;
        #3; force CK = 1'b0 ;
        #3 release CK ;
        #3 release D;
    end
    else if(`init_all_to_high)
    begin
        force D = 1'b1 ;
        #3 force CK = 1'b0 ;
        #3; force CK = 1'b1 ;
        #3; force CK = 1'b0 ;
        #3 release CK ;
        #3 release D;
    end
    end
    endmodule
```

（2）存储器初始化。

未初始化的 RAM 会输出"X"，在读取之前，可在模型中将 RAM 强制设为已知值"0"或已知值"1"或随机值，如图 5.30 所示。

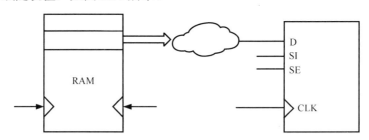

```
`define IRAM_PATH_CS0_0
sim_top.dut.core_top_inst.lb_aon_top_inst.lb_aon_wrap_spram_2048x32_bweb.u00_ram2048x32.uut.mem_core_array
for(i=0; i<2048; i=i+1)
  begin
   `IRAM_PATH_CS0_0[i]=0;
  end
```

图 5.30　RAM 初始化

（3）仿真模型初始化。

一些 PLL 仿真模型在实现锁定以前，其时钟输出"X"。

一些单元库采用 X 悲观方式建模，即只要输入有"X"，就会输出"X"。可以将单元模型修改为"X"乐观，即使输出值未知，也会输出"0"或"1"而非"X"。

2）关闭时序检查

后仿真过程中可以开启和关闭一些时序路径的检查，但只有打开时才会将工具产生的时序违例警告打印到日志文件中，且输出变为"X"。在图 5.31 和图 5.32 中，当时间违例较小时，只有带时序的后仿真可以发现违例，而当时间违例较大时，不带时序的后仿真也可以发现违例。

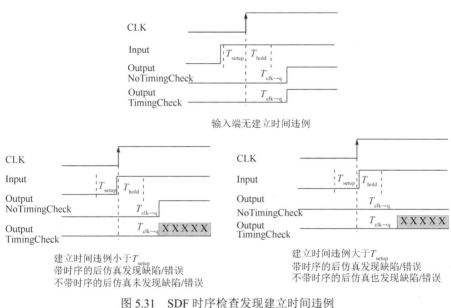

图 5.31　SDF 时序检查发现建立时间违例

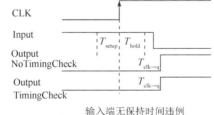

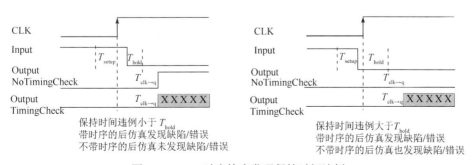

图 5.32　SDF 时序检查发现保持时间违例

两级同步器的引入是为了解决跨时钟域信号的亚稳态问题，其第一级输出可能存在时序违例。在仿真之前，应该将第一级输出挑选出来，创建一个完整的列表，并且在后仿真时关闭其时序检查，如图 5.33 所示。

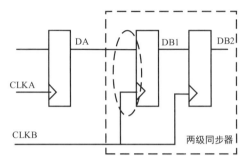

图 5.33　关闭同步器第一级输出的时序检查

3）驱动

驱动悬空、冲突和提前释放都可能导致"X"的产生和传播。

对于输入引脚，电气规则要求上拉或下拉以保证输入电平稳定，且使用过程中不悬空。如果悬空，那么该引脚输入即"Z"，进入电路内部的下一级逻辑就是不确定电平，仿真时就是"X"。

对于顶层三态门的 I/O 引脚，当在 Bench 中例化设计时，只能使用 Wire 类型的信号连接，并设定上拉/下拉，如下述代码所示。

```
tril scl;
dut i_dut ( .scl(scl) );
pullup(scl);
```

如果多个不同驱动同时作用到某一端口，则该端口状态未定，仿真时表现为"X"。I/O引脚完成上拉/下拉操作需要时间，需要等到其稳定后再释放仿真平台中的复位。添加更多延迟或减少引脚模型的延迟，可以避免潜在的引脚提前释放。当使用反标时序进行仿真时，所有内部信号在一段时间内为"X"，因为外部输入需要一段时间才能传递进去，即使信号由仿真平台中的常数驱动。

4）低功耗逻辑掉电或上电

即便已经完成初始化，关闭电源也会使该电源域中的所有存储器和寄存器等的状态变为"X"。当重新上电时，"X"便成为问题，特别当寄存器仅通过加载值设置，而非通过复位或预置设置时。

在仿真开始时，通过仿真器或通过修改单元的仿真模型，简单地强加一个特定的上电值，避免在上电时触发器和内存中出现未知状态。这种方法通常非常有效，但会降低测试覆盖率，特别是可能掩盖设计中缺失的复位。可以考虑使用不同的启动值进行多次仿真（全部设置为"0"或"1"或随机值）。

5.4.3　门级仿真方法

门级仿真主要分为准备、编译、仿真、追踪和调试等步骤。

1. 门级仿真测试用例

为了使门级仿真具有成本效益，测试团队必须制定一个门级仿真计划。明智地选择门级仿真运行的测试用例，能够有效地在流片之前发现所有重要的错误。常用的测试用例包括涉及初始化、芯片启动的测试用例，检查时钟源切换的测试用例，检查时钟频率缩放的测试用例，静态时序分析（STA）中时序异常的专用测试用例，包括异步路径用例、多时钟域路径用例等，从不同设计模式进入/退出的测试用例。设计的所有模块至少有一个门级仿真测试用例，并确保工作在最大设计频率下。

由于测试用例通常来自其他团队，因此门级仿真工程师通常会调试其他人员编写的测试用例，面对不熟悉的逻辑，即便是调试 RTL 测试用例也很困难，那么在门级仿真上就尤为艰巨。

2. 初始化和关闭时序检查

人工或使用工具生成所有同步触发器的列表，分析需要关闭时序检查的其他已知异步路径并准备相应触发器，包括复位同步器的完整列表。可能会出现 RTL 和网表中同步器名称不同的现象，应根据网表进行更新。人工列出所有需要初始化的寄存器、存储器、PLL 和其他模型，加入合适的初始化信息。

3. 设计检查

1）利用工具检查设计

常用的设计检查工具有 Lint 工具、LEC 工具、STA 工具。如果已知时序或功能等效性检查存在问题，则不应再对网表进行耗时费力的门级仿真。

通过 Lint 工具和 LEC 工具检查后才进行零延迟门级仿真。通过保持时间检查后才运行带反标的门级仿真，否则验证不会以任何时钟频率通过。当网表准备好时，先低速运行，只要时钟频率足够低，即便存在建立时间违例，也可以通过带反标的门级仿真；通过时序检查后才全速运行带反标的门级仿真。

2）利用 RTL 仿真发现门级缺陷

许多设计在数据路径中使用无复位端的触发器来减小面积和功耗，但是如果用于控制逻辑，则会导致实际硅片上电后电路单元随机输出"0"或"1"。

RTL 仿真非常乐观地对待"X"，而门级仿真非常悲观。有些仿真器添加了"X"传播模式，使 RTL 仿真更像门级仿真情形，但运行速度快且易于调试代码，所以应该尽可能使用悲观传播"X"的 RTL 仿真器。

未初始化的 SRAM 也会产生"X"，如果出现先读后写操作，或者处理器预取操作，就会导致读出"X"。需要人工识别此类错误，并在门级仿真之前完成处理。

4. 仿真环境调试

可以使用 RTL 模型开发验证基础架构，以创建和熟悉波形、监视器、检查器、断点和日志消息。应允许每个测试用例在 DUT 的三个不同模型上运行。其中，RTL DUT 用于测试生成和初始通过，编译和运行速度最快，特别是在存储波形时；具有零延迟的 Gate DUT 用于优化仿真器性能，编译和运行速度较慢，特别是在存储波形时；带 SDF 反标的 Gate

DUT 是迄今为止编译速度最慢的，仿真速度也较慢。

1）内部总线功能模型

RTL 仿真经常使用 BFM 来简化测试生成和结果检查。采用内部 BFM 模拟模块边界处的内部 DUT，可以简化验证激励的生成。在门级仿真验证平台中添加 BFM 很棘手，但仍有可能，如 SystemVerilog 增加了带有时钟模块的接口，允许设置建立和保持时间。必须信任 BFM，如果 BFM 中有细微错误，则门级仿真和 RTL 仿真都不会捕获 Bug。使用 BFM 的仿真不但快，而且可以跳过初始化过程，但可能会隐藏模块中的时序和功能性错误。

2）黑盒模型

黑盒模型可以对仿真速度产生积极影响，因为缺少模块细节，可以减少内部细节和仿真内存占用。已经验证的 IP 可以完全黑盒化，DUT 的其他部分验证只需要它们的接口级详细信息。

3）IP

第三方 IP 能够在 RTL 仿真中完美运行，但可能存在时序、功能、ifdef 和编译指示等方面的 Bug，需要在门级仿真中才能捕获。

4）保留模块层次和边界

门级网表会重命名 DUT 内部的大多数信号，致使在验证平台中无法监测到，因此在 RTL 仿真期间，挂在验证平台上的监视器/断言需要修改，以确保门级仿真时能探测到其内部线网。边界优化可能会在信号驱动器上插入反相器，从而可能导致故障。通过综合脚本可以保留层次结构和模块边界上的所有端口信号名称，所有验证平台接口必须只连接到模块端口上。

5）force 语句的打开和关闭

forces 语句通常在验证中用作临时解决方法，如果其错误地留在测试或 Testbench 中，则会掩盖真正的硬件错误。在后续的门级仿真中，必须针对所有 force 语句执行打开和关闭。确保至少对整个芯片进行一次完整的门级仿真复位初始化，期间完全没有 force 语句。

5. SDF 文件编译

SDF 文件由 STA 工具生成，需要保持其版本与网表一致。

在某个角的 SDF 文件中，通常会有一组、两组或三组时序值，即 Max、Typical、Min（MTM）。仿真器读入时需要指定具体组数。后仿真开始前，一定要详细检查 SDF 反标报告，将其中的错误全部解决掉，警告则视情况解决大部分。

早期 SDF 文件用于初始调试，运行在比目标频率更低的频率下，有助于在最终 SDF 文件获取之前发现并解决某些问题。全速 SDF 文件则运行在目标频率下。

如果希望在保持时间违例未清除干净之前就开始后仿真，则可以制作一个脚本来人工修复网表的保持时间时序。该脚本使用 STA 时序报告列出的保持时间违例寄存器，在其数据输入端口处添加足够的延迟以修复这些路径的保持时间违例。

仿真工具不会通过比标准单元的传播延迟更短的脉冲。例如，对于延迟时间为 5ns 的缓冲器，任何 4ns 的脉冲将在门级仿真 SDF 文件运行中消失。

为了平衡未完成的时钟树，有时会添加下述延迟语句。

```
assign#10 clock_in = clock__delayed_out;
```

这样在时钟树的一个分支上增加了 10ns，小于 10ns 的脉冲就不会传播了。因此，在修复保持时间违例的脚本中必须使用多个级联的较小延迟，而不是一个较大的延迟来完成延迟的添加。否则，SDF 时序会错过某些脉冲。

6．编译

重新编译模型所花时间占整个调试时间的相当大的比例。

门级模型的编译时间要比 RTL 编译长得多，提前编译 SDF 文件以缩短零延迟和 SDF 门级仿真的调试时间。模块门级仿真环境允许更快的调试时间，并利于更快、更轻松地解决门级仿真问题，可以将模块门级仿真环境整合到芯片门级仿真中。有些模块，如 DDR SDRAM 等，其初始化时间可能非常长。在进行该模块以外的所有测试时，使用 BFM 可以跳过其耗时的初始化。大多数需要重新编译的更改都在验证平台中，而大部分编译时间耗费在 DUT 上，因此，可以创建一个环境，分为验证平台和 DUT 两个分区。门级网表的编译需要大容量的存储空间，因此必须估计对仿真器的存储需求，确保其能支撑编译工作。

7．仿真

仿真速度是门级仿真面临的最大挑战。长时间的门级仿真会导致进度极其缓慢，即便较短时间的仿真，也可能需要运行数小时；如果需要存储波形，那么很多仿真可能需要一夜时间；有些仿真特别耗时，如不使用快捷方式的全复位初始化，或者无法缩短时间的全芯片高活动性仿真。

长时间后仿真需要数台具有大量 CPU 和内存的大型服务器。也可以在本地机上运行以加快门级仿真波形存储速度，避免占用公共服务器的互连带宽，同时防止门级仿真影响计算集群上运行的其他仿真。

在最简单的运行和调试环境（RTL DUT 环境）上开发和调试测试用例。在进行 SDF 时序仿真之前，先利用最简单的零延迟或单位延迟门级仿真来调试初始门级仿真问题，再将这些测试用例转移到较慢和更复杂的门级网表上进行仿真。利用单位延迟门级仿真来清理验证平台，解决与验证平台/测试用例相关的大多数问题。例如，将逻辑层次从 RTL 更改为门级、错误的测试用例、未初始化的读取等。通常零延迟门级仿真比单位延迟门级仿真快，但是可能需要更多的工作来解决延迟竞争。当取得 SDF 文件后，重点应该更多地放在寻找真正的设计/时序问题上，而不是浪费时间去调试测试用例的相关问题。每个仿真工具都有许多仿真器版本，应与 EDA 供应商讨论，了解所使用的仿真器版本如何获取零延迟/单位延迟门级仿真和 SDF 门级仿真的最佳性能。

1）基本测试

在芯片上运行第一个门级仿真是一个里程碑。每个新网表都应首先进行非常短的测试，然后进行复位、时钟和寄存器读写访问等基本测试。

大多数芯片都需要花费很长时间去复位或初始化某些模块，可以将这些工作组合在一个或数个门级仿真中进行，如 DDR 初始化、PLL 初始化等。

芯片的所有主要模块都应首先退出复位状态，进行初始化，然后进行门级仿真中的基本功能测试。

时钟毛刺通常在综合、布局布线阶段被引入芯片中，不太可能出现在 RTL 仿真中。为了进行测试，将毛刺检查器对准时钟和复位逻辑，首先进行零延迟门级仿真，然后进行带SDF 反标的门级仿真。

2）低速测试

在每个项目中，门级网表仅在设计过程的后期才满足时序规范，通常直到流片前才将它们清理干净，但是又希望能够尽早地运行 SDF 反标仿真。为此，通常创建一个测试模式运行在低速时钟（1/2 或 1/4 时钟频率），以便在清除建立时间违例前可以运行 SDF 反标仿真，早日解决前期的门级仿真错误。

许多团队会同时执行模块门级仿真。虽然这会花费大量的门级仿真成本，但能使人们更熟悉逻辑及其测试用例，从而可以在更小、更快的环境中调试难以发现的门级仿真错误。为了节省工程成本，一些团队只对有风险或可能存在性能问题的几个关键模块进行门级仿真，通常包括未知/虚假 IP、PHY、DDR SDRAM 和高速串行逻辑。有些巨大和高活动性的模块，如 DDR SDRAM、PCIe 等，可以单独进行门级仿真。这样在其他测试中，就可以直接使用 BFM，以加速门级仿真。

如果外部 IP 具有较高的工作可信度，则可以考虑跳过门级仿真。但是，即使是高可信度的 IP，也会存在配置或综合错误，从而导致只能在门级仿真中发现的错误。

在门级仿真中，初始化过程花费了大量的时间。可以单独设立用例进行初始化仿真，其他用例则直接利用该用例的结果，初始化用例和其他用例区分如图 5.34 所示。

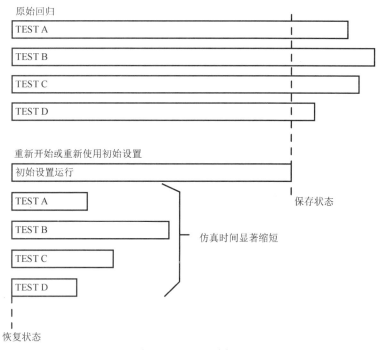

图 5.34　初始化用例和其他用例区分

大多数芯片实现了多个启动选项，可能需要 C 代码或固件开发，创建和调试比较困难。但是每个启动代码都应在门级仿真中运行，以确保芯片能正常启动，进入工作状态。虽然耗时很长，但仍至少需要一个没有使用内部 BFM 或 force 语句的复位初始化测试。

3）全速测试

在最高时钟频率上，直接运行带 SDF 反标的门级仿真。

网表仿真一般分为综合网表仿真、DFT 网表仿真、PR 网表仿真。综合网表仿真阶段主要搭建验证环境、调试验证用例、消除不定态；DFT 网表仿真阶段主要初始化测试端口；PR 网表仿真阶段主要进行时序验证。

（1）综合网表仿真。

综合网表仿真主要用来准备验证环境，提高网表验证的调试技能，消除不定态等。其基本步骤如下。

- 创建网表存放目录，获取网表文件。
- 创建仿真脚本，修改仿真工具对应的编译选项，整理文件列表。
- 搭建验证平台，在 Testbench 中设置后仿真相关宏定义、引脚及存储器初始化等。
- 调试编译，解决编译中遇到的问题。
- 打印信息管理。
- 不定态处理。
- 调试用例，保证用例通过。

（2）DFT 网表仿真。

DFT 网表仿真的开始准则是后仿真测试用例已经在 RTL 仿真环境中调试通过，基于综合网表的验证平台已经稳定，存放系统指令和数据的存储器、顶层信号初始化已经完成。很多项目常常不会专门发布 DFT 网表用于验证，而直接发布布局布线还未完成、时序还未收敛的 PR 网表。因为 DFT 网表是中间的过渡产品，所以对 DFT 网表仿真没有硬性要求。其基本步骤如下。

- 修改验证平台，对测试端口进行初始化，测试端口的赋值需要与 DFT 人员确认。
- 解决编译问题，因为综合网表中一般不可能把全部用例都跑一遍，所以这一步仍然是调试更多的用例并对其进行优化。
- 解决不定态问题。

（3）PR 网表仿真。

PR 网表仿真为网表仿真最后一个阶段，但经常会出现时序 ECO 或功能 ECO 带来的多次回归。网表时序仿真主要检查跨时钟域逻辑及可能存在的 SDC 错误。发现问题的前提是用例能跑到相应的问题时序，因此，有可能出现设计有问题但仿真通过的情况。PR 网表仿真的基本步骤如下。

- 时序仿真前先选取个别用例进行功能仿真，目的是解决网表、库的编译问题，实现不定态的消除，再次确认验证平台是否具备时序仿真的条件，切忌盲目启动大规模的时序仿真。
- 修改仿真选项或脚本，使其支持时序仿真。
- 参考开发人员提供的 SDC 信息，验证人员添加输入延迟。输入端口数据与时钟之间存在一定的延迟关系，综合和时序分析都会基于一定的约束，后仿真也需要给一些输入信号添加延迟。
- 将开发人员提供的不必进行时序检查的寄存器路径添加到错误路径文件中。
- 启动时序仿真，调试 SDF 反标问题，这个过程会涉及与后端厂家的沟通。

- 分析仿真过程中出现的时序问题，对日志文件中的 Timing Violation 进行分析及确认。
- 仿真结束后，判断功能是否正确，时序信息是否都是正常及可接受的。

8．调试

1）存储波形

许多失败的验证需要查看波形以进行调试。从 0 时刻开始存储设计的整个层次结构会使门级仿真比 RTL 仿真慢得多，因此可以仅存储调试所需的内容（时间切片）。

由于门级编译时间比 RTL 编译时间长得多，因此希望波形存储具有灵活性，以便可以更改波形存储而不必重新编译整个验证平台和 DUT。可以创建一种可配置的方式来存储设计的各个层次和区域（分层切片）而无须重新编译。

2）手动检查日志文件

门级仿真的覆盖范围极为有限，即使由时序违例产生的"X"不会传播到设计的其余部分而导致验证失败，也可能存在真正的问题，因此在流片之前，即使验证用例通过，工程师仍必须对所有时序违例警告进行检查。需要创建一个脚本，过滤掉复位信号释放之前的时序违例。

当门单元的端口显示出时序违例时，必须通过查看波形来定位，确定起点和终点，并与 STA 结果进行对比，搞清楚该终点为什么不应该违反时序，以及为什么违反了。

当在日志文件中发现时序违例时，首先确认时序违例的时刻，若时序违例发生在其对应的复位信号释放之前，则不需要处理；若在复位信号释放之后，则按图 5.35 所示流程进行处理。若在确认 PR 网表时序收敛前提下，后仿真发现有时序违例问题，则需要组织开发人员和后端工程师对 SDC 文件进行复查。另外，网表仿真中对于不定态的追踪要结合 RTL 代码来看，这样便于快速定位问题。

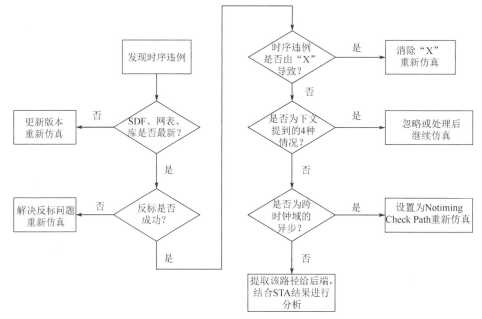

图 5.35　时序违例问题处理流程

异步路径外的 4 种常见时序违例如下。

- 系统复位信号释放前，在 PLL 初始化阶段，时钟还未稳定时出现的时序违例。
- 异步复位引起的时序违例可忽略，但复位信号释放时刻需要关注。
- 用例中通过 force 语句引起某些信号的强制跳变（不满足时序约束）。
- IP 内部由时钟驱动的同步逻辑在时钟不稳定的初始化阶段可能出现时序违例。

一般来说，以上 4 种时序违例在不影响仿真的情况下不需要特别处理。

3）回归测试

回归测试调度程序和运行脚本旨在保证门级仿真正常运行，必须确保运行这些仿真的服务器能提供所需的内存和 I/O 带宽，否则页面转换和 I/O 瓶颈会破坏门级仿真及在这些计算机上运行的其他测试的性能。

5.4.4　门级混合仿真

SoC 由众多 IP/模块组成，为了在芯片级对 IP/模块进行门级验证，可以采用混合仿真模式。

在混合仿真模式下，需要验证的 IP/模块可以在门级网表中例化，而设计的其他部分使用 RTL 代码，如图 5.36 所示。由于 RTL 代码运行更快，占用内存更少，因此可以比较轻松地完成 IP/模块的验证。根据需要，门级 IP/模块可以带时序或不带时序运行。

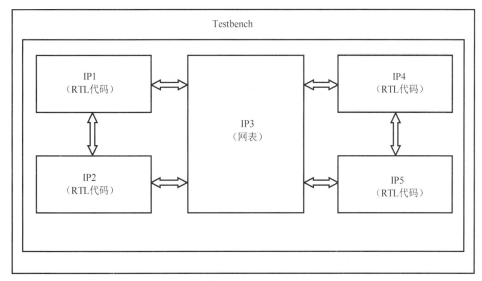

图 5.36　IP/模块使用 RTL 代码或网表

门级混合仿真的一种方法是在全芯片 RTL 代码中，使用网表替换相应 RTL 代码。此时，可能存在一些端口不匹配，如网表中增加的 DFT 端口等。在仿真环境中，需要对这些缺失的端口进行置 0 或置 1，防止它们产生未知值。另一种方法是在全芯片网表中，将部分模块替换成 RTL 代码，或者相应的功能模型和时序模型。

图 5.37 所示为常见的门级验证平台。其中 DUT 是网表，而 Testbench 是 RTL 环境。

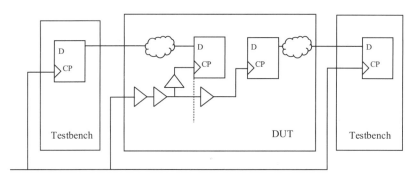

图 5.37　常见的门级验证平台

1）端口延迟

（1）在从验证平台到 DUT 的数据路径中，DUT 中的时钟延迟会导致保持时间违例，如图 5.38 所示。因此，需要对从 RTL 代码到网表的数据信号添加适当的延迟，以避免保持时间违例。

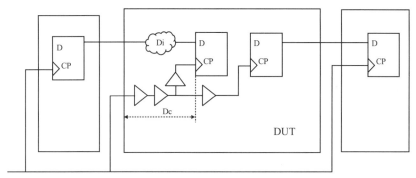

图 5.38　保持时间违例

由于 DUT 存在时钟延迟，因此当 Testbench 驱动 DUT 时，所有数据输出上应设置 #hold_time 延迟，以确保 DUT 使用同一时钟时能捕获所有数据，如图 5.39 所示。

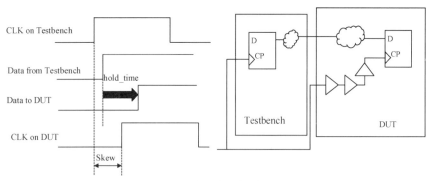

图 5.39　仿真平台添加输出延迟

（2）在从 DUT 到验证平台的数据路径中，验证平台中的时钟过早会导致建立时间违例，如图 5.40 所示。因此，需要在 RTL 代码中适当添加时钟延迟，以避免潜在的建立时间违例。

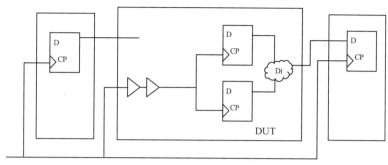

图 5.40　建立时间违例

验证平台的时钟过早，导致在 DUT 数据还未稳定以前就采样。添加适当时钟延迟（在时钟沿之前用#setup_time 指定）可避免产生错误，如图 5.41 所示。

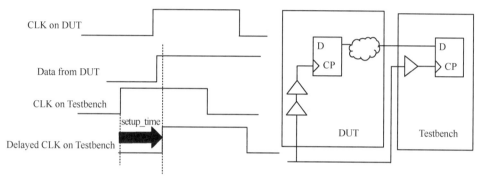

图 5.41　验证平台添加时钟延迟

2）时序模型

在门级仿真中，如果 RTL 模块较大，或者在当前的验证用例中对其不感兴趣，则可以直接用 BFM 替代。

BFM 能提供简单的读写接口，只有在时钟和数据之间的时序干净的情况下才能有效使用，否则会导致两个方向都发生时序违例。

通常，通过硅验证的 IP 可在不同的 SoC 中重复使用。如果在门级仿真时开启所有 IP/模块的内部单元的时序检查，则将导致大量冗余仿真开销。使用工具可以关闭整个 IP/模块的时序检查，但这使芯片级的时序分析偏向乐观，因为 IP/模块输出端口的延迟变为零。此外，IP/模块的输入引脚的时序检查将被忽略。

如果 IP 时序已经干净，则可能出现的时序问题在芯片级或在 IP 的集成上。以下类型的时序模型可用于生成门级仿真的 SDF 文件。

（1）接口逻辑模型。

接口逻辑模型（Interface Logic Model，ILM）用一种结构化的方法，将原始电路简化为只包含接口逻辑的一个小电路，如图 5.42 所示。此模型完整保留了所有与接口直接相关的逻辑信息、时序信息、物理信息、寄生参数信息，但所有与接口不直接相关的内部逻辑都被隐藏了。

（2）抽取时序模型。

抽取时序模型（Extracted Timing Model，ETM）从一个模块的门级网表中抽取出模块的时序信息，没有任何网表信息，同时隐藏了内部的实现细节，有利于保护知识产权，如图 5.43 所示。

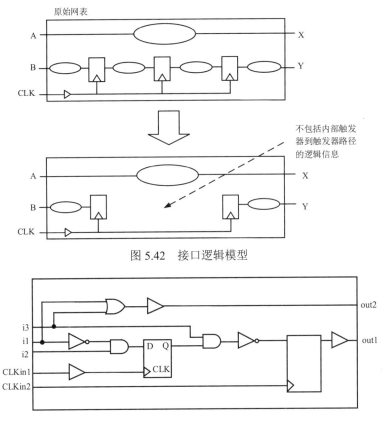

图 5.42　接口逻辑模型

（a）抽取时序模型前的电路图

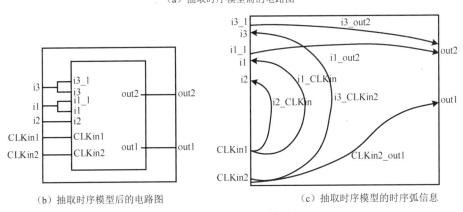

（b）抽取时序模型后的电路图　　　　　　（c）抽取时序模型的时序弧信息

图 5.43　抽取时序模型

5.5　DFT 验证

　　DFT 验证是指在芯片设计过程中引入测试逻辑，并用其完成测试向量的自动生成，从而达到快速有效测试芯片的目的。门级 DFT 验证包括逻辑等效性检查、时序检查、ATPG

向量产生和仿真、BIST 仿真等。

　　广义的 DFT 验证包括系统级的 DFT 集成验证和 IP 特定测试验证。DFT 模式下的引脚与功能模式下的引脚通常复用，需要根据系统的引脚复用方案，验证各个 DFT 模式下的集成连接。根据相关模块，如 PHY、DAC 等所要求的测试内容，进行相应用例的构造及验证。首先需要验证 IP 测试的实现方案，然后与 ATE 工程师沟通，确定由验证执行的 IP 测试项，并提供仿真波形供 ATE 工程师提前分析和提出修改需求。

1．形式验证

　　芯片在流片之前，要经历一系列设计步骤，如综合、DFT、布局布线、签核、ECO 及众多优化过程。在每个阶段，都需要确保逻辑功能完好无损，不因任何自动或手动更改而变化。

　　形式验证是捕获扫描插入阶段引入的功能错误的主要方法，用于确认在插入 DFT 体系结构（如扫描测试、MBIST 和边界扫描等）之前和之后设计的预期功能是否相同。需要指出，DFT 是添加的功能，形式验证是确保其加入不影响原有功能。

　　DFT 可以在 RTL 代码上加入一部分，在网表上加入另一部分，所以 DFT 阶段的形式验证可分为三个部分：RTL 与 RTL 的对比、RTL 与门级网表的对比、门级网表与门级网表的对比，如图 5.44 所示。其中，门级网表与门级网表的对比主要是为了验证网表上先后加入的 DFT 功能是否不影响原有设计。

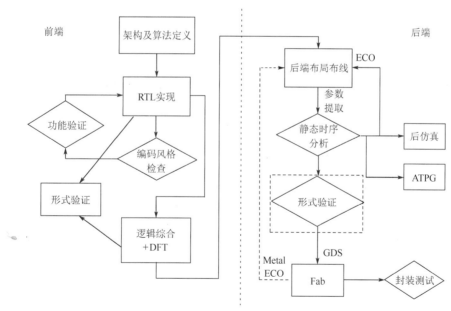

图 5.44　DFT 阶段的形式验证

2．时序检查

　　使用基于约束的静态时序分析可以验证测试逻辑是否达到时序收敛，而基于仿真的时序检查可以发现静态时序约束不完整和不正确而引入的人为错误。基于扫描的测试存在两种模式：扫描模式和捕获模式，需要分析每种模式下的时序。

3. ATPG 仿真

通过执行 ATPG（自动测试向量生成）仿真来验证 DFT 体系结构。典型的向量创建流程基于专门工具，如 Mentor Graphics®、Tessent®等，生成符合行业标准的二进制、STIL 和 WGL 等格式文件，供测试机台使用，用于识别在制造期间发生损坏的芯片，如图 5.45 所示。

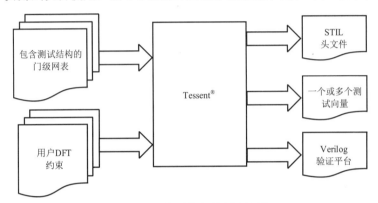

图 5.45　典型的向量创建流程

芯片失效率过高会减少利润并对业务造成不利影响，但若未检测出制造缺陷将造成更为严重的后果，因为用户很有可能在现场使用时遇到这些缺陷。生成具有高故障覆盖率的优质向量能降低芯片漏报率，确保在晶圆和芯片生产测试期间实现高故障覆盖率。

通常，项目的 DFT 网表验证由测试团队自行完成，而非交由验证团队执行。一般使用串行和并行两种模式的 ATPG 仿真流程。

1）串行模式的 ATPG 仿真流程

向量串行移入和移出扫描链，以确保将数据移入和移出扫描触发器时不存在时序违例。在串行模式下仿真单个向量可能需要运行数小时的时间，如果一次仿真多个向量，则可能需要运行数天的时间，如图 5.46 所示。

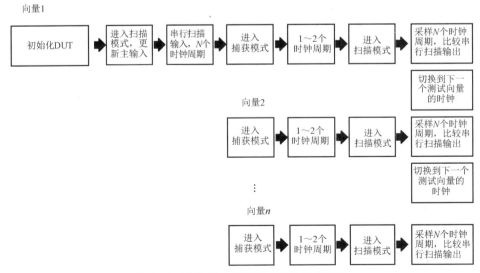

图 5.46　串行模式的典型 ATPG 仿真流程

可以应用一些技术来缩短仿真运行时间，从而缩短与这些仿真相关的调试时间，如将长时间的连续运行分解为几个短时间的仿真运行，或者使用并行加载和卸载技术。

2）并行模式的 ATPG 仿真流程

使用并行加载和卸载技术可以大幅缩短仿真时间，如 Verilog 编程接口（VPI）利用后门加载和卸载扫描触发器，从而消除移入和移出数据的耗时活动，大部分时序验证任务都可以工作在并行模式下，如图 5.47 所示。

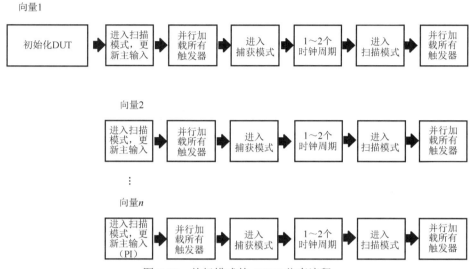

图 5.47　并行模式的 ATPG 仿真流程

3）功能完整性仿真测试

门级仿真可以发现功能错误，并验证测试工具插入的逻辑，被称为功能完整性仿真测试（FIST）。FIST 应该在预布局模式下完成，没有时序，以捕获在扫描链插入步骤中引入的任何错误。需要进行两种测试：在零延迟模式进行一些功能测试，以建立对 DFT 插入的信任；在串行模式下运行单个 ATPG 图形，以验证扫描链完整性。

4）SDF 反标时序仿真

对于 SDF 反标时序仿真，可能需要多出 4～5 倍的时钟运行周期和内存资源。

5）故障覆盖

DFT 工具使用复杂的算法插入测试结构并报告准确的故障覆盖率结果，无须通过仿真来交叉检查这些 DFT 工具。如果必须进行交叉检查，则可以在没有时序的情况下以并行模式运行仿真以建立信任。

4．BIST

对于高速存储器测试，BIST 控制器生成写入不同存储体的伪随机模式，回读内存并与预期值进行比较，以检测存储阵列中的缺陷。

通常 BIST 控制器在 IP 级别进行验证，并执行基本测试以确保控制器可以访问所有可寻址存储器。在 IP 级别，BIST 控制器和响应分析器已进行了详尽的功能测试，因此门级仿真的重点是确保连接和时序的正确性。至少需要有用例，使用布局布线后的网表进行时序仿真，可以有选择性地打开 BIST 路径中所涉及组件的时序检查，而对 DUT 的其余部分进行黑盒化处理。用于存储验证的典型 BIST 架构如图 5.48 所示。

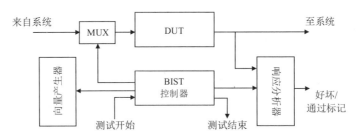

图 5.48　用于存储验证的典型 BIST 架构

5．验证速度

传统上，芯片开发团队在设定设计日程时已充分考虑了完成功能验证和物理设计的时间，以确保功能正确和时序收敛，而 DFT 团队被要求按此日程开展工作。如果完整验证向量所需时间太长，直至流片前还未能完成，则在制造测试中可能会出现功能失效，导致实验室的首次硅评估延误，造成芯片合格率下降或需要重新投片以修复芯片。传统 DFT 验证流程如图 5.49 所示。

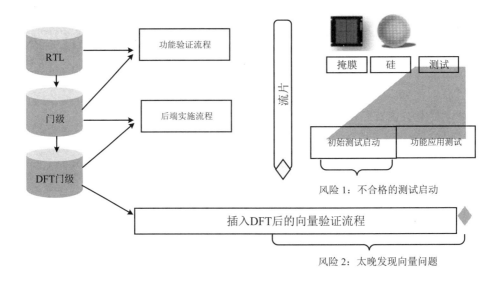

图 5.49　传统 DFT 验证流程

仿真器传统验证的速度太慢，可能成为设计的关键瓶颈，即设计的最慢一环，甚至有可能在流片前降低 DFT 设计可信度。在理想情况下，客户希望在流片之前验证 DFT，但由于上市时间方面的压力，芯片在流片前只进行了极少的 DFT 验证，因此在芯片制造的过程中，甚至在其返回到实验室之后，必须继续进行 DFT 验证。

因此，需要一个硬件加速流程，从而大幅缩短执行完整验证作业所需的仿真周期。硬件加速 DFT 验证流程如图 5.50 所示。

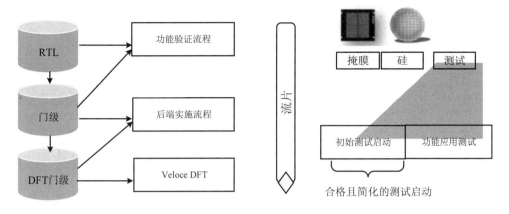

图 5.50 硬件加速 DFT 验证流程

5.6 低功耗验证

先进的低功耗技术，如低电压待机、动态电压调节和电源门控等，使电源管理的粒度更细。芯片通常工作在不同模式，每个模式对应一个或多个电源状态。全面的低功耗验证不仅需要对所有电源状态进行验证，还需要验证电源状态的转换及转换顺序。

低功耗验证包括基于电源意图的低功耗形式验证和低功耗仿真。

5.6.1 电源意图规范验证

Verilog 或 VHDL 用于描述电路功能，但并不包含芯片的供电网络信息。电源意图规范（Power Intent Specification）是一种描述电源设计意图的标准格式，用于定义电源域、各电源域掉电条件、隔离使能生效条件及信号隔离值等，通常使用 UPF（统一电源格式）。

在 RTL 仿真、综合、物理设计的所有设计阶段都可以参照 UPF，从而保证整个芯片低功耗设计流程的一致性。芯片设计如图 5.51 所示。

1. 电源意图规范

电源意图文件应源自设计的架构规范，包括以下内容。

- 设计中有多少个电源域。
- 设计中有多少个电压域。
- 哪些例化对电源域/电压域有贡献，这些域的供应网络是什么。
- 需要隔离的端口有哪些，使用什么类型的隔离单元。
- 需要电平转换器的端口有哪些，使用什么类型的电平转换器单元。
- 什么是电源常开模块的端口。
- 设计中有哪些不同的电源状态。
- 何时何地需要保留状态，使用什么类型的单元。

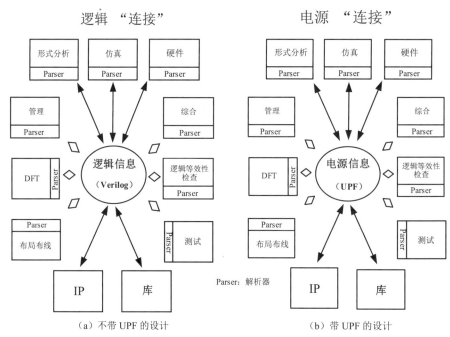

图 5.51　芯片设计

2．电源意图规范的验证

在进行低功耗仿真和综合之前，使用形式验证技术，快速检查电源意图文件的语法正确性、电源意图完整性、设计和电源意图一致性，如图 5.52 所示。

图 5.52　电源意图规范的验证

5.6.2　低功耗形式验证

低功耗形式验证可以迅速找到并修复低功耗设计缺陷，包括结构检查和逻辑等效性检查（Logical Equivalence Check，LEC），如图 5.53 所示。

1．结构检查

- 架构检查：对设计进行整体验证，并针对各种功耗模式检查设计中的关键信号，发现与连接相关的错误。
- 结构检查：在从初始综合到布局布线的整个实施流程中，验证隔离单元、电源开关、电平转换器、保持寄存器和常开单元的插入和连接正确性。
- 功能检查：检查电平转换器、隔离单元和电源开关等的功能正确性。

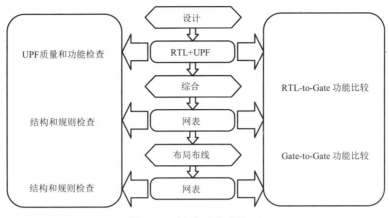

图 5.53　低功耗形式验证

2．逻辑等效性检查

UPF 指定的低功耗单元并不在 RTL 代码中，但在后续的综合和物理实现时将添加到网表中，所以工具必须能够正式证明综合引擎和物理实现引擎已经正确地插入了这些单元，并且网表在逻辑上等同于 RTL 代码和电源意图规范。

3．低功耗形式验证流程

电源域控制逻辑，尤其是时钟控制逻辑，可能非常复杂，不可能仿真所有可能的功能场景和极端情况，形式连接验证是验证时钟树结构的条件连接的自然选择。需要验证控制信号来自常开电源域或同一电源域。电源、时钟和复位信号，必须按照精确的顺序被施加和移除。为此，相应的控制信号、电源开关、时钟和复位门控逻辑必须在正确的时间具有正确的值。

低功耗形式验证应该在整个芯片设计流程中进行。在综合和测试逻辑插入后检查是否缺少隔离或电平转换器单元，检查状态保持和隔离控制信号是否来自保持通电的域，并测试电源控制功能；在布局布线之后，检查门电源引脚是否连接到适当的电源轨，始终开启的电源已适当供电，没有从掉电域返回逻辑的潜在（Sneak）路径。

低功耗形式验证涉及以下三个阶段。

- 综合前 RTL 和 UPF。
- 综合后的门级网表和修改后的 UPF′。
- 物理实现后的普通门级网表和再修改后的 UPF″或门级 PG 网表，其中普通 PR 网表不带电源和地端口，而 PG 网表中包含了 UPF 中定义的各种低功耗单元及 PG 端口组成的供电网络。

5.6.3　低功耗仿真

传统的逻辑仿真器由于不考虑电源关断状态，因此在逻辑仿真时并没有涉及电源供给电路。为了防止实际工作时电源关断引起故障，需要仿真电源开关（PSO），以确保芯片在电源关闭的情况下仍能正常工作，并且系统可以在上电后恢复正常，电源关断引起的故障如图 5.54 所示。

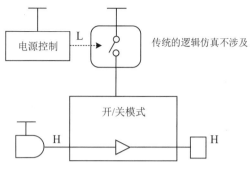

图 5.54　电源关断引起的故障

1. 低功耗仿真用例

低功耗验证主要包括确认全芯片上电时序；掉电前隔离使能生效后，检查信号隔离值；确认处理器掉电后是否可以正常唤醒，且唤醒后处理器是否可以正常工作。低功耗验证主要着重于以下三个方面的仿真。

- 跨电源域仿真：验证断电的模块不会对保持通电的模块的操作产生负面影响。
- 上电仿真：验证断电的模块在唤醒后，重新通电并恢复正常运行。
- 电源管理仿真：验证设计中的每个有效电源状态都可以从其他所有有效电源状态达到，从而覆盖所有可能的"开"和"关"电源域的有效组合。

芯片低功耗验证过程如图 5.55 所示。

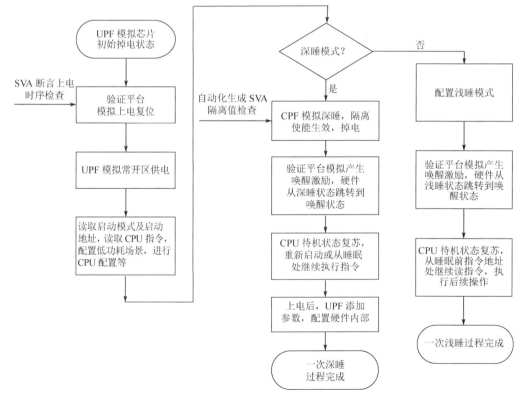

图 5.55　芯片低功耗验证过程

1）初始上电

芯片电源域划分为常开区和可关断区，其中常开区是指芯片上电后一直处于上电状态的区域，可关断区则是指芯片上电后可以通过不同方式使其处于掉电状态的区域。假定芯片初始处于掉电状态，完成芯片上电复位后，常开区处理器进入启动模式，从启动地址开始读取处理器指令，按照芯片低功耗场景进行用例配置，处理器则处于待机状态。

2）隔离值检查

低功耗场景主要有两种：深睡场景和浅睡场景。配置深睡场景后，子系统会进入掉电状态，在掉电之前，如果不将关键信号隔离到某个固定值，那么"X"信号作为其他上电子系统输入信号时，会引起该子系统处理异常。

因此，低功耗验证必须要检查隔离值。在掉电前，隔离使能先拉起，再进行掉电，隔离使能有效后，需要检查的信号隔离值很多，且用例本身处于多次掉电唤醒状态，人工检查工作量会很大，针对该问题，应设计自动化工具，根据 UPF/CPF 文件隔离值定义和隔离产生条件，提取信号隔离值，且自动产生断言，检查隔离使能是否拉起，信号是否隔离到对应值，如果答案为否，则断言失败，输出失败原因，停止仿真。

3）唤醒操作

在深睡模式下，子系统进入掉电状态；验证平台模拟产生唤醒激励，唤醒方式需要进行遍历测试（如定时唤醒、外部引脚边沿触发唤醒等）；电源管理模块的状态机接收到唤醒激励后，输出控制信号给芯片模拟部分，由芯片模拟部分提供电源给子系统，促使子系统从掉电状态跳转到上电状态，或者电源管理模块直接供电给子系统，子系统从掉电状态跳转到上电状态。子系统重新上电后，处理器从待机状态恢复到正常状态，唤醒后处理器读取指令的方式会有所差别，一般分为保留模式，即处理器从待机状态恢复后，从深睡前保存的通用指令寄存器处继续执行；启动模式，即处理器从待机状态恢复后，从配置启动地址处重新执行指令。验证平台中添加断言，用于检查电源管理模块的状态机输出控制信号时序及芯片模拟部分提供给子系统的供电时序。

在浅睡模式下，子系统不掉电，处于待机状态；验证平台模拟产生唤醒激励，电源管理模块的状态机接收到唤醒激励后，从浅睡状态跳转到唤醒状态；处理器从待机状态恢复到正常状态，从睡眠前指令地址处继续读指令，执行后续操作。

2. 低功耗仿真流程

在 UPF 文件中指定的用于隔离、保持和电源门控的控制信号由低功耗管理电路生成，其置位会在仿真器中触发低功耗行为。低功耗仿真是指在正常功能行为之上叠加低功耗行为来验证系统的功能正确性。

低功耗仿真可在三个阶段进行，如图 5.56 所示。

- 综合前 RTL 和 UPF。
- 综合后网表和修改后的 UPF′。
- 物理实现后网表和再修改后的 UPF″或 PG 网表。

1）基于 RTL 的低功耗仿真

在综合之前，RTL 代码中还没有插入低功耗单元和电源及地网络。仿真工具根据 UPF 插入虚拟单元和 PG 网络，实现 Power Aware 仿真。

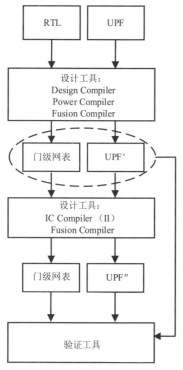

图 5.56 低功耗仿真阶段

基于 UPF 的低功耗仿真，不需要更改 RTL 代码，即不需要在 RTL 代码中插入低功耗单元。通过改变 UPF 文件中的电源意图并观察相应的低功耗仿真行为，可以探索不同的低功耗设计方法。

当进行 RTL 验证时，修改验证平台，使低功耗验证平台模拟芯片带电工作。普通的验证平台没有上电过程，仿真开始后直接工作，而低功耗验证平台在仿真刚开始时整个芯片是关机的，要等芯片上电后才进行配置，修改验证平台所有的 force 语句。

仿真参数选项添加 UPF 相关选项，包括加载 UPF 文件和仿真参数。

很多仿真模型（如 RAM 等）包含初始化函数，是在 0 仿真时刻进行初始化的，而低功耗验证在仿真 0 时刻是断电状态，初始化工作不生效，待芯片上电后，模型内的控制信号会出现 X 态，导致仿真异常，如出现 RAM 数据读写失败等。为了解决上述问题，编写自动化脚本，提取含有原始语句的模型，修改 UPF 文件，通过参数选项配置，使模型上电后重新进行初始化。

2）基于综合网表的低功耗仿真

在综合后的网表中，插入了隔离单元、电平转换器、保留寄存器，但是 PG 网络和电源开关还没有。这一阶段的仿真，需要门级网表、UPF′文件和.db 文件。根据项目需求，此阶段的仿真可以是选择性的。

3）基于 PR 网表的低功耗仿真

经过后端工具布局布线后，会产生 UPF″、普通 PR 网表（不包含电源和接地信息的门级网表）和 PG 网表（包含电源和接地信息的门级网表）。普通 PR 网表可以与 UPF″一起进行低功耗仿真，PG 网表则可以直接用于仿真。

当进行 PG 网表验证时，修改验证平台代码，模拟芯片上电过程。验证平台模拟芯片上电按钮（上升沿激励）和芯片系统时钟，模拟部分（芯片模拟部分模型）接收到上电控制信号后，产生电源、地并连接到 PG 网表的数字端，数字部分正常供电后，可以进行后续低功耗场景仿真。

沿用 RTL 阶段仿真用例，将其平行移植到 PG 网表上进行验证，在正常情况下，PG 网表除延迟外，波形应该和 RTL 仿真波形一致，所有仿真用例均通过后，网表验证完成。

5.7 ATE 测试的仿真向量

ATE（Automatic Test Equipment，自动测试设备）测试是指芯片在出厂前进行的一系列测试，目的是筛选出由生产过程造成的失效芯片。通常 ATE 测试包括扫描链测试、BIST 测试、部分功能测试等。

1．ATE 测试原理

在图 5.57，ATE 上的探针与芯片引脚进行对接，将测试向量驱动给芯片，捕获芯片的返回结果，进行测试结果的判断。一般首先通过动态仿真获取测试波形，然后利用工具将仿真波形中的数据转化为测试向量。

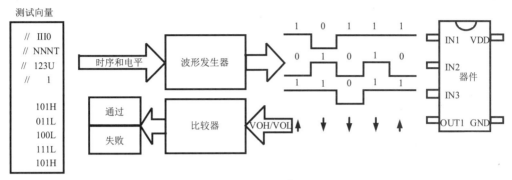

图 5.57　ATE 测试示意图

验证工程师并不直接进行 ATE 测试，但将配合进行相关工作，即前期负责方案的验证，后期则提供必要的仿真波形。至于芯片 I/O 引脚的电气特性测试等，并不需要验证工程师的参与。图 5.58 所示为一种可行的 ATE 测试工作流程。

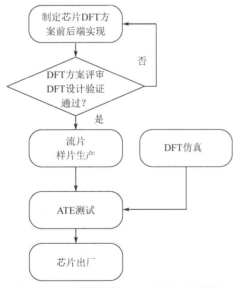

图 5.58　一种可行的 ATE 测试工作流程

ATE 测试向量不同于 EDA 仿真向量，而且不同的 ATE，其测试向量格式不尽相同。通常从基于 EDA 工具的仿真向量（包含输入和期望输出），经过优化和转换，形成 ATE 测试向量，如图 5.59 所示。

2．仿真向量

仿真向量有多种格式，如 VCD（Value Change Dump，数值变化存储）、EVCD（Extended

VCD，扩展 VCD）、WGL（Waveform Generation Language，波形产生语言）、STIL（Standard Test Interface Language，标准测试接口语言）等。基于功能测试的仿真一般输出 VCD 格式的向量，而基于结构测试的仿真一般输出 WGL 格式的向量。验证工程师支持 ATE 测试，完成规划的测试用例，一般提供 VCD 仿真波形。仿真向量格式如图 5.60 所示。

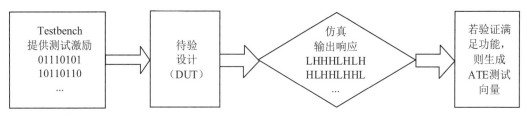

图 5.59　ATE 测试向量产生

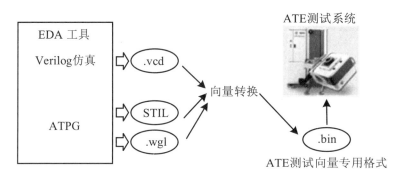

图 5.60　仿真向量格式

1）引脚处理

VCD 波形中只需要包含芯片顶层的 I/O 引脚信号，其他网络、连接、电源不需要关注；而且 VCD 波形中只包含测试模式中用到的引脚，用不到的引脚将被屏蔽；由于 VCD 波形中不包含引脚的输入或输出信息，如果一个引脚在仿真中既是输入，又是输出，则需要 Dump 一个信号来做区分指示，这个信号类型可以任意，如 Wire。

2）更改工作时钟

SoC 中集成的 IP 可工作在不同时钟下，这些时钟可能是异步的，既不相互关联，又与系统时钟无关。

对于具有多时钟信号的复杂芯片，一般要确定一个主时钟，输入信号参考此时钟进行采样，其他时钟与主时钟保持整数倍和同相位关系，如 12MHz 与 24MHz、15MHz 与 30MHz。

3）仿真中包含建立时间和保持时间

当将仿真 VCD 文件转换成 ATE 可识别的测试向量时，所有信号时序都将从 VCD 文件中提取。一种方法是在每个周期的固定时刻对信号进行取样，对于输入信号，一般取样点设置在周期靠前位置；对于输出信号，一般取样点设置在周期靠后位置。这些取样时刻可以在 ATE 上手动调整，以提供适当的建立时间和保持时间。如果这些时序参数已经包含在 VCD 文件中，那么将大大减少人为参与。因此在仿真时，对于输入信号，要求所有信号的建立时间、保持时间保持一致，通常输入信号的跳变沿与时钟下降沿对齐（如果在时钟上升沿采样），这样有利于向量转换且使建立时间和保持时间最长。

4）优化启动过程

系统级别的初始化和启动过程运行时间过长。为了减少为此消耗的周期数，应删除不必要的寄存器读取操作，并尽可能优化初始化过程。

5）删除任何快速仿真辅助工具

为了帮助加快仿真速度，可以采用各种方法，如等待周期短于规范规定周期。但是为了进行真正的芯片验证，需要在仿真中等待规范指定的周期。

此外，为了仿真的方便性和快速性，偶尔会强制内部信号进入某个状态，但这在实际世界中是不可能的，在仿真过程中必须避免。如果存在需求，则需要更新环境，以便通过驱动待验设计端口来产生相同条件。

6）无硬编码延迟

如果在代码或测试环境中使用硬编码的延迟，则不仅会给向量生成带来问题，还会产生设置问题。实际所需的延迟需要由时钟延迟来替代。

7）锁相环处理

如果可能，在功能测试中应该旁路片上锁相环（PLL），以减少 PLL 初始化时间，节省测试机台的使用时间。如果 PLL 不能完全旁路，那么最好直接由测试机台提供所有参考时钟而绕过内部生成的参考时钟。由于实际应用中 PLL 锁定需要一定时间，因此有必要在向量交付时说明等待的起点和长度，以便机台上可以调整。通常 PLL 另设单独测试。

8）VCD 起始状态

为了提供一致性并避免测试向量交互，每个 VCD 的启动状态都应该是待验设计的复位状态。也就是说，VCD 的开头应首先复位待验设计。不过 ATE 的内存空间有限，在某些情况下，只需要将设置程序包含在一个 VCD 中，而其他 VCD 可以不再设置。

9）RTL 仿真与门级仿真

首次提供的 ATE 波形，要求来自后仿真验证通过的用例；后面调试中再更新 ATE 波形时，可以来自 RTL 仿真波形。

10）测试向量交付资料

- 测试向量交付资料如下。
  - 测试向量文件和仿真日志文件。
  - 测试说明文档：测试向量的主要设置、测试步骤、测试内容，以及如何判断通过/失败。
  - JTAG 测试接口的测试向量需要提供寄存器配置说明。
  - 引脚说明：包括时钟、复位、测试模式等引脚，需要关注的引脚，不需要关注的引脚等。
  - 实速测试频率：参考频率、倍频后的频率。

5.8　通用验证方法学

通用验证方法学（Universal Verification Methodology，UVM）以其可重用性强、具备完

善的层次结构和接口等优势，成为广泛采用的验证方法学。UVM 通过引进面向对象编程
（Object Oriented Programming，OOP）技术，增强了验证代码的重用性和可扩展性；通过引
进 SystemC 的 TLM（事务级建模）机制，模块间的数据传输更为方便，有利于模块级验证
到系统集成验证的平滑过渡；通过对配置机制的使用，UVM 更容易构造测试用例。

UVM 有效结合了测试激励随机生成、自测试平台和随机化约束等方法，采用最佳架构
以实现功能覆盖率驱动的验证，从而降低风险，缩短产品上市时间。

UVM 指导验证工程从 DUT 的功能规范出发，制定验证计划，分解测试点，创建测试
用例，定义验收方式和标准，流程自动化和报告自动化等。UVM 验证工程如图 5.61 所示。

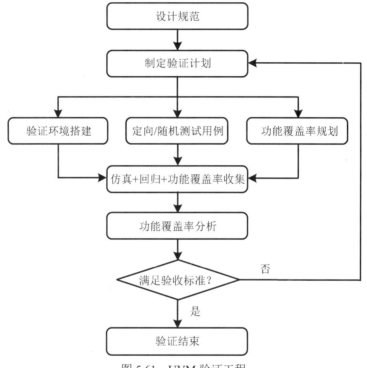

图 5.61 UVM 验证工程

5.8.1 验证技术的发展历程

目前，主流的设计语言有两种：Verilog 和 VHDL。伴随着集成电路的发展，涌现出了
多种验证语言，如 Vera、e、SystemC、SystemVerilog 等，验证技术的发展历程如图 5.62 所
示。其中，SystemVerilog 是 Verilog 的一个扩展集，既完全兼容 Verilog，又具有所有面向对
象语言的特性：封装、继承和多态，还为验证提供了一些独有的特性，如产生带约束的随
机激励。在基于 SystemVerilog 的验证方法学中，主要有下面三种。

- VMM（Verification Methodology Manual，验证方法学手册）：由 Synopsys 公司于 2006
  年推出，集成了寄存器解决方案 RAL（Register Abstraction Layer，寄存器抽象层）。
- OVM（Open Verification Methodology，开放验证方法学）：由 Cadence 和 Mentor 公
  司于 2008 年推出，现在已经停止更新，完全被 UVM 替代。
- UVM：UVM 几乎完全继承了 OVM，同时采纳了 RAL。因此，UVM 继承了 OVM

和 VMM 的优点，克服了它们的缺点，代表了验证方法学的发展方向。

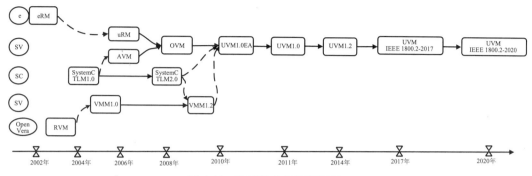

图 5.62　验证技术的发展历程

5.8.2　UVM 组件

UVM 是一个以 SystemVerilog 类库为主体的验证平台开发框架，利用其可重用组件可以构建具有标准化层次结构和接口的功能验证环境。UVM 通用验证平台一般由不同的基本组件组合而成，如图 5.63 所示。

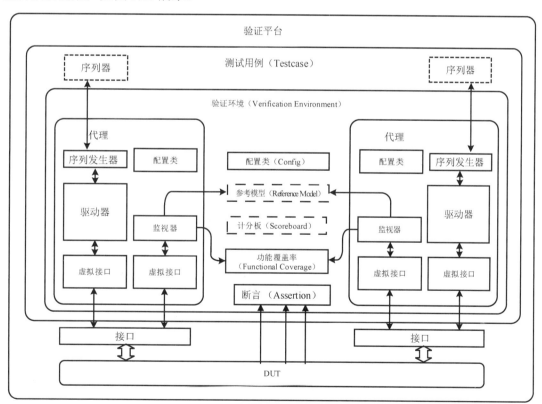

图 5.63　UVM 通用验证平台的架构

验证组件包括序列器、序列发生器、驱动器、监视器、代理、参考模型等。

- 序列器：产生带约束的随机激励。一个验证环境在进行不同测试时能够转换不同的激励，以实现不同的功能。激励具有生命周期，当一个激励被成功发送出去时，其生命周期便终结。

- 序列发生器：传送驱动器的事务请求给序列器，并将序列器产生的事务传送给驱动器，在序列器与驱动器之间起到中转传送的功能。
- 驱动器：当验证平台与 DUT 相连接时，驱动器将符合协议的信号传送到 DUT 接口上。激励发生器忽略了其他功能，而仅关注如何传送接口信号，因此其设计简洁，维护容易。
- 监视器：观察在验证平台内流转的事务数据如何随时钟频率而变化或检测内部信号，以指导激励发生器完成序列的传递，并发送给计分板或 FIFO 缓冲器，用以存储或检测，方便验证人员和设计人员对整体设计的调整。
- 代理：将配套的驱动器和监视器封装在一起以提高验证平台的重用性，这样在将验证平台移植到其他项目时，会节省很多芯片开发时间。
- 参考模型：模拟 DUT 的行为，在将激励传送给 DUT 的同时将激励传送给参考模型，此时参考模型将会产生期望结果，并用于与实际产生的结果进行比对。

5.8.3 UVM 常用类的派生与继承

uvm_object 类是 UVM 各种常用类的根，因此在 UVM 树形结构中的所有类都具有 uvm_object 类的特征，图 5.64 列出了类与类之间的继承关系。UVM 平台中的组件主要派生自 Component 类和 Object 类。虽然 Object 类和 Component 类都派生自 uvm_object 类，但 Component 类的分支能够构成 UVM 树的节点，而 Object 类的分支则不能。派生自 Component 类的有 Driver、Monitor、Agent、Scoreboard、Env、Test，而其他的类（如 Sequence、Transaction 等）全部派生自 Object 类。从严格意义上来说，Component 类也派生自 Object 类，但与其他的 Object 类的组件有所不同，派生自 Component 类的组件的生命周期贯穿了整个验证任务，而派生自 Object 类的组件的生命周期只有一次，完成自身任务之时便是其生命周期结束之时。

sequence_item 类比 uvm_transaction 类增加了更多实用的成员变量和函数，所有的 Sequence 都派生自 Sequence 类。Config 用于给验证平台的行为做出规范，如平台的配置信息、平台各个组件的工作配置信息等，所有的 Config 都直接派生自 Object 类。Monitor 一般派生自 uvm_monitor 类，但也能够派生自 uvm_component 类。Monitor 的行为与 Driver 的行为相反，即 Monitor 从接口上接收并存储数据，而 Driver 向与 DUT 相连的接口上发送数据，驱动接口信号。

Sequencer 派生自 uvm_sequencer 类，Scoreboard 派生自 uvm_scoreboard 类，Reference Model 派生自 uvm_component 类，Agent 派生自 uvm_component 类，Env 派生自 uvm_env 类。Env 的功能是将前述所有组件都封装在一起，形成一个完整的平台，当需要配合不同的环境进行不同的测试时，只需要对 Env 进行简单的修改。Testcase 派生自 uvm_test 类，由于不同的 Testcase 在设计和功能上都不同，因此 uvm_test 类派生出来的类存在多样性。

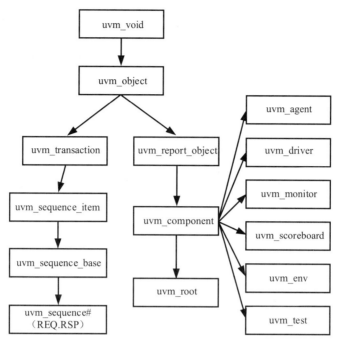

图 5.64　常见 UVM 类

5.8.4　UVM 验证平台运行机制

UVM 验证平台的运行建立在一系列机制上，主要包括 Phase 机制、config_db 机制和 Objection 机制等。

1. Phase 机制

UVM 验证平台包括很多组件，在不同时间不同顺序下进行例化、连接、运行，为此 UVM 中引进了 Phase 机制。UVM 中的 Phase 分为两种，包括 Task Phase 与 Function Phase，它们与 Verilog 中的 Task 与 Function 的使用方法相似，其中使用 Task Phase 时不依赖时间变化，而 Function Phase 依赖时间变化来完成功能。在同一时间之内能够同时执行很多种 Task Phase，但只允许执行一种 Function Phase。Phase 机制的精细划分，有利于验证工程师在发现错误时快速方便地定位到错误位置。

图 5.65 所示为 UVM 中所有 Phase 的结构示意图。Phase 的执行顺序有先后，但与模块例化的顺序无关，排位在前的先执行，排位在后的后执行。在 build_phase 中，验证平台完成对模块例化的工作并通过 config_db 机制进行数据的传递；在 connect_phase 中，验证平台对相应的接口进行连接。

2. config_db 机制

在搭建验证平台时，常常需要对不同模块之间的参数和接口数据进行配置，或者需要从平台顶层对下层模块进行配置，此时一般使用 config_db 机制来完成。config_db 机制提供了两种函数：set 和 get，其中 set 函数用于将数据或接口发送到某个位置，get 函数则用于从该位置将数据信息提取出来放到特定的路径上。

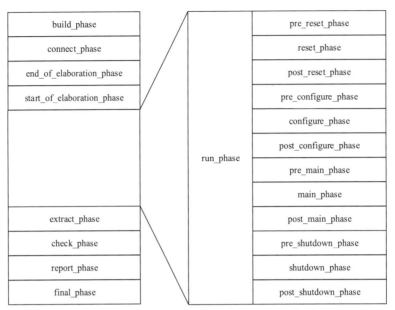

图 5.65　UVM 中所有 Phase 的结构示意图

set 函数和 get 函数都有 5 个参数，如下所示。

```
    uvm_config_db#(virtual
clk_if)::set(uvm_root::get(),"uvm_test_top.clk_env","vif",clk_sys_if);
```

set 函数和 get 函数的原型分别如下所示。

```
    uvm_config_db#(T)::set(uvm_component cntxt, string inst_name, string
filed_name, T value);
    uvm_config_db#(T)::get(uvm_component cntxt, string inst_name, string
filed_name, inout T value);
```

#( )中是要传递的数据类型 T，即通过 config_db 机制传递的信息类型。参数 cntxt 和参数 inst_name 一起定义了信息传递的路径，其中参数 cntxt 是一个 uvm_component 组件，它是访问数据库条目的层级起点；参数 inst_name 则是一个 string 类型的字符串，表示相对于此实例的路径。参数 filed_name 也是一个字符串，是要传递的变量名字，get 函数和 set 函数的该参数需要保持一致。T 类型的参数 value 在 set 函数中表示传递变量的值，在 get 函数中则表示需要获取该值的变量本身。

config_db 机制最强大的功能在于能够跨层次进行配置，但是使用 config_db 机制的缺点在于，当 set 函数或 get 函数的路径设置错误时，编译器并不会报错，验证人员无法第一时间发现错误。因此在使用 config_db 机制时，验证人员常常需要增加检查语句，如下所示。

```
    if(!uvm_config_db#(virtual clk_if)::get(this,"","vif",vif) ) begin
        `uvm_fatal("build_phase","cannot get clk vif.");
    end
```

3．Objection 机制

UVM 通过 Objection 机制来控制验证平台的关闭。在每个 Phase 中，UVM 会检查是否有 Objection 被挂起（raise_objection），如果有，那么等待这个 Objection 被撤销（drop_objection）后停止仿真；如果没有，则马上结束当前 Phase。raise_objection 和 drop_objection 成对出现，raise_objection 必须放在 main_phase 第一个消耗仿真时间的语句之前。在 UVM 中，Objection 一般伴随着 Sequence，通常只在 Sequence 出现的地方进行 raise_objection 和 drop_objection，Sequence 产生 Transaction，产生的 Transaction 发送完毕后就可以结束仿真。

5.8.5　UVM 结构与通信

1．UVM 树形结构

UVM 树形结构主要用于管理 UVM 平台运行过程中的层级结构，UVM 树的节点由 Component 类组成，不同的类处于不同的层级，在平台运行过程中的搭建和连接时间有先有后。

在图 5.66 中，UVM 树的树根是 uvm_top，为一个 uvm_root 的实例，保证了整个验证平台中只有一棵树。树的第二层是 uvm_test_top，即测试用例，第三层为 Env，第四层是 Agent、Reference Model、Scoreboard，第五层是 Sequencer、Driver、Monitor。组件在树中的层级越低，该组件的建立和例化的时间就越早。UVM 树形结构由 new 函数进行例化实现。

2．TLM 通信管道

TLM（Transaction Level Modeling，事务级建模）是基于事务的通信方式，通常在高抽象级的语言中作为模块之间的通信方式，如 SystemC 或 UVM。

UVM 中的 TLM 机制用于事务在验证环境中的传递，大致分为两类：用于 Sequencer 与 Driver 之间的传递；用于其他组件（如 Monitor 与 Scoreboard）之间的传递。

UVM 验证平台不同层次之间的通信通过 config_db 机制完成，而验证平台同一层次不同模块之间的通信是通过 TLM 机制完成的。TLM 通信的关键在于 Port 机制，不同的 UVM 树的同一层次不同节点之间想要建立专用通道，就需要对不同模块的 Port 进行连接。Port 是 UVM 中建立传输管道的端口，主要分为三种：Port、Export 和 Imp。Port 能够主动连接到其他 Port、Export 和 Imp，Export 能够主动连接到其他的 Export 和 Imp，Imp 能够主动连接到其他 Imp，但是反过来不成立，如 Imp 不能主动连接到 Port。TLM 通信方式如图 5.67 所示。

Port 分为普通 Port 和 analysis_port，它们的区别在于普通 Port 只能一对一连接到 Export 或 Imp，而 analysis_port 能够采用广播方式同时连接到几个 Export 或 Imp，但是一个 Imp 并不能主动连接到几个 analysis_port。普通 Port 可以采用阻塞传输和非阻塞传输两种方式，但是 analysis_port 只可以采用非阻塞传输方式。

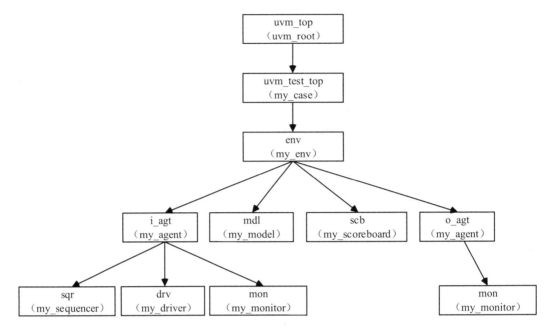

图 5.66　UVM 树形结构

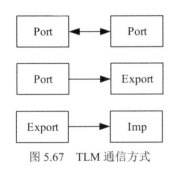

图 5.67　TLM 通信方式

3. 验证平台示例

图 5.68 所示为一个 ahb2apb_bridgeuvm 验证平台示例。

- DUT：设计代码例化，实现 ahb 协议到 apb 协议的转换。
- bridge_env：验证环境组件，负责例化 ahb_mst_agent、apb_slv_agent、Reference Model、Scoreboard 和 virtual_sequencer 等具体组件，在 build_phase 中通过 config_db 机制将各接口（Interface）和各组件 Config 从顶层接收并下发传递。在 connect_phase 中通过 TLM 机制将各 Agent 的 Monitor 端口与 Reference Model 和 Scoreboard 对应端口相连。
- ahb_mst_agent：实现 ahb 协议在主机接口的驱动和监控。
- apb_slv_agent：实现 apb 协议在从机接口的驱动和监控。
- ahb2apb model：将从 ahb_mst_agent Monitor 中得到的 ahb_transaction 转换为 apb_transaction，并发往与 Scoreboard 通信的端口。
- Scoreboard：将参考模型转换后的 apb_transaction 和从 apb_slv_agent 监视器中得到的 apb_transaction 进行比对和统计。
- virtual_sequencer：集合 ahb_mst_agent sequencer 和 apb_slv_agent sequencer 两个句柄，与 Agent 中 Sequencer 的互连可通过 Env 中的 connect_phase 或 Test 中的 connect_phase 实现。
- sequence_lib：各种 ahb_mst_sequence 和 apb_slv_sequence 的集合，用于构造不同场景的 ahb 或 apb 激励。
- test_cases：测试用例，例化 Env、virtual_sequencer，配置 Config 并下发至 Env，调

用不同的 Sequence 以实现用例的测试意图和场景覆盖。

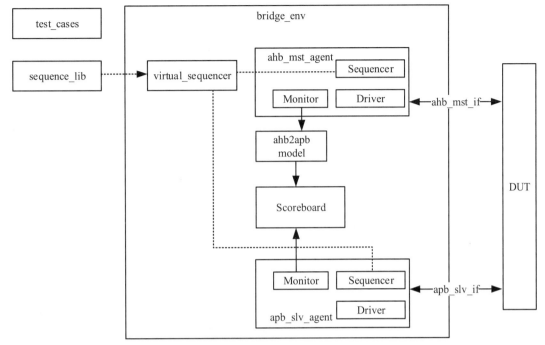

图 5.68 验证平台示例

小结

- SoC 验证可分为功能验证、时序验证、物理验证等。其中功能验证是指通过各种方法来比较已实现设计与期望设计的功能一致性，主要方法有动态仿真和形式验证。
- SoC 验证是层次化的验证，包括 IP 验证、模块级验证和芯片级验证。其中 IP 验证主要包括代码检查、规范模型检查、功能验证、协议检查、直接随机测试和代码覆盖率分析；模块级验证包括模块接口、集成模块、时序和测试功能的验证；芯片级验证是指在子系统或芯片层次验证各模块或子系统的协同工作。验证可重用意味着在芯片级验证时需要考虑重用 IP 和模块的验证。
- 全面的验证计划包括整个系统和每个模块的验证策略，并通过评估使之成为规范来遵守。需要开发通用、自动、便捷和可控可观测的验证平台，包括 IP 模块单独验证平台和 SoC 系统验证平台，用例自动化可以解决用例回归耗时长和回归情况统计效率低等问题。
- 门级验证包括形式验证和门级仿真。门级仿真着重于时序约束的完备性、时序和初始化的检查、DFT 和低功耗设计验证，可分为带时序反标的门级仿真和不带时序反标的门级仿真。
- 门级 DFT 验证包括形式验证、时序检查、ATPG 仿真和内建自测试（BIST）等。

- 低功耗验证包括基于电源意图的低功耗仿真和低功耗形式验证。低功耗仿真主要着重于跨电源域仿真、电源管理仿真、上电/断电顺序仿真，在 RTL 和网表两个级别都可进行。
- UVM 有效结合了测试激励随机生成、自验证平台和随机化约束等方法，采用最佳架构，以实现功能覆盖率驱动的验证。

第 **6** 章

可测性设计

可测性设计（Design For Test，DFT）是指为了简化制造测试而刻意在设计中加入附加逻辑的设计方法。SoC 中包含功能逻辑、存储器和互连等，各种 IP（模块）的测试方法和协议存在差异，应尽早进行 RTL 可测性分析，并综合运用扫描测试、内建自测试、边界扫描测试及其他新的 DFT 技术，以提高测试的故障覆盖率，缩短设计周期，加快产品的上市速度。

基于扫描和自动测试向量生成的测试具有出色的故障覆盖率。压缩扫描测试将减少扫描测试数据量和测试时间，降低测试成本。SoC 的可测性设计应当考虑测试质量、成本、带宽和面积，在测试向量数、测试时间、测试电路面积和功耗之间取得平衡。

本章首先介绍了 SoC 测试，然后分别讨论了扫描测试、内建自测试和 IP 测试，最后介绍了 SoC 的 DFT 和实现。

6.1 SoC 测试

SoC 中嵌入了丰富的 IP，包括数字、模拟等不同类型。IP 和用户自定义逻辑（User-Defined Logic，UDL）集成在一起来实现既定功能。

在 SoC 生产前，IP 和自定义逻辑只进行软件层级的验证而无法进行硬件层级的电路测试，IP（模块）设计者和 SoC 集成者的测试开发和实施将不再彼此独立和分割，其中 IP（模块）供应者提供测试方法和资料，而 SoC 设计者必须负责系统集成，并将各个 IP（模块）的测试转换成 SoC 相对应的测试。相较于传统的 IC 测试，SoC 测试更加复杂和具有挑战性。

6.1.1 SoC 测试方法与结构

1. SoC 测试方法

1）自顶向下的 SoC 测试

如果各个 IP 都具有良好的可测性和完整的测试信息，则可以直接在芯片级使用，通过构建测试访问通道，实现对每个 IP 的测试访问，解决整个芯片的测试问题。

2）自底向上的 SoC 测试

利用各个 IP 的测试信息，结合芯片的结构或功能特点，在芯片级形成可以实施的各个 IP 的测试数据和方案。

从设计出发，在芯片集成过程中不断扩展 IP 的测试信息，直至芯片级。其基本思路是先将每个 IP 的测试信息以测试协议描述，结合整个系统的设计，通过合适的访问路径扩展到芯片级，再通过芯片级的测试协议调度每个 IP 的测试顺序，最终通过单独测试每个 IP 的方法来完成 SoC 芯片测试。该方法对芯片中的 IP 及其测试信息有着严格规定。

2．SoC 测试结构

基于 IP 的 SoC 测试结构主要包含以下三个部分，如图 6.1 所示。

- 测试访问机制：在测试源和测试宿之间提供测试访问通道。
- 测试环：提供内核与测试访问机制之间的界面。
- 测试调度：确定各内核测试开始与结束。

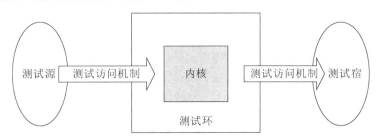

图 6.1 基于 IP 的 SoC 测试结构

1）测试访问机制

IP 被嵌入 SoC，无法从芯片引脚直接访问 I/O 端口，为了在测试设计中能够对该 IP 的状态进行控制和观测，需要采用测试访问机制（Test Access Mechanism，TAM）在测试源、被测 IP 和测试宿之间传递测试激励和测试响应。TAM 作为测试数据传输通路，利用率决定测试效率，需要在传输能力（带宽）和测试数据施加时间之间进行权衡。TAM 带宽由测试激励源和响应分析器带宽及 TAM 实现面积来决定。较宽的 TAM 虽提供了较大带宽，具有较好的测试数据传输能力，但会占用较大的芯片面积。如果测试激励源和响应分析器来自片外 ATE，则 TAM 的带宽将由可供复用的芯片功能引脚数量来确定。

TAM 存在多种实现方式，包括多路复用访问、复用系统总线、核透明策略、边界扫描策略等。

（1）多路复用访问。

每个 IP 的接口通过多路复用选择器连接到芯片引脚上直接进行访问，如图 6.2 所示。当 IP 数量增加时，对多路复用选择器的控制就会过于复杂，由于对 IP 的端口数量有明确限制，因此常用于存储器和基于模块的 ASIC 芯片进行测试。

（2）复用系统总线。

SoC 内部集成了片上系统总线，如 AMBA 总线，可以连接到大多数内核，如图 6.3 所示。TAM 复用系统总线，可实现对每个内核的测试访问来最终完成整个 SoC 测试。这种方式虽可以节省面积，但兼容性、测试费用及测试时间存在局限性。有些设计则提供了专门测试总线。

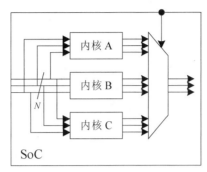

图 6.2　多路复用访问

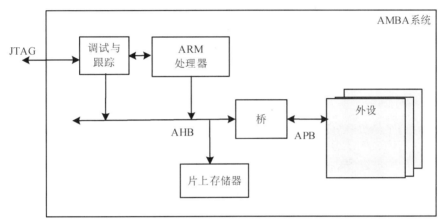

图 6.3　复用系统总线

（3）核透明策略。

每个内核都具有透明模式。当对 SoC 中某一内核进行测试时，其他内核均处于透明模式，从而为该内核提供测试访问通路，如图 6.4 所示。该方式较前两种方式虽减少了硬件开销，但对内核设计有特殊要求，且数据传输通道中多位数据串行会导致测试时间过长。

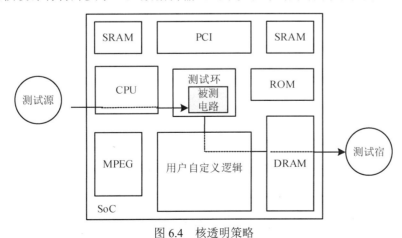

图 6.4　核透明策略

（4）边界扫描策略。

利用 IEEE 1149.1 标准中的边界扫描测试技术，通过标准的扫描链串行访问内核，如图 6.5 所示。硬件开销和测试时间会随着电路集成度的提高而增加。

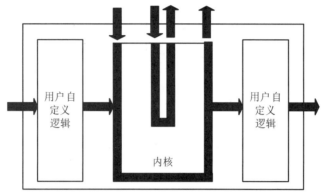

图 6.5　边界扫描策略

2）测试环

测试环（Wrapper）提供内核与 TAM 之间的接口，并提供正常功能模式与其他各种测试模式之间的切换，以及不同总线宽度的适配。测试环不仅可以单独测试各个内核，还可以测试内核与内核之间的互连。

在图 6.6 中，路径 1 表示芯片将测试激励由测试总线加载到测试环单元并传送到内核输入端口；路径 2 表示由测试环单元捕获测试响应并传送到测试总线，当大量内核集成在一起时，内核间需要增加一些用户自定义逻辑；路径 3 表示通过测试总线将测试激励传送到测试环单元并加载到用户自定义逻辑输入端口；路径 4 表示测试环单元捕获用户自定义逻辑输出端口的响应并传送到测试总线。

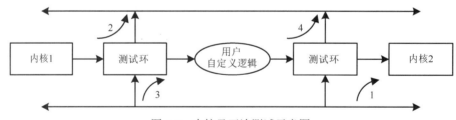

图 6.6　内核及互连测试示意图

对于内核而言，测试环一般具有多种工作模式。

（1）正常模式。

正常模式（Normal Mode）也称为非测试模式。在此模式下，测试环用于连接内核与外围电路，内核的功能操作数据无更改地通过测试环，如图 6.7 所示。此时内核完成芯片的正常功能，测试环逻辑处于透明状态。

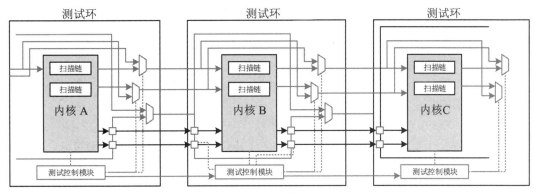

图 6.7　正常模式

（2）测试模式。

在测试模式（Test Mode）下，芯片的 TAM 被连接到内核测试环端口，并将测试激励传送到内核输入端口；测试环观测内核输出端口的测试响应，并通过片上 TAM 将其传送到响应分析器，如图 6.8 所示。

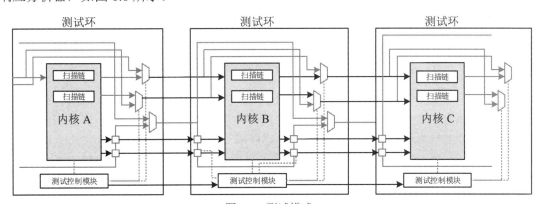

图 6.8　测试模式

（3）旁路模式。

旁路模式（Bypass Mode）是指不经过内核测试数据通道，可以加快测试速度，如图 6.9所示。

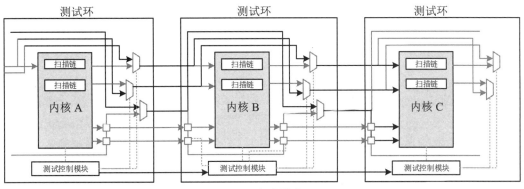

图 6.9　旁路模式

（4）测试复位模式。

在测试复位模式下，被测内核处于测试复位状态，芯片上其他内核处于测试模式，不影响被测内核的测试。

（5）互连测试模式。

在互连测试模式下，各内核处于测试复位模式，芯片通过 TAM 和各内核测试环，向内核与内核之间的互连施加测试激励并观测响应。

（6）分离模式。

在分离模式（Apart Mode）下，断开内核与其外围（如 TAM 间）的连接。

3）测试调度

测试调度是指在给定测试资源下，合理组织系统芯片中各内核及用户自定义逻辑的测试顺序，即每个测试的开始时间和结束时间，从而在满足多个给定测试约束的情况下，优化总测试时间，期望以最少的测试应用时间获得最佳的故障覆盖率，节省测试成本。其中，测试资源主要是指系统芯片中的 TAM 总线位宽、每个被测单元的测试向量和可测性设计电路等。

6.1.2　SoC 的 DFT 技术

DFT 的主要任务是对电路结构进行调整，以提高电路的可测性，即可控制性和可观察性。按测试结构分，目前比较成熟的 DFT 技术主要有扫描测试、内建自测试和边界扫描测试等。

1．扫描测试

扫描测试分为全扫描测试和部分扫描测试。全扫描测试是指将电路中所有的触发器用具有扫描功能的触发器替代，使其在测试时连接成一个或几个移位寄存器（Shift Register）或称为扫描链（Scan Chain）。部分扫描测试是指只选择一部分触发器构成移位寄存器，降低扫描设计的硬件功耗和缩短测试响应时间。

2．内建自测试

内建自测试（BIST）是指被测电路具有测试序列生成和输出响应分析的能力，可分为存储器内建自测试（MBIST）和逻辑内建自测试（LBIST）。

3．边界扫描测试

边界扫描测试已成为芯片 I/O 引脚连接性测试、DC 标定（Characterization）、内部逻辑电路调试（Debug）、在线系统编程和系统级测试的技术和业界标准。

6.2　扫描测试

随着芯片规模迅猛增长，传统的内部扫描测试会生成数量众多的长测试向量。因为测试生成和测试响应分析都在自动测试设备（ATE）上进行，过长的扫描 I/O 时间将导致测试成本急剧增加，所以需要加以改进。

1. 多扫描链测试

多扫描链（Multiple Scan Chain）测试将单个扫描链划分为多个并行扫描链，以减少加载和观测时间。每个扫描链都有单独的扫描输入和扫描输出引脚，扫描链数量受芯片引脚和测试仪扫描通路的可用性限制。多扫描链测试结构如图 6.10 所示。

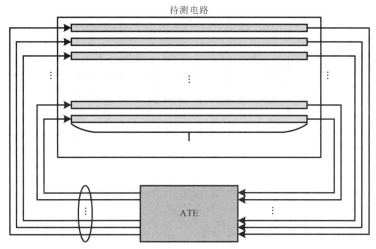

图 6.10　多扫描链测试结构

SoC 面积变大后，数量众多的测试向量会带来很多问题。测试设备不仅需要较大的存储容量和较多的测试通道来存储和传输测试数据，还需要高速运行以提供全速测试。即便可以升级测试设备，芯片测试成本还是会提高，并非好的解决方案，需要寻求新的测试方法。

2. 压缩扫描测试

压缩扫描测试包含两个方面：测试激励压缩和测试响应压缩。一般而言，激励端的测试压缩采用无损压缩，响应端的测试压缩采用有损压缩。压缩扫描测试能够有效减少测试数据量，降低对测试数据存储容量和测试设备数据传输通道的需求，缩短测试时间，降低测试功耗。图 6.11 所示为压缩扫描测试结构。

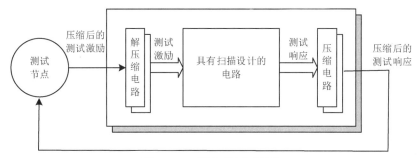

图 6.11　压缩扫描测试结构

在压缩扫描测试中，使用离线软件工具对原始测试向量进行压缩，并存储到测试设备中。在测试准备阶段，将压缩后的数据加载到测试激励解压缩电路，由其解码后通过扫描链施加到待测电路。在测试阶段，待测电路处于功能状态，捕捉测试响应。最后通过扫描链将响应数据传送给测试响应压缩电路，将压缩结果与存储的期望结果相比较，确定芯片是否存在故障。由于测试激励和测试响应都经过压缩，因此数量非常少。

3. 广播式扫描链测试

作为压缩扫描测试的一种，广播式扫描链（Broadcast Scan Chain）测试利用同一组向量对不同电路进行测试，其中伊利诺伊（Illinois）扫描结构比较知名。

伊利诺伊扫描结构包含两种操作模式：广播扫描模式和串行扫描模式，如图 6.12 所示。在广播扫描模式下，扫描链被分割成多个扫描段（Segment），连接到相同的扫描输入，能够覆盖大部分故障，一些难测故障仍需要在串行扫描模式下重新产生向量予以覆盖。在串行扫描模式下，扫描链的长度特别长，向量移入的时间也很长，应该尽量减少向量个数。

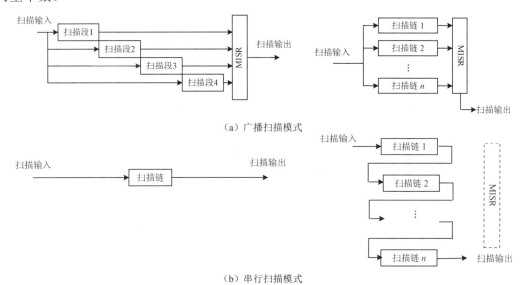

图 6.12　伊利诺伊扫描结构

6.2.1　嵌入式确定性测试

嵌入式确定性测试（Embedded Deterministic Test，EDT）是最常见的硬件测试压缩技术，结构主要包含解压缩器（Decompressor）和压缩器（Compactor），如图 6.13 所示。解压缩器用于驱动扫描链输入。压缩器用于连接扫描链输出。与常规 DFT 技术相比，EDT 算法可以在保持相同故障覆盖率的情况下，减小扫描链长度，增加扫描链数量，缩短测试时间，大幅降低测试成本。

（1）测试数据量。

测试数据量随芯片电路的增加呈指数增长，导致测试时间变长，对测试数据存储容量的要求变高，测试成本显著增加。

$$测试数据量=所有扫描链中的扫描单元总数×扫描向量数$$
$$测试时间=测试数据量/（扫描链数×测试机台频率）$$

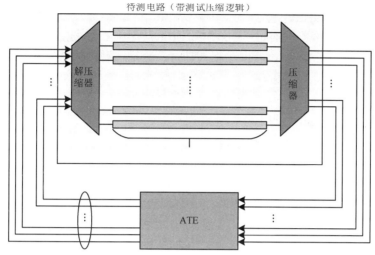

图 6.13 EDT 结构

（2）目标压缩率。

扫描输入与扫描输出之间的长扫描链被分解为小的扫描通路，并连接到压缩逻辑接口，扫描通路数与外部扫描链数的比值为目标压缩率。

在图 6.14 中，在未加 EDT 逻辑前，共有 16 个扫描链，每个扫描链的长度为 2590，测试向量数为 4527 个；加入 EDT 逻辑后，每个扫描链的长度为 263，测试向量数略增为 4540 个，扫描时间仅为原来的 1/10。

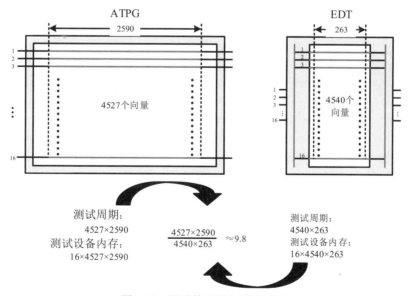

图 6.14 测试数据量与测试时间

1．EDT 原理

1）测试激励

在产生压缩测试向量的 ATPG 算法中，由于采用通路敏化策略，只有与敏化通路相关的原始输入才需要赋确定值，其他的原始输入赋值并不影响故障覆盖率，因此在测试激励端，测试向量中存在很多不关心位（Don't Care Bit）。不关心位是指在向量中这些位的取值不会影响对目标故障集的覆盖，当占比相当高时，会增加测试数据量及扫描链加载和卸载时间。

2）解压缩器

典型的解压缩器结构由环形 LFSR 和移相器构成，如图 6.15 所示。

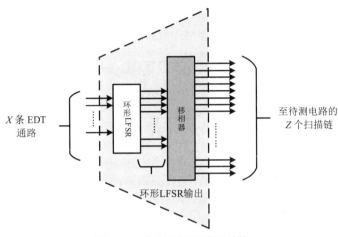

图 6.15　典型的解压缩器结构

（1）LFSR。

基于 LFSR（Linear Feedback Shift Register，线性反馈移位寄存器）的伪随机发生器用于产生测试向量，如图 6.16 所示。

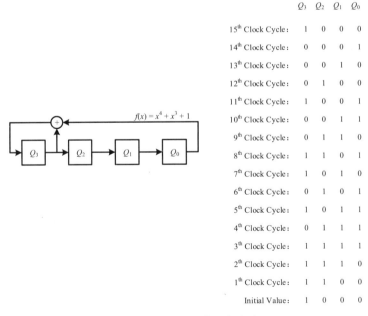

图 6.16　基于 LFSR 的伪随机发生器

（2）环形 LFSR。

与传统 LFSR 比较，环形 LFSR 将多个 LFSR 首尾连接在一起构成了回环，并在回环中设计了多个数据注入点，如图 6.17 所示。环形 LFSR 的输入与外部 EDT 通道相连，由存储在 ATE 上的压缩向量驱动；将注入环形 LFSR 中的压缩数据解码后得到原始向量。

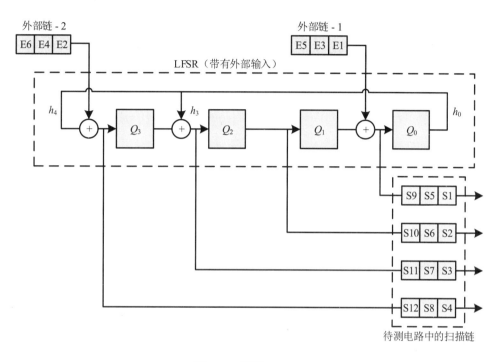

图 6.17　环形 LFSR

（3）移相器。

由异或门（XOR）网络实现的移相器将引入更多的比特流（Bit Stream）随机性，从而提高故障覆盖率。在 EDT 中，环形 LFSR 输出端口将通过移相器连接到扫描链输入端口，如图 6.18 所示。

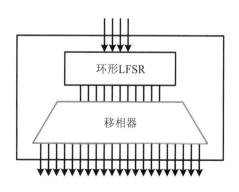

图 6.18　移相器

在图 6.19 中，4 阶（4-degree）LFSR 可以支持 5 个扫描链。

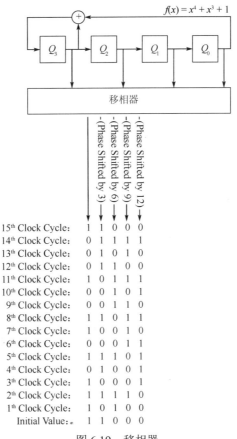

图 6.19　移相器

3）压缩器

两种类型的测试响应压缩器分别为空间压缩器和时间压缩器。

（1）空间压缩器：与输入引脚相比，输出引脚的数量减少了，如图 6.20 所示。

（2）时间压缩器：与输入比特流相比，输出比特流的长度减少了，如图 6.21 所示。

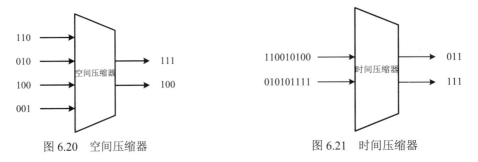

图 6.20　空间压缩器　　　　　图 6.21　时间压缩器

扫描链输出被送至 EDT 中使用的空间压缩器，多个扫描链输出被异或组合成单独的扫描输出通道，允许在给定的扫描输出通道上同时观察多个扫描链，如图 6.22 所示。

4）掩码控制器

在扫描链响应中存在未知值，即 "X"，是电路内部不确定态的外在表现，来源包含非扫描的寄存器、RAM、组合环、无驱动的输入、总线竞争、布线上一些不完全满足电气检查规则的地方等。响应中的 "X" 虽与激励中的 "X" 名称相同，但二者产生的机理完全不同。激励中的 "X" 是 ATPG 在产生向量时留下的，赋值不影响故障覆盖率，事实上还可能帮助了压缩。响应中的 "X" 是仿真中尚无法确定的值，需要设法处理，否则会影响对压缩后特征好坏的判断。

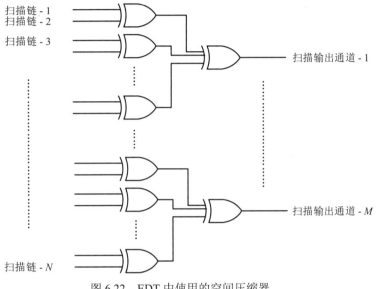

图 6.22　EDT 中使用的空间压缩器

假设两个扫描链使用一个异或门压缩到一个扫描通道，在其中一个扫描链中捕获的 "X" 将阻塞另一个扫描链中的相应单元，导致失去可观察性，如图 6.23 所示。

图 6.23　未知值传播导致 "X" 污染

当不同扫描链的故障单元碰巧处于链中相同位置，并被压缩到相同的输出通道时，可能会发生故障混叠（Fault Aliasing），如图 6.24 所示，此时无法区分正常电路和故障电路。

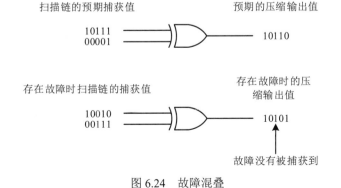

图 6.24　故障混叠

掩码控制器（Mask Controller）将用来解决上述问题。根据移入向量末尾的几位（称为掩码代码），通过掩码控制器和扫描链输出端的掩码逻辑，可以有选择性地掩码扫描链，使其不会进入解压缩器，如图 6.25 所示。

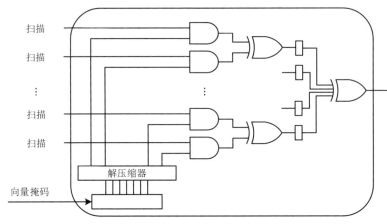

图 6.25　掩码控制器和掩码逻辑

掩码效果如图 6.26 所示。

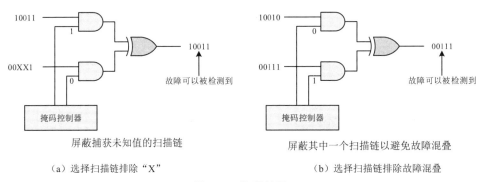

（a）选择扫描链排除"X"　　　　　　　　　　　　　（b）选择扫描链排除故障混叠

图 6.26　掩码效果

5）流水线

为防止压缩器组合逻辑层次过多而造成时序违例，可以在路径中加入流水线（打拍），如图 6.27 所示。

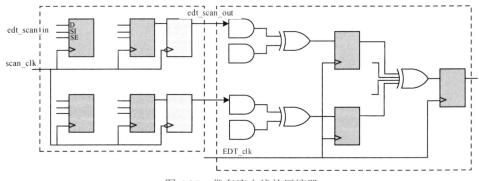

图 6.27　带有流水线的压缩器

2．Tessent TestKompress

Tessent TestKompress 基于拥有的 EDT 技术，能够提供极为有效的测试向量压缩，在不损失任何故障覆盖率的情况下，可以达到 100 倍的测试时间与测试向量大小的压缩。对于 ATE 来说，压缩向量与未压缩向量的工作方式虽完全相同，但压缩向量对测试存储器的占有量大幅减少，同时获得了更短的测试时间。Tessent TestKompress 产生的测试向量，可以保存为 WGL、STIL 等多种格式。图 6.28 给出了 Tessent TestKompress 的 EDT 实现架构。

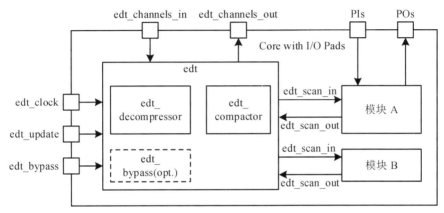

图 6.28　Tessent TestKompress 的 EDT 实现架构

1）时钟

图 6.29 给出了 EDT 时钟。

- 在扫描移位模式下，EDT 时钟（EDT Clock）与测试时钟（Test Clock）在 ATE 中同步。
- 在扫描捕获模式下，EDT 时钟域与测试时钟域之间没有路径。
- 功能时钟用于扫描链的全速测试。

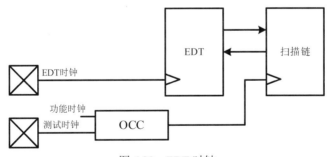

图 6.29　EDT 时钟

2）移位路径

扫描链与 EDT 逻辑之间仅存在移位路径（Shift Path），如图 6.30 所示。

在多 EDT 设计中，各个 EDT 逻辑之间无时序路径，如图 6.31 所示。

3）旁路模式

在 EDT 旁路模式下，测试向量可以由其他 ATPG 工具产生，如图 6.32 所示。

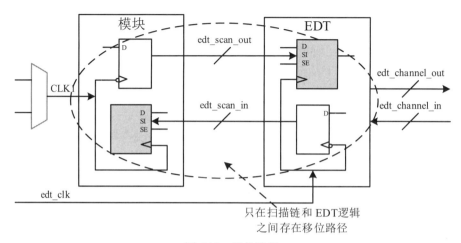

图 6.30　移位路径

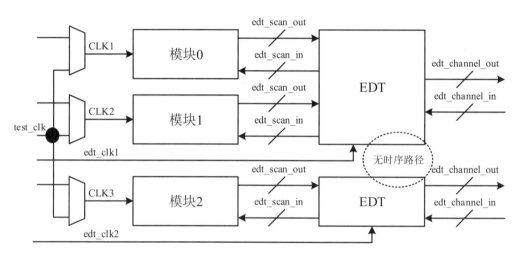

图 6.31　多 EDT 逻辑之间无时序路径

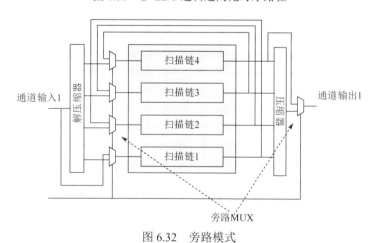

图 6.32　旁路模式

4）带锁存器的扫描链

在旁路模式下，内部扫描链在串联时可能需要在头尾外加锁存器以便进行正确移位，分别如图 6.33 和图 6.34 所示。

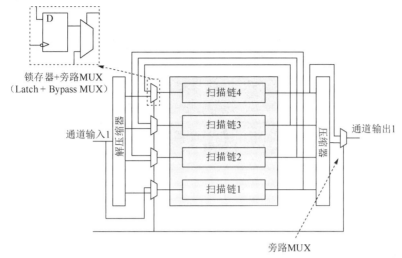

图 6.33　扫描链头部触发器外加锁存器和旁路 MUX

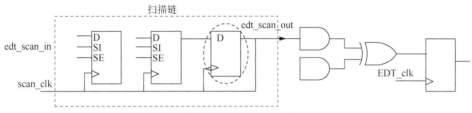

图 6.34　扫描链尾部触发器外加锁存器

5）多模式

在不同模式下，可以拥有不同数量和长度的扫描链。在图 6.35 中，在模式 A 下，扫描链的最大长度为 9；在模式 B 下，只有 2 个扫描链。

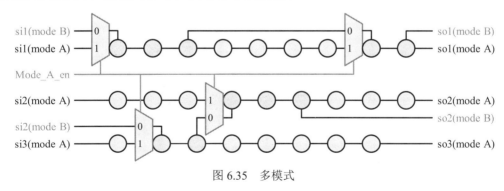

图 6.35　多模式

6.2.2　模块级扫描设计

单个模块可使用多个扫描链，模块级扫描链如图 6.36 所示，可依据不同时钟域和不同子模块进行划分。设计人员需要决定不同时钟域的寄存器，或者不同时钟沿触发的寄存器是否可以连接到同一个扫描链中。如果内部子模块已存在扫描链，则需要考虑是否连接已经存在的扫描链或予以删除。应保持多个扫描链长度的平衡。

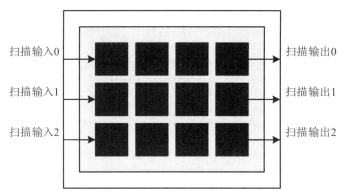

图 6.36　模块级扫描链

1．测试策略

（1）对于同一时钟域的扫描链，低速时仅需进行固定故障测试，高速时需要同时进行固定故障测试和全速测试，如表 6.1 所示。通常 125MHz 或 125MHz 以下被认为是低速。

表 6.1　相同时钟域的扫描链测试

工作频率	固定故障测试	全速测试
低	是	否
高	是	是

（2）对于跨时钟域的扫描链，低/高速时都仅进行固定故障测试，放弃全速测试，如图 6.37 和表 6.2 所示。

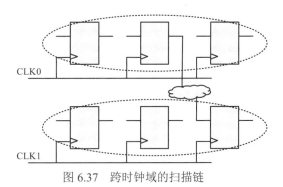

图 6.37　跨时钟域的扫描链

表 6.2　跨时钟域的扫描链测试

工作频率	固定故障测试	全速测试
低	是	否
高	是	否

（3）扫描链长度小于或等于 500 至 600 之间的某个数。

（4）扫描链数=N/扫描链长度，其中 N 为可扫描触发器总数。

（5）压缩比=扫描链数/通道数，一般小于或等于 200。

2．扫描结构

将 EDT 模块插入设计之中，并连接到所定义的扫描链输入/输出端口。

（1）模块外加 EDT 模块，如图 6.38 所示。

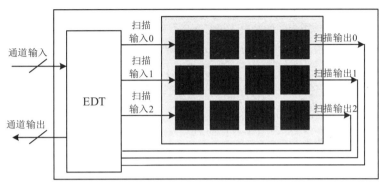

图 6.38　外加 EDT 模块

（2）模块内置 EDT 模块，如图 6.39 所示。

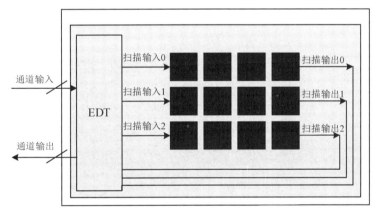

图 6.39　内置 EDT 模块

（3）模块内部可以存在多个 EDT 模块，以连接内部不同子模块的扫描链，如图 6.40 所示。

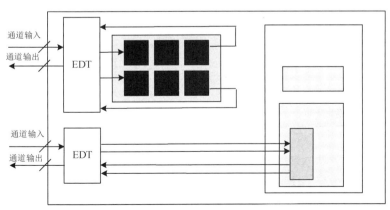

图 6.40　多个 EDT 模块

6.3 内建自测试

广义的内建自测试（Built-in Self Test，BIST）技术包括逻辑内建自测试（Logic BIST，LBIST）技术和存储器内建自测试（Memory BIST，MBIST）技术。其中，LBIST 技术是指在芯片中自动插入 BIST 电路；MBIST 技术是指在芯片中自动插入存储器单元或阵列的 BIST 电路。由于不需要在 ATE 上加载测试向量，因此可以在芯片的工作频率下进行全速测试，从而缩短测试时间，降低测试成本。

1. LBIST

在 LBIST 中，测试激励由片上伪随机向量产生器（Pseudo-Random Pattern Generation，PRPG）产生，对功能逻辑进行扫描测试；输出响应通过多输入签核寄存器（Multiple Input Signature Register，MISR）进行压缩后，对得到的特征值进行比较，结构如图 6.41 所示。

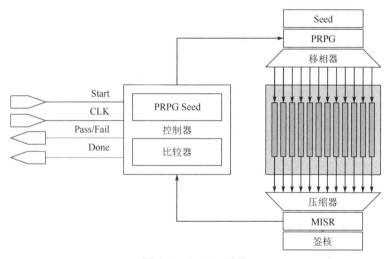

图 6.41 LBIST 结构

LBIST 不依赖于 ATE，可以直接在板上进行测试，在芯片部署到产品中后也可以进行系统上（In-system）测试，开发难度大、开发周期长，具有很大的面积开销，一般针对可靠性要求较高的芯片（如汽车电子、工业级应用）。

LBIST 产生随机激励，故障覆盖率不充分，通过增加测试点可以在一定程度上加以改善。此外，LBIST 对芯片中的"X"源敏感，需要费时费力加以清理。

2. 嵌入式存储器测试

1）直接测试

直接测试是指在 ATE 上直接进行测试，如图 6.42 所示，优点是容易实现多种高质量测试算法，算法越复杂，对 ATE 存储器容量的要求越高，不易实现全速测试，受芯片引脚限制，进行芯片内大容量嵌入式存储器的直接测试往往不太现实。

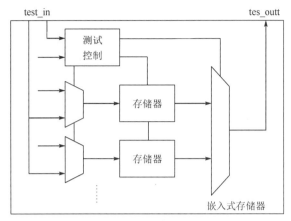

图 6.42 直接测试

2）利用嵌入式处理器进行测试

当利用嵌入式处理器进行测试时，软件程序可灵活修改与实现，不需要修改硬件。嵌入式处理器没有与所有的嵌入式存储器直接相连，很难对存储处理器程序的存储器进行测试，编写或修改软件程序需要耗费大量人力。

3）MBIST

BIST 原理是由内部嵌入电路自动实现通用存储器测试算法，通过多次读写 SRAM 来确定是否存在制造缺陷，彻底消除或最大限度地减少对外部测试向量生成及 ATE 存储器容量的需要，达到高测试质量、低测试成本的目标。利用系统时钟进行全速测试，可覆盖更多制造缺陷，缩短测试时间，还可以针对每一个存储单元提供自诊断和自修复功能。

MBIST 虽是目前嵌入式存储器测试设计的主流技术，但将增加芯片面积，可能影响芯片时序。

6.3.1 MBIST 电路

测试向量由内部逻辑生成，相应电路与被测存储器运行在同一工作时钟频率，不需要由测试机台低速时钟移入测试向量。同时，测试机台只需要收集测试结果，对比验证同样交由内部逻辑自行完成。MBIST 可大幅缩短测试时间，代价是增加芯片面积，不能自由配置或更改测试向量。

MBIST 电路由 MBIST 控制器、Collar、响应分析器、存储器构成，如图 6.43 所示。

MBIST 控制器在接收测试开始指令后，首先会将存储器的输入/输出切换到测试模式，同时启动向量产生器开始产生和给出测试向量，并计算存储器的输出期望值。存储器在接收到测试向量之后，会间隔执行读/写/使能操作，遍历测试所有地址下每个位（比特）单元的读写功能。存储器的输出值与期望值进行比较后，将正确与否的结果反馈到 MBIST 控制器。

1. MBIST 控制器

MBIST 控制器由状态机和向量产生器组成，如图 6.44 所示。其中，状态机控制 MBIST

电路对存储器进行读写操作，向量产生器可产生测试向量，不同测试算法的实现电路可产生不同的测试向量。

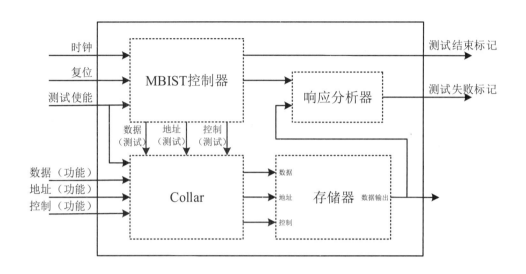

图 6.43 MBIST 电路

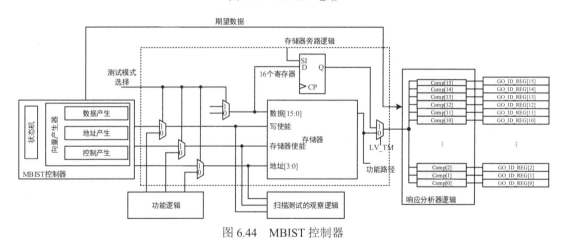

图 6.44 MBIST 控制器

在 RAM 测试中，March 算法测试简单、快捷，是最受欢迎的算法，测试类型多样，故障覆盖率也各不相同，常用算法为 March C+，总共包含 14 次操作（5 次写操作和 9 次读操作），包含每个比特的 0/1 读写操作、高速的读-写-读操作、高速地址递增和递减操作。

- 按存储器地址升序写入：写入 01010101（0x55）。
- 按存储器地址升序读写：读出 0x55，写入 0xAA，读出 0xAA。
- 按存储器地址升序读写：读出 0xAA，写入 0x55，读出 0x55。
- 按存储器地址降序读写：读出 0x55，写入 0xAA，读出 0xAA。
- 按存储器地址降序读写：读出 0xAA，写入 0x55，读出 0x55。
- 按存储器地址降序读出：读出 0x55。

2．Collar

Collar 包括多路选择电路、旁路逻辑等。

1）多路选择电路

多路选择电路由 MBIST 的使能信号控制。当测试模式（test_mode）有效时，存储器处于测试模式，输入数据、地址和控制信号来自 MBIST 控制器；当测试模式无效时，存储器处于功能模式，输入数据、地址和控制信号来自功能电路。

2）旁路逻辑

旁路逻辑在测试模式下将输入端口与输出端口连接起来，可使原先不可控和不可观测的逻辑变化反映到扫描链上，变得间接可控和可观测，从而提高整个芯片的故障覆盖率，如图 6.45 所示。RAM 的输入比输出多，可用异或逻辑连接。对于 XOR/XNOR 门，为了将故障响应从一个输入传播到输出，可根据难易程度设置所有其他输入为 0 或 1；对于 AND/NAND 门，必须将其他输入都设置为 1。

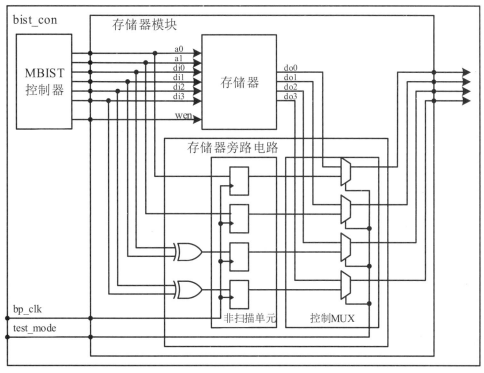

图 6.45　旁路逻辑

3．响应分析器

从存储器读出的数据被送入比较器，与 MBIST 控制器输出的期望数据进行比较，如果发现错误，则比较器输出信号 fail_h 被置为有效并保持到测试结束。通过检测测试结束标记 test_done 和测试失败标记 fail_h 的状态可以判断测试通过或失败。用比较器实现的响应分析器如图 6.46 所示。

响应分析器也可以用 MISR 来实现，使用 MISR 实现的响应分析器如图 6.47 所示。

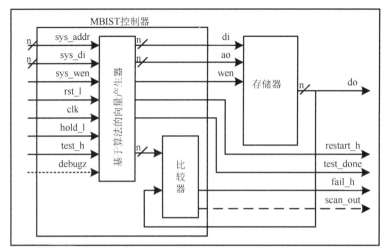

图 6.46　用比较器实现的响应分析器

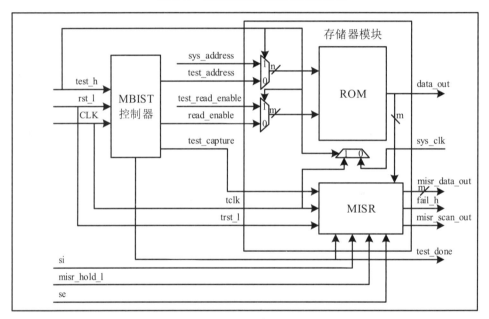

图 6.47　使用 MISR 实现的响应分析器

存储器对芯片良率有着重要影响。为了避免良率过低带来的损失，通常会在存储单元中添加冗余或备用的行和列，以便将故障单元重新映射到冗余单元。存储器修复包括行修复、列修复或两者的组合。MBIST 电路不仅可以判断器件失效与否，还能够自动分析失效的原因，此时测试数据被用来定位存储器的具体失效地址空间。存储器的内建自修复（Built-In Self Repair，BISR）如图 6.48 所示。

当进行存储器修复时，首先对可修复存储器进行测试，由 MBIST 控制器诊断出故障，然后确定修复签名以修复拥有冗余的存储器。

内建冗余分析（Built-In Redundancy Analysis，BIRA）模块根据存储器故障数据和实现的存储器冗余方案计算修复签名，确定存储器在生产测试环境中是否可修复。所有可修复的存储器都拥有 BISR 寄存器，以存储修复签名供 MBIST 控制器或 ATE 进行进一步处理。

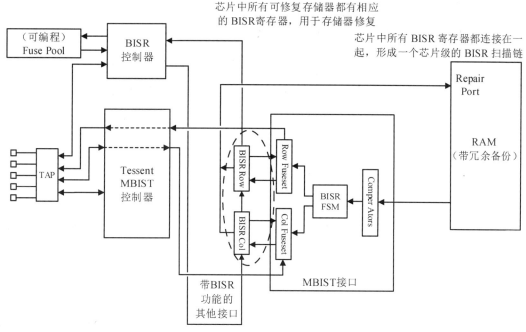

图 6.48　存储器的 BISR

通过 TAP（测试访问端口）经专用 BISR 寄存器扫描链，可以将获得的修复签名经压缩后即时烧结到 eFuse 或 OTP 中。当芯片复位时，eFuse 或 OTP 中的修复信息经扫描链自动加载和解压缩到 BISR 寄存器，修复所有留有冗余的存储器，最后对修复的存储器进行 MBIST，以验证存储器的正确性。

6.3.2　模块级 MBIST 设计

1. 串行 MBIST 结构

当芯片内包含的存储器较多时，多个存储器可以共享一个 MBIST 控制器，共享 MBIST 电路如图 6.49 所示。

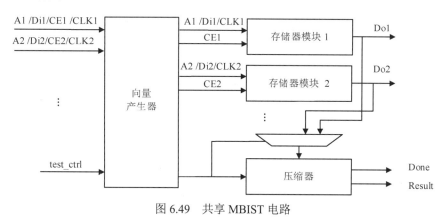

图 6.49　共享 MBIST 电路

在图 6.50 中，多个 SRAM 只生成一套 MBIST，通过附加的状态机和数字逻辑对多个

SRAM 逐一进行测试，即构建串行 MBIST 结构。当所测的某一个 SRAM 出现故障后，即停止测试，若所有 SRAM 的测试结束都没有错误信号输出，则表明所有测试均通过。

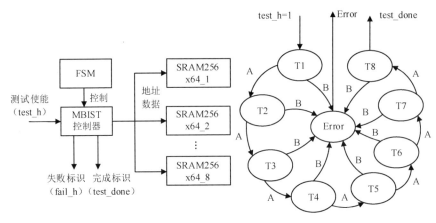

图 6.50　串行 MBIST 结构

当芯片内部嵌入的存储器大小各不相同时，串行 MBIST 结构的前端实现比较复杂。复用同一套 MBIST 虽然节省了面积，但为了有利于时序收敛及绕线，往往需要存储器靠近与之有逻辑关系的功能单元，从而对芯片整体物理版图的设计带来一定束缚；当存储器数量较多时，逐一测试虽然能降低功耗，但可能导致测试时间增长和测试成本上升。

2．并行 MBIST 结构

在具有多个存储器的设计中，可以给每个存储器单独生成一套 MBIST，构成并行 MBIST 结构，如图 6.51 所示。在此结构中，可对所有 MBIST 的完成标识（test_done）进行"与"操作，以保证所有 SRAM 都测试结束；失败标识（fail_h）可通过"或"操作来实现（高电平有效），只要有一个 SRAM 出现故障即停止测试，否则表明所有测试均通过。

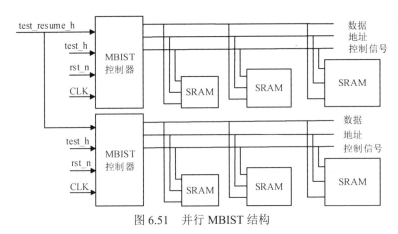

图 6.51　并行 MBIST 结构

在并行 MBIST 结构下，多个存储器各成体系，互不相扰，前后端实现都很容易，芯片测试时间短。相比串行 MBIST 结构，并行 MBIST 结构会增加芯片面积和功耗。

3．存储器分组

当使用并行 MBIST 结构时，可以对存储器进行分组，根据所属时钟域和电源域对存储器进行分组，主要是为了满足实速测试要求，还可以根据功耗（最大功耗）将存储器进行分组，以及根据存储器的类型进行分组，并保持各组平衡，优化测试时间，根据布局位置进行分组，以解决绕线长度和拥塞（Congestion）问题，其他的一些参考因素包括 MBIST 实现算法、MBIST 诊断及修复要求等。

4．MBIST 的操作控制

可以通过标准的 TAP 对 MBIST 的操作进行控制，如图 6.52 所示。

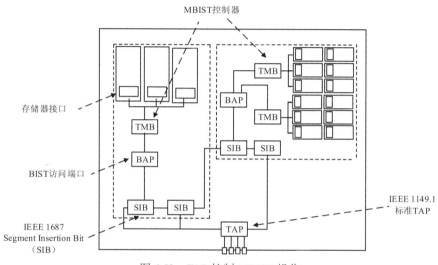

图 6.52　TAP 控制 MBIST 操作

也可以通过 IEEE 1500 核心封装测试访问端口（WTAP）对 MBIST 的操作进行控制，如图 6.53 所示。

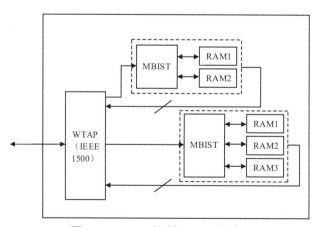

图 6.53　WTAP 控制 MBIST 操作

在并行结构下，多个 MBIST 控制器可以同时工作，即对存储器进行并行测试。如果芯片存储器较多，而且功耗较大，那么为了避免在测试过程中因芯片局部过热造成芯片损害，可以采用分步测试，即每次先测试片内一部分存储器，完成后，再测试另外部分。

5. Tessent MBIST

MBIST 控制器内含状态机和向量产生器，以执行对存储器的测试控制。存储器接口（Interface）包含选择输入/输出的多路选择电路；比较器可以位于 MBIST 控制器（面积更小，时序和拥塞更差）或存储器接口（效果反之）；比较结果汇总为测试结果后被传送至外部端口。Tessent MBIST 流程如图 6.54 所示。

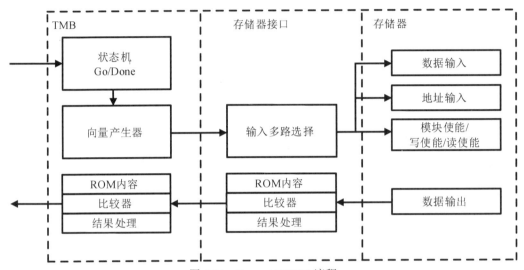

图 6.54　Tessent MBIST 流程

MBIST 中的关键指示信号有 Run 信号、Go 信号、Done 信号，由 MBIST 控制器结合状态机和比较器的比较结果给出。Run 信号指示当前控制器及下属的存储器进入测试状态，结合 Go 信号和 Done 信号，可判定当前控制器下属存储器的测试情况。Go 信号一直未拉高或 Done 信号一直未拉高表示控制器执行有误。Go 信号拉高后，Done 信号尚未拉高表示存储器测试正在执行，尚未出错。Go 信号拉高后，在 Done 信号拉高前回落表示有存储器测试失败。Go 信号拉高后，Done 信号拉高表示存储器测试通过。

根据用户需求不同，Go 信号可以有多种输出方案。全部测试信号汇总为一个 Go 信号输出，只指示设计的 MBIST 结果；每个存储器对应一个 Go 信号输出，可具体指示哪一块存储器有故障；每个比较器对应一个 Go 信号输出，可指示存储器的哪一位输出有故障；若要具体到哪一个 BitCell 有故障，则默认不能实现，需要调用 Tessent 的诊断特性。

图 6.55 所示为 Tessent MBIST 逻辑的时钟和复位信号示意图。Tessent MBIST 逻辑工作不依赖系统原有复位，复位信号由 TRST（测试复位接口）、TAP（测试访问端口）、SIB（分段插入位）、BAP（BIST 访问端口）逐级提供给 TMB 和存储器接口，只有在需要时，下一级才会从上一级获得复位信号开始工作。TAP、SIB、BAP 三个模块都工作在测试机台的慢速时钟（TCK）下，TMB、存储器接口直接工作在待测试存储器的时钟源（FuncCLK）下，向量产生和测试都工作在高速时钟下，以节省测试时间，便于对存储器进行全速测试。

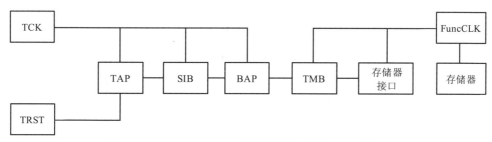

图 6.55　Tessent MBIST 逻辑的时钟和复位信号示意图

时钟网络中的时钟源（晶振或 PLL 等）、时钟门控（Clock Gate）、时钟选择（Clock MUX）、时钟分频（Clock Divider）在功能模式下可能正确有效，如果在代码设计时考虑不周，则很有可能出现在 MBIST 模式下，信号配置出错或部分功能逻辑不能工作，导致时钟路径不通，或者时钟频率不匹配全速测试的要求。因此，时钟相关逻辑需要得到一个与功能模式相同的复位信号，使时钟相关逻辑（如处理器中的时钟分频电路和 SoC 平台中的时钟管理模块）能正常工作以提供正确时钟，其他无关逻辑在 MBIST 中需要复位信号一直保持有效，保证在测试期间不会由于信号翻转而产生过高功耗。测试模式下的复位信号如图 6.56 所示。

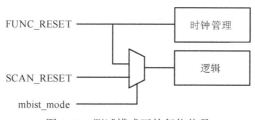

图 6.56　测试模式下的复位信号

6.4　IP 测试

SoC 中的 IP 有各自不同的模型和测试要求。IP 提供者向 SoC 集成者提供的测试信息（包括由测试产生的方法和策略及测试向量）能否在 SoC 上复用成为一个关键问题。当各 IP 集成到 SoC 上时，原本 IP 端口会因内嵌 SoC 中而无法被芯片外部访问，致使 IP 的可测性发生变化。

6.4.1　IP 的直接测试

IP 的测试端口包括静态和动态激励端口、静态和动态观测端口，以及静态配置端口，如图 6.57 所示。其中，动态端口需要与芯片引脚直接连通，静态端口控制信号可来自读写寄存器、TAP 控制器、芯片外部引脚。

当通过芯片引脚访问 IP 时，通常要利用引脚复用功能，使用引脚复用功能的 IP 测试如图 6.58 所示。当 IP 较多时，复用逻辑相应复杂，走线密集，对验证、布局布线和时序收敛都会造成困难。

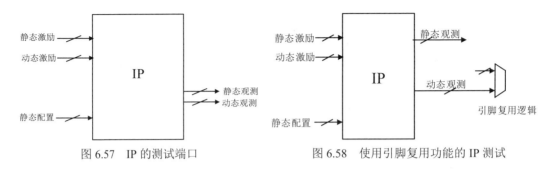

图 6.57　IP 的测试端口　　　　图 6.58　使用引脚复用功能的 IP 测试

6.4.2　基于 IEEE 标准的 IP 测试

为不同和特定目的而制定的 IEEE 标准，包括 IEEE 1149.1——边界扫描（JTAG）标准、IEEE 1687——内部 JTAG（IJTAG）标准和 IEEE 1500——嵌入式内核测试（Embedded Core Test, ECT）标准，都可以用于内部 IP 测试，如图 6.59 所示。每种标准都有一些相似之处，也都有其他标准所没有的能力。

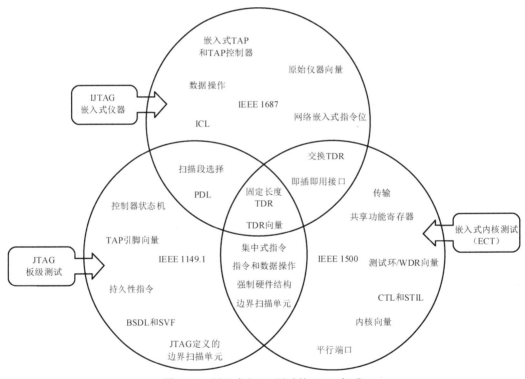

图 6.59　用于内部 IP 测试的 IEEE 标准

1.　基于 IEEE 1149.1 标准的 IP 测试

基于 IEEE 1149.1 标准的 IP 测试的所有配置均通过 JTAG TAP 控制器进行，所有静态激励和状态读取也通过 JTAG TAP 控制器进行，如图 6.60 所示。

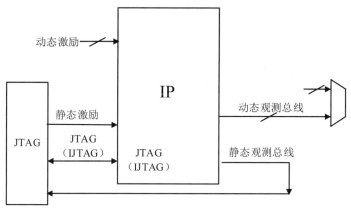

图 6.60　基于 IEEE 1149.1 标准的 IP 测试

图 6.61 所示为基于 IEEE 1149.1 标准和公共总线（APB）的 IP 测试，JTAG TAP 控制器与 IP 之间通过 APB 连接。

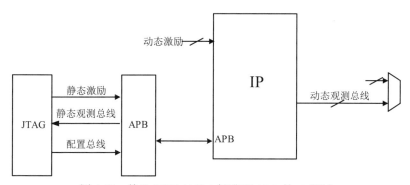

图 6.61　基于 IEEE 1149.1 标准和 APB 的 IP 测试

2. 基于 IEEE 1500 标准的 IP 测试

IEEE 1500 标准是一种广泛采用的 IP 级测试访问硬件标准，定义了测试环和用于传递内核测试信息的内核测试语言（CTL）。为了适应内核的多来源，该标准只对测试环定义了行为，TAM 则留给了用户自己定义。

测试环将 TAM 连接到内核，允许内核工作在正常或测试模式，IEEE 1500 标准的测试环如图 6.62 所示。

IEEE 1500 标准的接口包括指令寄存器（WIR）、旁路寄存器（WBY）、边界寄存器（WBR）和测试环的串行接口（WSI 和 WSO）。其中，WIR 是一个移位/更新寄存器，类似于 JTAG 的指令寄存器；WBY 绕过基础 IP，将数据从 WSI 直接路由到 WSO 或测试环并行输出接口（WPO）；WBR 由边界扫描单元（BSC）串联连接，建立了 IP 与外部模块之间的接口，可以捕获 IP 的所有状态，不过会导致面积和功耗增加；WSI 和 WSO 是来自被测 IP 的测试环串行输入接口和串行输出接口。

IEEE 1500 标准的测试环允许串行和并行测试访问。其中，串行测试访问基于连接到 SoC 测试基础架构（IEEE 1149.1 标准、IEEE 1687 标准）的测试环指令和数据寄存器；并行测试访问使用共享测试访问总线。串行和并行测试访问允许并行或顺序测试内核（组）

以实现最大吞吐量，降低功耗。

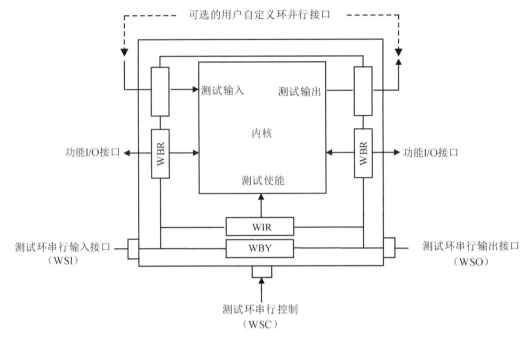

图 6.62　IEEE 1500 标准的测试环

IEEE 1500 标准并没有指定物理控制器，只有一个可分离的（即插即用）信号接口。在图 6.63 中，利用一个顶层 IEEE 1149.1 标准的 TAP 和多个 IEEE 1500 标准的 WTAP（Wrapper TAP）执行 IP 测试。

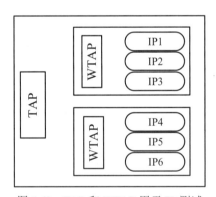

图 6.63　TAP 和 WTAP 用于 IP 测试

3. 基于 IEEE 1687 标准的 IP 测试

IP 往往来自不同供应商，有着不同的测试需求，访问和测试 IP 十分困难，原本的测试协议（IEEE 1149.1 标准）逐渐无法完全满足测试需求。IEEE 1687 标准开发了一种访问嵌入式仪器的方法，而不需要定义嵌入式仪器本身。嵌入式仪器是指 SoC 中的嵌入式 IP，包括如下内容。

- 存储器内建自测试（MBIST）。
- 扫描（Scan）。

- 扫描压缩（Scan Compression）。
- 逻辑内建自测试（LBIST）。
- 锁相环内建自测试（PLL BIST）。
- 调试和跟踪（Debug and Trace）。
- 断言（Assertions）。
- 电压监测器。
- 温度监测器。
- 频率监测器。
- 功耗模式设置。
- 总线配置。

由于 IEEE 1687 标准具有灵活性和可重新配置性，因此不同的控制器都可以使用，只要该控制器能生成 Shift-Enable 信号、Capture-Enable 信号、Update Enable 信号和 Reset 信号。

IEEE 1687 标准为每个 IP 提供标准八端口、标准测试硬件描述和标准测试程序语言。IEEE 1687 标准提供了两种语言：仪器连接语言（Instrument Connectivity Language，ICL）和程序描述语言（Procedural Description Language，PDL）。其中，ICL 描述了测试数据寄存器（TDR）的位置和访问的扫描路径及扫描路径应如何更改；PDL 定义了内核的读、写和扫描操作，并将它们转换为每个内核的芯片级测试向量，如图 6.64 所示。

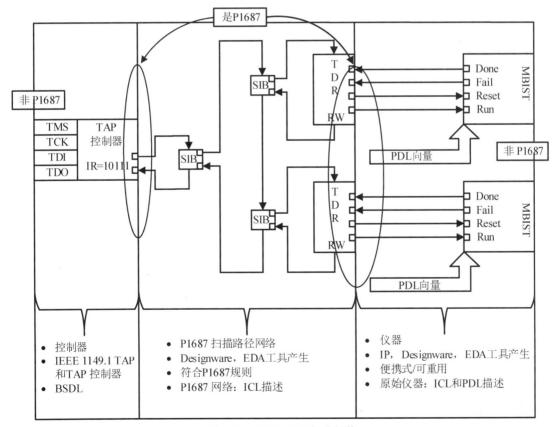

图 6.64　IEEE 1687 标准架构

与 IEEE 1149.1 标准和 IEEE 1500 标准相比，IEEE 1687 标准中定义的硬件架构大大提升了可扩展性。图 6.65 所示为基于 IEEE 1687 标准的 IP 测试网络。

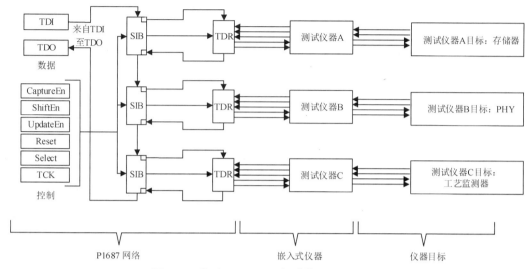

图 6.65 基于 IEEE 1687 标准的 IP 测试网络

4．Tessent MBIST 结构

Tessent MBIST 结构基于 IEEE 1687 标准，通过 TAP，将测试指令转换到 IJTAG 扫描链，并移位到其后的模块内；SIB（Segment Insertion Bit，分段插入位）可以开启或关闭其下对应的 IJTAG 扫描链，IJTAG 扫描链的开启意味着该部分存储器进入测试状态；BAP 连接 SIB 与 MBIST 控制器；测试结果由 IJTAG 扫描链，经过 TMB 控制器、BAP、SIB、TAP 输出到 TDO 端口。图 6.66 所示为 Tessent MBIST 结构。

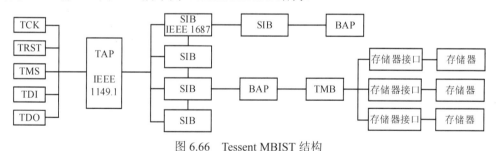

图 6.66 Tessent MBIST 结构

6.4.3 高速和数模混合电路测试

1．高速数字接口测试

通用 SoC 测试机台的基本模块及功能如图 6.67 所示。图中，PE 卡提供通用测试机台通道，一般连接 SoC 的 I/O 接口。通用测试机台通道可以提供输入激励，采样 DUT 输出。不同的 SoC 测试机台会提供不同的模拟或高速数字板卡，以支持不同的测试需求。

DC 参数的测试一般需要参照数据手册，在设计阶段与 DFT 工程师沟通，以保证其可测性。

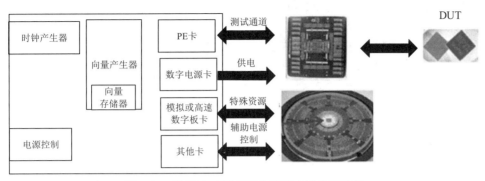

图 6.67　通用 SoC 测试机台的基本模块及功能

SoC 集成了很多高速数字接口，常见的有 USB、MIPI、PCIe、SATA 等。这些接口的数据速率在 2GHz 以上。多数测试机台的普通 PE 卡无法支持高频，选取数字高速板卡意味着测试成本大幅提高，且不易找到合适的测试机台。一般可以在物理层（PHY 层）进行 TX/RX 的回环测试（Loop-back Test），通过软件或硬件的方式，将接收到的信号或数据直接返回给发送者。很多通信设备都可以配置端口的数据发送模式，以检测同一端口的信号接收。端口回环测试用于检测端口的状态是否正常，可分为本地回环测试和远端回环测试。

以太网回环测试是一个典型实例。随着以太网速率的提升，物理层的复杂度大大提高。千兆以下的 PHY 比较简单，MAC 层通过 MII（介质独立接口）访问 PHY 寄存器。千兆以上的 PHY 比较复杂，PHY 被划分为多个子层，其中 PCS 子层、PMA 子层、PMD 子层等都有各自对应的 MDIO 管理设备（MDIO Manageable Device，MMD），通过 MDIO 接口进行管理。本地回环测试较为常见，端口向外发包，也就是从 MAC 层向 PHY 方向发包。本地回环测试通常分为 MAC 内环测试、PHY 内环测试和端口外环测试。

MAC 内环测试的范围仅限于 MAC 芯片，如图 6.68 所示。

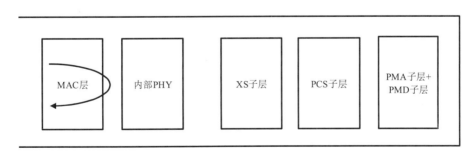

图 6.68　MAC 内环测试

PHY 内环测试的范围覆盖了从 MAC 芯片到 PHY 芯片的 PCS 子层，如图 6.69 所示。

端口外环测试要在端口外面构造一个物理环路。电口使用自环头，光口可以用一根光纤连接光模块的 TX 和 RX。在图 6.70 中，报文从 MAC 层发出，先经内部 PHY 到达端口外面，再经外部的物理环路回到 MAC 层。这样，端口外环测试就覆盖了本地端口的全部功能。

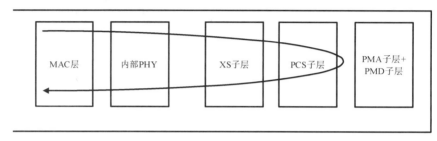

图 6.69　PHY 内环测试

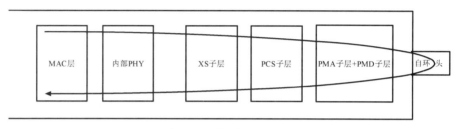

图 6.70　端口外环测试

与本地回环测试相比，远端回环测试的方式恰好相反。端口外接包产生器（Packet Generator），报文到达端口，在内部转圈后再返回。除内外部 PHY 外，远端回环测试还可以检测链路是否存在故障。在图 6.71 中，报文在外部 PHY 的 XS 子层进行环回，从本端口转发出去。

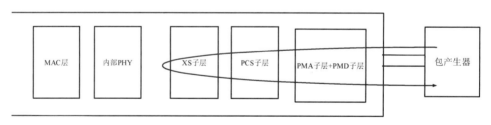

图 6.71　XS 子层的远端回环测试

在图 6.72 中，报文在 MAC 层芯片的内部 PHY 进行环回，从本端口转发出去。

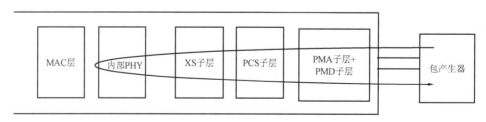

图 6.72　内部 PHY 的远端回环测试

2. 基于 IEEE 1149.4 标准的数模混合设计测试

现在大多数 SoC 中都含有模拟电路，如 PLL、LDO、Bandgap、OSC 等，在设计阶段就需要考虑测试需求，并寻求 DFT 支持，避免产生对 ATE 的过高要求。一种可测性设计策略是将模拟电路、数字电路和存储器分开进行测试。利用边界扫描方案（IEEE 1149.1 标准和 IEEE 1149.4 标准）将测试信号传递给各电路，并进行互连测试。

IEEE 1149.4 标准是对 IEEE 1149.1 标准的扩展和补充，能用于器件、组件和系统级测试，改善混合信号设计的可控制性和可观察性，支持混合信号 BIST 结构，主要目的是支持互连测试、参数测试和功能测试。在图 6.73 中，互连可能是简单的连线（IEEE 1149.4 标准定义为简单互连），也可能是由无源器件组成的阻抗网络（扩展互连），甚至可能是有源网络（情况极少）。

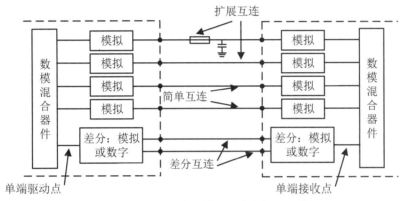

图 6.73 简单互连、差分互连和扩展互连

互连中的短路和开路故障很有可能发生在模拟内核与数字内核之间，采用以往的基于 IEEE 1149.1 标准的边界扫描方案不能测试此类故障，并且无法测试模拟内核，图 6.74 所示方案能很好地解决问题。其中，AT1 传送模拟激励，AT2 将模拟响应传回 ATE。

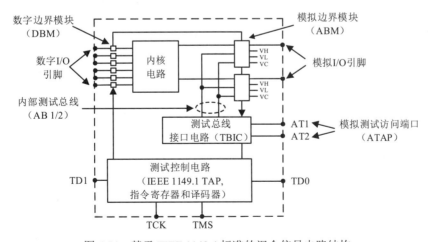

图 6.74 基于 IEEE 1149.4 标准的混合信号电路结构

6.4.4 先进 DFT 技术

1. 层次化 DFT

随着设计规模和复杂性的增长，DFT 工程师开始采用新方法，通过将 DFT 从流片的关键路径中移除来缩短 DFT 实施时间，降低测试成本和设计进度风险。层次化 DFT（Hierarchical DFT）使用 SoC 的现有层次结构插入所有 DFT，并在内核层生成测试向量，关键技术包括内核隔离、灰盒模型生成和测试向量的重定向。

层次结构的最低层级是内核层，内核层中可以是单个内核，也可以是一组内核。一些设计将多个较小内核组合在一起，共享扫描通道和最大限度地减少布线。与布局模块（Layout Block）对应的每个内核都由测试环链（Wrapper Chain）隔离。如果实施得当，则因测试环链而增加的面积可以忽略不计，其提供的隔离使单独测试每个内核成为可能。在内部模式下，内核的测试环链配置为测试边界内的逻辑，只需要在 ATPG 工具中加载该内核的网表即可生成测试向量，并通过时序反标进行仿真，如图 6.75 所示。所有 DFT 插入、验证和测试向量的生成都在内核层执行。测试向量被重定向到芯片层，其中的内核均以灰盒模型表示。

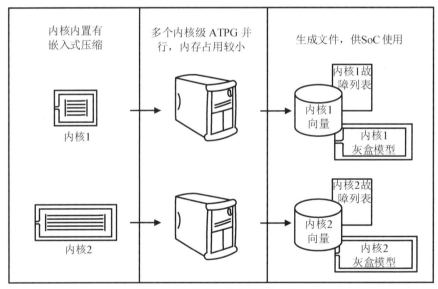

图 6.75　生成内核级测试向量

内核的灰盒模型包含测试环链和测试环外部的逻辑，如图 6.76 所示。此模型将用于后续的芯片层 DFT。

内部模式下的测试向量被重定向到 SoC 引脚。即使可用的芯片级引脚很少，内核也可以共享对这些引脚的访问，并分阶段进行测试，如图 6.77 所示。

在外部模式下，考虑其余的 SoC 级逻辑和互连，此时内核的测试环链被重新配置为从输出测试环启动并在输入测试环上捕获，在 ATPG 工具中只需要加载 SoC 级网表和灰盒模型，从而可以保持较小的内存占用量和较短的运行时间。

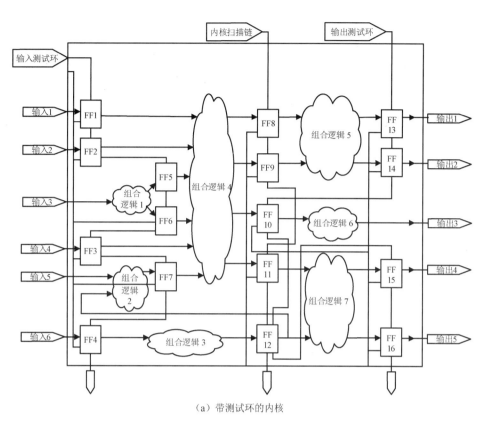

（a）带测试环的内核

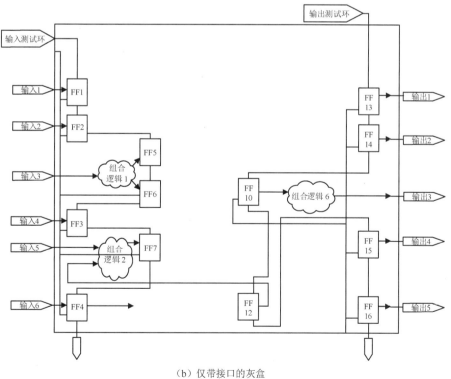

（b）仅带接口的灰盒

图 6.76　内核的灰盒模型

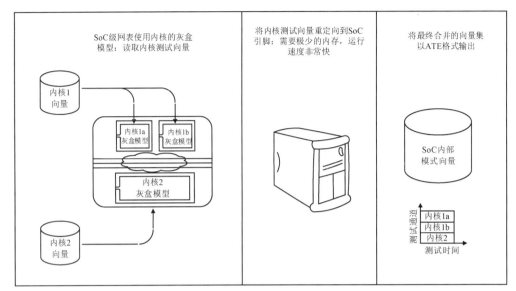

图 6.77　内核的测试向量被重定向到 SoC 引脚

Tessent Connect 工具提供了用于层次化 DFT 流程的端到端自动化,降低了许多 DFT 步骤的复杂性,加快了产品上市速度。

Tessent Connect 工具实现了意图驱动的自动化,设计人员能够在流程早期,使用更高层次的抽象方式来定义总体测试目标和意图。例如,设计人员为不同的扫描模式配置 ATPG,通常需要首先编写多个脚本和程序文件,然后为每个测试模式加载正确的配置文件。使用该工具,可以一次性插入所有扫描配置(内部、外部、旁路模式等),并分层组织存储在一个通用数据库中。之后,在 ATPG 期间,该工具只需知道要导入哪种扫描模式,就能够处理工作细节。

Tessent Connect 工具采用基于 IEEE 1687 标准的通用测试基础架构,能够使用任何供应商的符合标准的 IP,大大简化了 IP 的全流程复用。

2. 低针数测试

芯片的尺寸和晶体管数量呈指数增长,引脚的数量仅呈线性增长,导致测试模式的可用带宽较低,低针数测试(Low Pin Count Test,LPCT)是唯一选择。

扫描测试压缩逻辑是常用的 DFT 架构,用于减少 ATPG 模式的测试时间和测试数据量。对于许多设计,使用好的 ATPG 压缩解决方案便已足够。当可用的扫描数据引脚对数量少于 5 时,压缩效率和故障覆盖率就降低了。通过在扫描测试压缩逻辑的边界引入解串器(Deserializer)和串行器(Serializer),可以克服传统测试压缩限制。其原理是引入两个 N 位移位寄存器来对压缩测试数据进行解串化和串行化,如图 6.78 所示。首先从输入移位寄存器(解串器)加载扫描通道的压缩数据,然后触发扫描时钟,并将数据传输到内部扫描通道。相类似,由输出移位寄存器(串行器)从内部扫描通道并行捕获功能响应数据,并将其串行移出。

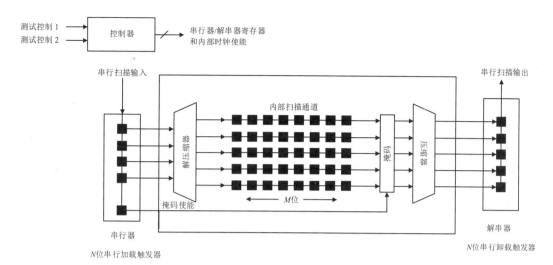

图 6.78　解串器/串行器寄存器和控制

可以绕过解串器/串行器,使用 N 位并行扫描接口生成测试向量,如图6.79 所示。在并行和串行接口之间切换所需的测试控制信号可以由片内测试逻辑内部解码获得。如果芯片封装提供引脚用于测试,则并行接口模式可以直接用于自动测试设备;如果设计中不包含引脚,则需要对并行接口进行建模,用于测试向量生成。

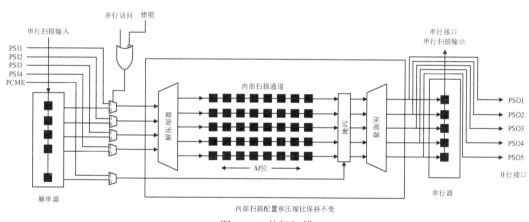

图 6.79　并行扫描

常用的 Tessent TestKompress LPCT 控制器有三种,即 Type-3 LPCT 控制器、Type-2 LPCT 控制器和 Type-1 LPCT 控制器。

(1)Type-3 LPCT 控制器适用于低功耗和测试针受限的应用,如图像传感芯片。该 LPCT 控制器可以达到数十倍的高数据和测试时间压缩比,对故障覆盖率和测试质量没有影响。Type-3 LPCT 控制器如图 6.80 所示。

(2)Type-2 LPCT 控制器使用 TAP 和修改的边界扫描单元提供对功能引脚的访问,以实现边界扫描单元与顶层引脚之间逻辑的更高故障覆盖率,如图 6.81 所示。

(3)Type-1 LPCT 控制器在内部生成控制信号,为施加测试激励提供更多引脚,减少了测试数据量,降低了测试成本,如图 6.82 所示。

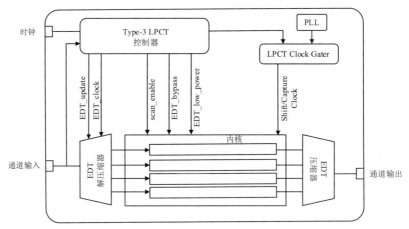

图 6.80   Type-3 LPCT 控制器

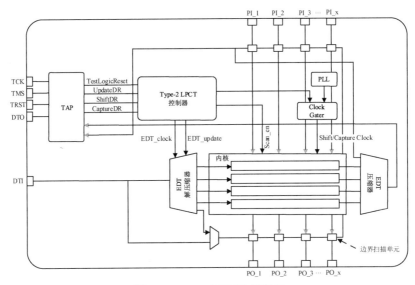

图 6.81   Type-2 LPCT 控制器

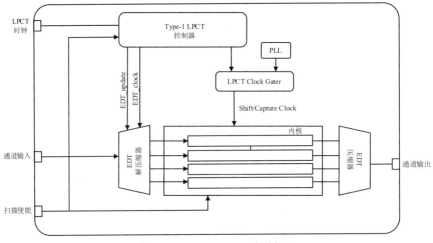

图 6.82   Type-1 LPCT 控制器

6.5　SoC 的 DFT 和实现

大规模 SoC 复杂测试所花的时间和费用可能比开发实际功能电路还多，导致产品成本升高，甚至丧失商机。为了使新的芯片设计具有全面可测性，需要开展早期 RTL 可测性分析，综合运用内部扫描、BIST、边界扫描及其他新的 DFT 技术，提高测试的故障覆盖率，缩短设计周期，加快产品上市速度。

6.5.1　测试目标和策略

测试目标：以较短的测试时间和较低的测试成本获得较高的故障覆盖率。

1. DFT 要求

（1）完整的测试和诊断能力，可以在不同的测试和诊断模式之间进行切换。

DFT 控制器主要用来进行测试控制。DFT 团队提供扫描向量和 MBIST 向量以覆盖制造缺陷故障，SoC 设计和集成团队提供功能测试向量。片上测试控制应该与整个系统测试控制兼容，便于板级测试。

（2）实现高固定故障覆盖率的扫描路径设计，具备全速测试能力。

芯片的数字逻辑尽可能采用扫描测试方法，通常采用全扫描链策略，可以排除位于扫描链之外的电路（主要是由其他测试所覆盖的电路），包括 MBIST 控制电路、边界扫描测试电路、DFT 控制电路、TAP 控制器、TDR 寄存器、时钟分频电路。芯片顶层的固定故障覆盖率达到 95% 以上，包括 IP 及模拟模块内的数字逻辑。全速测试中的转换和路径延迟故障覆盖率达到 85% 以上，覆盖不同的时钟域和不同频率下的所有逻辑。外部测试频率小于50MHz。

（3）实现片上存储器的并行、独立测试控制，具备错误诊断能力和修复功能。

存储器利用 BIST 电路进行测试。片上存储器完全可测，采用灵活的片上存储器调度机制和错误定位方法，实现存储器的冗余设计。

（4）采用公共的串行测试访问接口和测试控制机制，减少测试所需引脚数量。

芯片应该包含边界扫描电路，由边界扫描向量（Boundary Scan Pattern）来覆盖，其中模拟引脚和差分引脚不进行边界扫描测试，当存在常开区（AON）等不同电源区时，边界扫描单元需要根据电源域适当划分。芯片提供串行测试访问接口，在验证和调试模式下，可以直接访问芯片系统，读写内部存储器，执行程序，调用模块功能等。

（5）片上模块的特定测试要求，如直接访问测试和隔离测试。

模拟电路需要被隔离测试，除需要满足所有器件的功能和参数要求外，还需要满足特定的混合信号 SoC 测试要求，以及其他一些额外测试要求。

（6）考量测试成本和测试时间。

一般要求能够以较短的测试时间和较低的测试成本获得较高的故障覆盖率，可以利用低性能测试设备进行并行测试。

2．DFT 设计任务

DFT 团队与前端 SoC 团队、后端物理实现团队及 ATE 测试团队合作，负责项目的 DFT 工作。通常 DFT 团队负责 DFT 部分，IP 及功能测试部分则由 SoC 设计团队和 SoC 集成团队负责。

（1）DFT 策略的制定。

在项目初期，DFT 团队与 SoC 设计团队一起根据产品特点制定 DFT 测试策略和测试项目。如果全芯片采用 DFT RTL 设计方案，则在 RTL 阶段，与 DFT 相关的 IP 和前端代码将一起集成。DFT 的设计目标包括 DFT 覆盖率、测试时间、测试 I/O 需求等。

（2）DFT IP 集成。

DFT 团队和 SoC 设计团队一起完成 DFT IP 的集成，包括时钟 OCC、EDT 模块、DFT 控制模块、顶层 TAP 控制器等的集成。SoC 验证团队配合 DFT 团队完成 TAP 控制器有关的验证。DFT 团队负责开发测试用例并完成其他 DFT 模块的 RTL 验证。

（3）DFT 实现。

MBIST、边界扫描和 EDT 模块等在 RTL 代码或门级网表上加入，扫描插入在综合阶段实现。

（4）DFT 模式下的时序分析和签核。

DFT 团队提供 DFT 模式下的时序约束，完成对应的综合和时序分析，配合后端物理实现团队完成时序收敛和签核。

（5）DFT 向量验证。

DFT 团队完成测试向量的产生和验证，并交付给 ATE 团队，协助完成向量测试。

3．RTL DFT 流程

DFT 设计可以在 RTL 或网表上进行，趋势是将工作尽量迁移到 RTL 设计阶段。RTL DFT 流程需要与前端设计流程配合，才能可重复和可靠地管理设计任务。RTL DFT 流程主要工作包括如下内容。

- 压缩扫描逻辑和 MBIST 逻辑在 RTL 阶段完成集成。
- OCC 控制器在 RTL 阶段集成，可以置放于顶层或模块中。
- 可以在模块内部集成一个 DFT 控制模块，实现对 DFT 相关信号的控制。
- 可以在芯片顶层及各模块内部集成一个 TAP 控制器，完成在测试模式下所需静态信号的控制和观测。

4．DFT 设计工具

DFT 设计工具主要负责内部扫描、MBIST 和边界扫描三个方面。

扫描测试包括扫描链插入和基于扫描链结构的 ATPG。对于扫描链插入，业界常用的是 Synopsys 公司的 DFT Compiler 或 Siemens（Mentor）Tessent 工具；ATPG 常用 Synopsys 公司的 TetraMax 或 Siemens（Mentor）Tessent 工具。

MBIST 逻辑插入和向量生成常用 Tessent LV 工具。此外，该工具还可产生边界扫描测试电路。

6.5.2　DFT 技术应用

SoC 通常包含多个 IP，不同类型的 IP 使用不同的 DFT 技术，如图 6.83 所示。

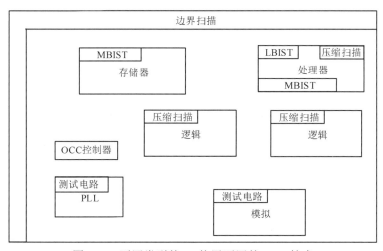

图 6.83　不同类型的 IP 使用不同的 DFT 技术

1. 数字逻辑模块

数字逻辑模块的 DFT 一般采用内部扫描技术。随着芯片规模的增大，传统的内部扫描技术会生成数量众多的测试向量。由于测试生成和测试响应分析都在外部 ATE 上进行，因此扫描 I/O 时间过长，测试成本急剧增加。EDT 采用测试数据压缩技术，对测试激励和测试响应都进行压缩，通常能带来数十倍的测试数据压缩率。

2. 存储器

MBIST 将 BIST 逻辑电路嵌入芯片内部，即在相应存储器的外围添加一层测试控制电路，作为存储器与芯片其他逻辑电路的接口，负责相应的测试控制功能，实现片上存储器自动测试。可以采用基于 eFuse 或 OTP 的片上存储器修复系统技术，利用冗余存储器中的冗余行和列来替代失效行和列，使失效存储器仍能正常工作，提高芯片的成品率。

3. 微处理器核

微处理器核的测试使用多种测试策略相结合的混合测试策略。控制部分通常可以采用内部扫描技术，获得期望的故障覆盖率，在处理器关键路径上增加可测性电路会增加电路延迟，导致电路性能降低，因此数据通路通常采用基于指令的 LBIST 方法来进行测试。

微处理器核中的寄存器堆和 RAM 单元通常采用 MBIST 方法，为了避免引入额外延迟，应在核内最佳位置添加所需测试结构，如 MUX 和流水线触发器，最大限度地减少对功能时序的影响。

4．模拟/混合电路

需要为模拟/混合电路测试提供对选定节点的访问，可以采用多种技术：插入测试点，如加入电流传感器来观测错误电路引起的异常电流；加入模数转换器和数模转换器，实现激励和响应的传播；电路功能结构重组，产生区别于正常工作模式的测试模式，利于观测；也可以采用 ATPG 方法和 BIST 方法提高模拟电路的可测性。

6.5.3　测试模式下的时钟设计

在测试模式下，通常需要功能时钟、扫描测试时钟和 MBIST 测试时钟。不同的时钟源信号经过片上时钟控制器可产生测试模式下所需的各种时钟。

（1）功能时钟。

功能时钟又称工作时钟，一般由锁相环（PLL）提供源信号，经过时钟分频和复用生成。

（2）扫描测试时钟。

如图 6.84 所示，扫描测试时钟至少需要片外测试机台提供的 EDT 时钟和 ATE 时钟，通常两个时钟保持同步。如果是全速测试，还需要功能时钟。

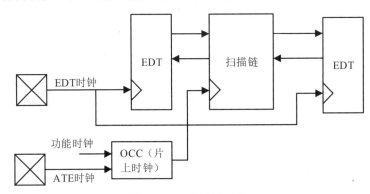

图 6.84　扫描测试时钟

（3）MBIST 测试时钟。

MBIST 测试时钟需要功能时钟和片外的 WTAP 时钟，如图 6.85 所示。

1．OCC 控制器

OCC（On-Chip Clock，片上时钟）控制器有三大功能：时钟选择（Clock Selection）、时钟选通（Clock Chopping Control）和时钟门控（Clock Gating）。通常使用以下两种 OCC 控制器。

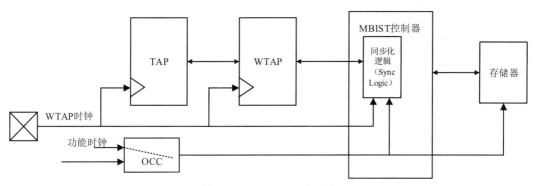

图 6.85　MBIST 测试时钟

（1）低速测试 OCC 控制器。

低速测试 OCC（OCC_MUX）控制器产生低速（如小于 125MHz）测试所需时钟，实现固定故障测试。低速测试 OCC 控制器具有简单的静态多路选择功能，在正常功能模式下输出系统工作时钟，而在固定故障测试模式下输出测试机台低速时钟，如图 6.86 所示。

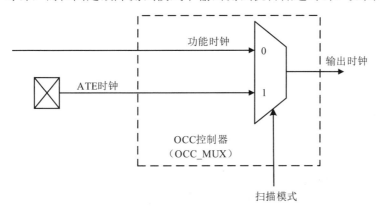

图 6.86　低速测试 OCC 控制器

低速测试 OCC 控制器的一种实现电路框图和接口时序如图 6.87 所示，接口信号说明如表 6.3 所示。

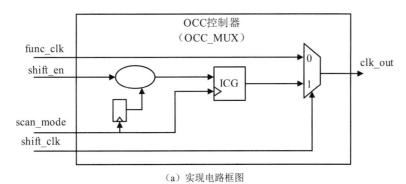

（a）实现电路框图

图 6.87　低速测试 OCC 控制器的一种实现电路框图和接口时序

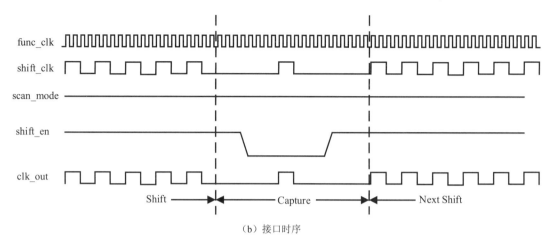

（b）接口时序

图 6.87　低速测试 OCC 控制器的一种实现电路框图和接口时序（续）

表 6.3　接口信号说明

接口信号名	输入/输出	描述
func_clk	输入	功能时钟，来自时钟产生电路
shift_clk	输入	扫描移位操作时钟，来自 I/O 引脚
shift_en	输入	扫描移位使能信号，来自 I/O 引脚
scan_mode	输入	扫描模式信号，可来自 DFT TAP 或 I/O 引脚
clk_out	输出	输出时钟

（2）高速测试 OCC 控制器。

高速测试 OCC（OCC_SWITCH）控制器产生高速测试（如大于或等于 125MHz）所需的时钟，实现全速测试和固定故障测试。高速测试 OCC 控制器在正常功能模式下输出系统工作时钟，在固定故障测试模式和全速测试模式下进行移位操作时输出测试机台低速时钟，在全速测试模式下进行捕获操作时输出系统工作时钟，如图 6.88 所示。

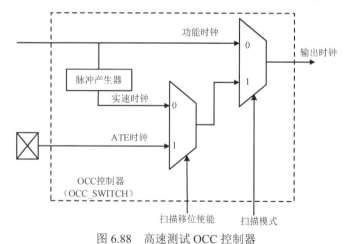

图 6.88　高速测试 OCC 控制器

高速测试 OCC 控制器的一种实现电路框图和接口时序如图 6.89 所示，接口信号说明如表 6.4 所示。

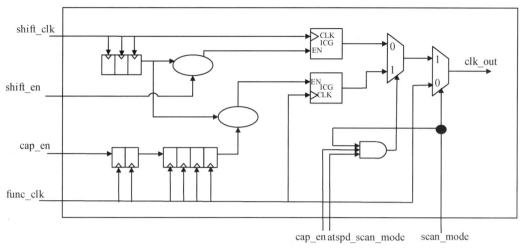

（a）实现电路框图

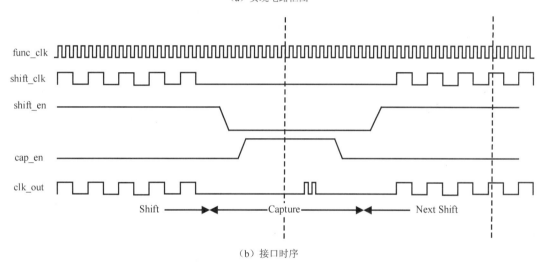

（b）接口时序

图 6.89　高速测试 OCC 控制器的一种实现电路框图和接口时序

表 6.4　接口信号说明

接口信号名称	输入/输出	描述
func_clk	输入	功能时钟，来自时钟产生电路
shift_clk	输入	扫描移位操作时钟，来自 I/O 引脚
shift_en	输入	扫描移位使能信号，来自 I/O 引脚
cap_en	输入	实速测试时的扫描捕获使能信号，来自 I/O 引脚
scan_mode	输入	扫描模式信号，来自 DFT TAP 或 I/O 引脚
atspd_scan_mode	输入	实速测试模式信号，来自 DFT TAP 或 I/O 引脚
clk_out	输出	输出时钟

图 6.90 所示为高速测试 OCC 控制器的一种具体实现电路，包含同步电路、多脉冲产生和选择电路及门控电路等。

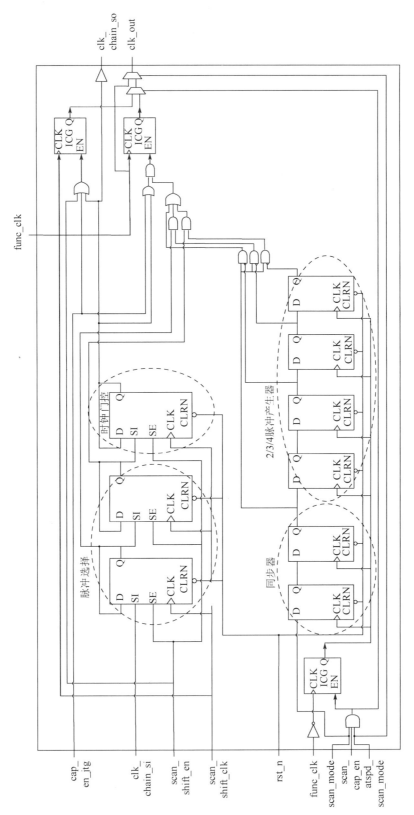

图 6.90 高速测试 OCC 控制器的一种具体实现电路

2. OCC 插入原则

（1）OCC 一般置放在时钟多路选择器或分频器后，OCC 输出时钟与寄存器时钟端（CLK）之间可以有门控单元，如图 6.91 所示。

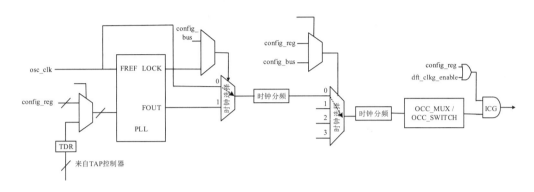

图 6.91　OCC 置放在时钟多路选择器或分频器后

（2）从理论上来说，建议 OCC 置放在顶层，如图 6.92（a）所示，也可置放在模块内部，如图 6.92（b）所示。建议维持项目或团队设计的一致性。

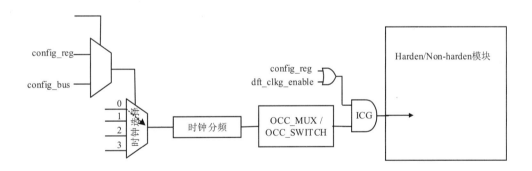

（a）顶层

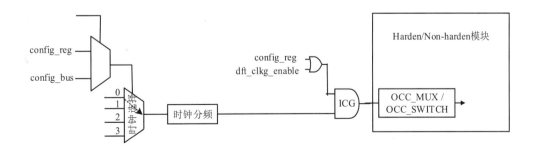

（b）模块内部

图 6.92　OCC 置放在顶层和模块内部

（3）异步时钟使用不同的 OCC，如图 6.93 所示。

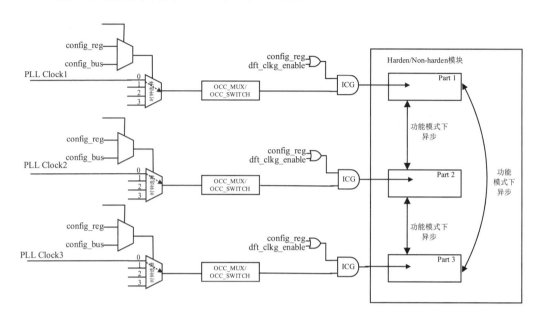

图 6.93　异步时钟使用不同的 OCC

（4）如果模块不进行向量重定向，则同步时钟使用单一 OCC，输出置放在时钟源头，输出至多个模块，且模块之间的路径为同步路径，如图 6.94 所示。

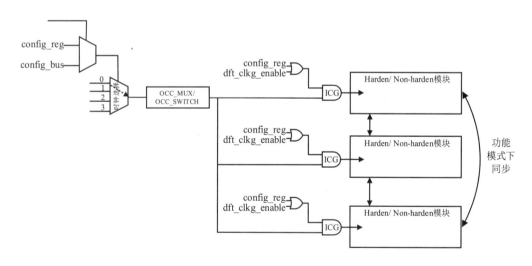

图 6.94　同步时钟使用单一 OCC（无向量重定向）

（5）如果模块进行向量重定向，则同步时钟使用两级 OCC，分别置放在顶层和模块内部，分别用于外部模式的测试和内部模式的测试，如图 6.95 所示。

（6）对于分频时钟，在功能模式下，源时钟与各分频时钟相互之间的路径是同步的。一种简单的实现方法是源时钟和分频时钟分别插入 OCC 模块，时钟之间的同步路径只进行固定故障测试，放弃实速测试，如图 6.96 所示。此方法的缺点是在不同分频时钟间正常功能模式下同步逻辑无法测试到，一种被称为 SYNC-OCC 的结构可以解决此问题，只是实际应用比较麻烦。

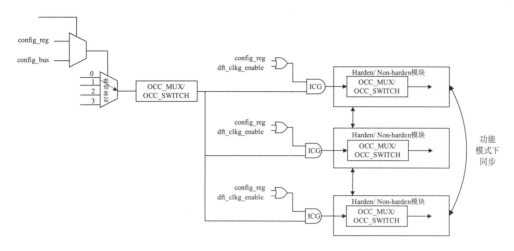

图 6.95　同步时钟使用两级 OCC（有向量重定向）

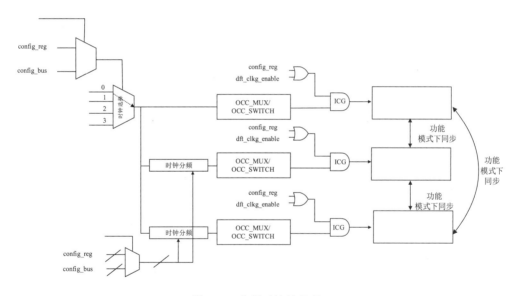

图 6.96　分频时钟的处理

（7）系统数据总线可以是全局同步或全局异步局部同步的，可以进行或不进行向量重定向，需要根据实际情形，采用前述不同的 OCC 置放策略。

（8）系统寄存器总线（APB）可以作为全局同步总线来处理，如果作为全局异步局部同步总线来处理，则各个模块需要分别拥有 OCC，如图 6.97 所示。

3. 时钟扫描链

将 OCC 模块连接起来便形成时钟扫描链，如图 6.98 所示。时钟扫描链（clk_chain_si、clk_chain_so）的连接顺序一般没有特定要求。

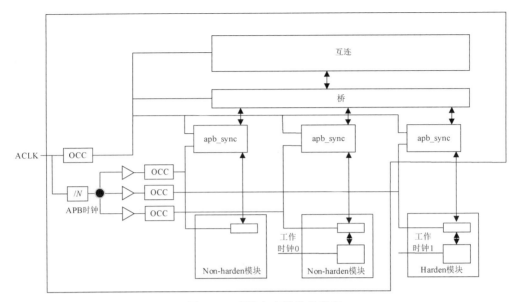

图 6.97 系统寄存器总线处理

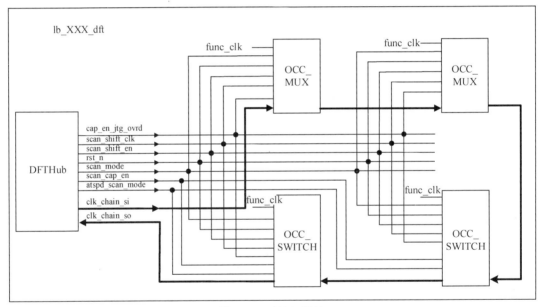

图 6.98 时钟扫描链

4．测试模式下的完备时钟设计

完备的 RTL 设计将会大幅缩减 DFT 工程师的工作调试量及前端迭代次数。为此，在前端设计中，需要考虑和检查与时钟信号有关的逻辑在测试模式下能否正确工作，如利用 Spyglass DFT 等工具检查，并向 DFT 工程师交付准确的时钟结构文档和约束文件。

1）时钟门控作为分频器

在图 6.99 中，在功能模式下可由指令选择不同的分频时钟，如由处理器指令调配而产生一个频率为 1GHz 的信号，用作时钟门控的使能信号 E，通过时钟门控后生成一个频率为 0.5GHz 而占空比为 1:4 的时钟信号。但是在 MBIST 模式下，处理器不能执行读写指令操作，因此无法产生上述使能信号，此时时钟门控处于常开状态，其后的逻辑便缺少时钟驱动。

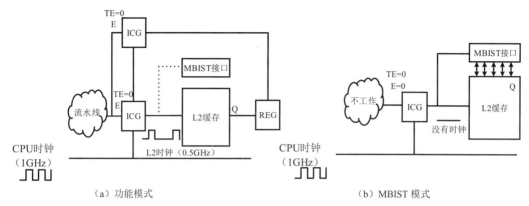

（a）功能模式　　　　　　　　　　（b）MBIST 模式

图 6.99　时钟门控作为分频器

为此，需要对时钟门控的 E 端或 TE 端提供正确的使能信号。一种处理方法是使存储器时钟门控的使能端变为可控，通常 TE 端交由 scan_enable 信号控制，而 E 端前可添加时钟选择电路，在 MBIST 模式下，即 mbist_mode=1 时，直接关闭时钟门控 E 端，或者提供功能模式下类似的信号，但此信号可自动生成而不再依赖读写指令的操作，如图 6.100（a）和图 6.100（b）所示。另一种处理方法是直接在时钟门控之后加一级时钟选择电路，由外部/顶层提供测试模式下的分频时钟，如图 6.100（c）所示。

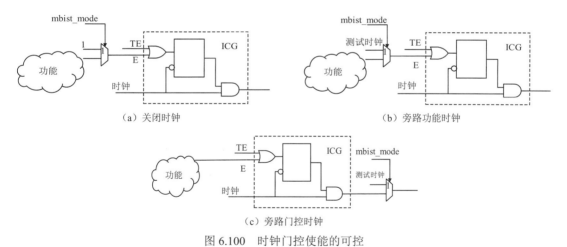

（a）关闭时钟　　　　　　　　　　　（b）旁路功能时钟

（c）旁路门控时钟

图 6.100　时钟门控使能的可控

2）硬核 IP 产生的时钟

有很多第三方 IP 会集成硬核 PHY，为内部的存储器和逻辑提供高速时钟信号。PHY 所提供的高速时钟源，在 PHY 控制器内部会经过比较复杂的选择和分频电路，产生多个预设频率可变的工作时钟。PHY 控制器在 dft_mode 下的行为与功能模式相异，可能输出无效时钟。一般需要集成时钟 MUX，用于在 DFT 模式下提供旁路的测试时钟。在图 6.101 中，当数字逻辑的高速工作时钟来自内部 PHY 时，可以在 DFT 模式下通过控制 PHY 端口，使其仍然能够提供高速工作时钟，外部则添加 OCC_SWITCH。

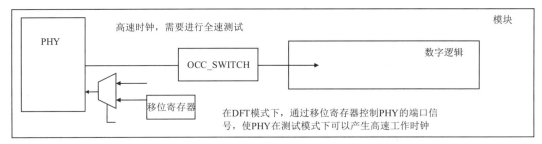

图 6.101　测试时钟来自 PHY，外部添加 OCC_SWITCH

如果 PHY 提供的工作时钟频率低于 125MHz，则只需要用 OCC_MUX，如图 6.102 所示。

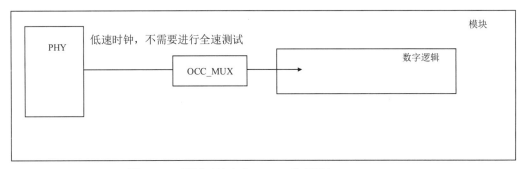

图 6.102　测试时钟来自 PHY，外部添加 OCC_MUX

另一种处理方法是在时钟路径上增加 MUX，在 DFT 模式下，高速工作时钟来自模块外部的通用 PLL，如图 6.103 所示。

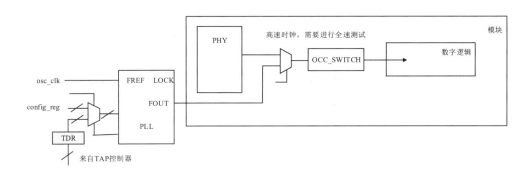

图 6.103　测试时钟来自通用 PLL

通常输入时钟频率不高，当数字逻辑的工作时钟（测试时钟）直接来自 I/O 引脚时，不需要进行全速测试，其时钟处理方式如图 6.104 所示。

3）测试模式下 PLL 时钟频率的调控

在功能模式下，通常 PLL 输出频率可调可控，而默认输出频率可能是最高工作频率，其输入配置信号由其他模块产生和提供。在测试模式下，通过一组默认的配置信号将 PLL 的输出时钟控制于预期的最高工作频率上，如图 6.105（a）所示；为了实现 PLL 输出频率的可调可控，可通过 DFT 工具加入 TDR（Test Data Register，测试数据寄存器）进行旁路处理，如图 6.105（b）所示，图中默认的测试过程中，TDR 处于无效状态，选择信号输出为 0，此时 PLL 会输出预期的最高工作频率；当需要降频测试时，TDR 会旁路原有的默认配置信号，产生新的配置信号来控制 PLL 输出降频时钟信号。

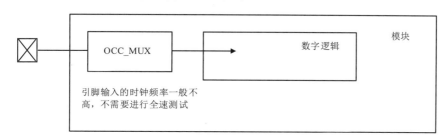

图 6.104　测试时钟直接来自 I/O 引脚

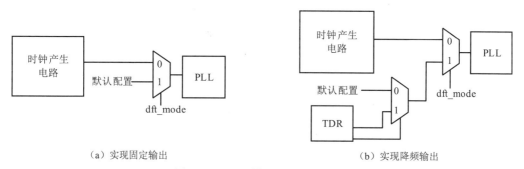

（a）实现固定输出　　　　　　　　　　　　　（b）实现降频输出

图 6.105　测试模式下的 PLL 调控

6.5.4　模块级 DFT 设计和实现

1. 模块级 DFT 架构

模块级 DFT 基本架构如图 6.106 所示，除功能子模块和时钟/复位子模块外，还有 DFT 子模块（DFTHub）及与 MBIST 相关的 WTAP 模块。

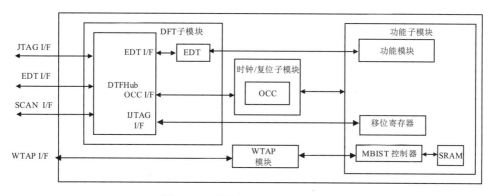

图 6.106　模块级 DFT 基本架构

2．模块级 DFT 集成

1）DFTHub 模块

DFTHub 模块一方面与顶层 DFTHub 或 I/O 引脚相连，另一方面与内部 OCC、EDT、移位寄存器等模块和逻辑相连。DFTHub 模块接口如图 6.107 所示。

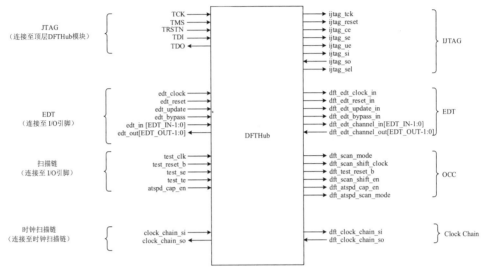

图 6.107　DFTHub 模块接口

2）EDT 集成

EDT 模块可以集成在 DFT 子模块内部，根据功能子模块需要，可以集成一个或多个 EDT 模块，其集成方式如图 6.108 所示。

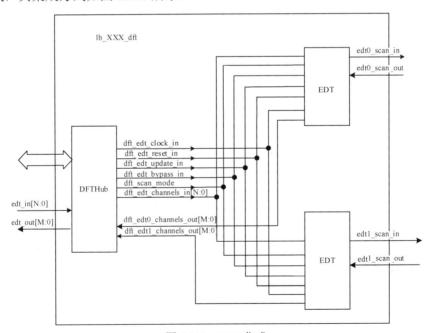

图 6.108　EDT 集成

3）时钟扫描链集成

在各模块内部，将所有的高低速 OCC 输入/输出串联起来，形成时钟扫描链，如图 6.109 所示。

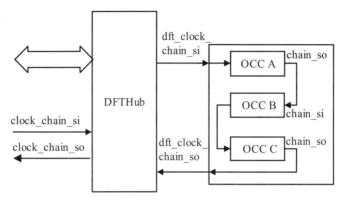

图 6.109 时钟扫描链集成

4）IJTAG 模块集成

IJTAG 模块可以集成在 DFT 子模块内部或 DFTHub 模块内部，也可以集成在功能模块内部，提供配置和状态信号或总线等。

当功能模块需要控制和观测的信号较少，或者信号较多但是层次较少时，IJTAG 模块一般集成在 DFT 子模块内部，并输出一组信号或总线，与功能模块连接。当功能模块需要控制和观测的信号较多，且信号层次较深时，IJTAG 模块一般集成在功能模块内部，并通过 IJTAG 接口与 DFT 子模块连接。

IJTAG 模块支持星形连接，其集成方式如图 6.110 所示。

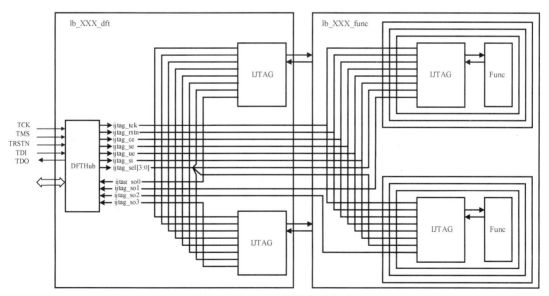

图 6.110 IJTAG 模块集成方式

IJTAG 模块的默认值影响测试的初始化或测试模式下芯片初始状态的稳定性。该默认值最好与功能模式下的默认值保持一致，如果不一致，则需要分析可能带来的问题，并确保测试能够顺利进行。

5）WTAP 及 MBIST 控制器集成

WTAP 及 MBIST 控制器的生成和插入都是由 DFT 团队在 RTL 设计阶段完成的，基本流程如下。

（1）DFT 团队从前端团队处获取经过验证的 RTL 代码。

（2）DFT 团队利用工具生成和插入 WTAP 及 MBIST 控制器逻辑，并验证其逻辑正确性。

（3）前端团队获取经过 MBIST 验证的代码，重新回归功能用例及综合。

6.5.5 芯片级 DFT 设计和实现

1. 芯片级 DFT 架构

芯片顶层集成了两个 TAP 控制器，其中一个 TAP 控制器用于实现 MBIST 的访问及边界扫描的控制，另一个 TAP 控制器通过顶层或模块的 DFTHub，实现对 DFT 的测试控制，包括 OCC、EDT、PLL Wrapper 及时钟的配置等，如图 6.111 所示。

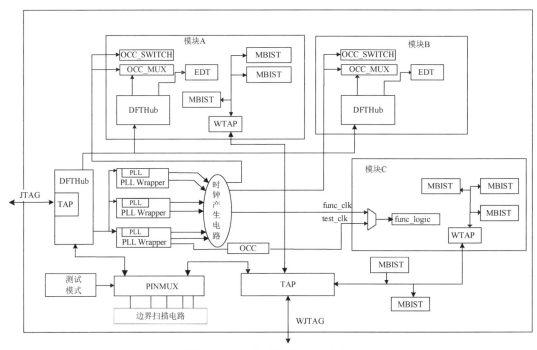

图 6.111　一种芯片级 DFT 架构

1）DFT 测试模式

芯片设有专用的测试控制引脚 test_mode，当置为有效时进入测试模式。在测试模式下，首先将 JTAG TAP 控制器的 5 个 JTAG 端口复用有效，然后依据 IEEE1149.1 标准通过控制其引脚进入具体的测试模式，如扫描测试模式、MBIST 模式和 IP 测试模式等。测试信号通过引脚复用逻辑与功能信号复用。

DFT 团队负责扫描测试模式和 MBIST 模式,其他测试模式则由前端设计和集成团队负责。引脚复用表格的维护由 DFT 团队和前端团队共同维护,其中 DFT 团队维护 DFT 复用部分。

2)DFT 测试接口

DFT 测试接口描述如表 6.5 所示。

表 6.5　DFT 测试接口描述

类别	接口信号名	输入/输出	描述
扫描测试控制	test_mode	输入	测试模式信号,来自 I/O 引脚
	test_clk	输入	扫描移位操作时钟,来自 I/O 引脚
	test_resetn	输入	扫描复位信号,来自 I/O 引脚
	test_se	输入	扫描移位使能信号,来自 I/O 引脚
	atspd_cap_en	输入	实速测试时的扫描捕获使能信号,来自 I/O 引脚
EDT 控制和输入/输出	edt_clock	输入	EDT 时钟,来自 I/O 引脚
	edt_update	输入	EDT 更新信号,来自 I/O 引脚
	edt_reset	输入	EDT 复位信号,来自 I/O 引脚
	edt_bypass	输入	EDT 旁路信号,来自 I/O 引脚
	edt_in	输入	EDT 输入信号,来自 I/O 引脚
	edt_out	输出	EDT 输出信号,至 I/O 引脚
时钟扫描链输入/输出	clock_chain_si	输入	顶层时钟扫描链输入,来自 I/O 引脚
	clock_chain_so	输出	顶层时钟扫描链输出,至 I/O 引脚
JTAG 控制器端口	TCK	输入	JTAG 信号,与 I/O 引脚相连
	TRSTN	输入	
	TMS	输入	
	TDI	输入	
	TDO	输出	
WJTAG 控制器端口	WTCK	输入	WJTAG 信号,与 I/O 引脚相连
	WTRSTN	输入	
	WTMS	输入	
	WTDI	输入	
	WTDO	输出	

2．芯片级 DFT 集成

1)顶层 DFTHub

顶层 DFTHub 接口如图 6.112 所示。

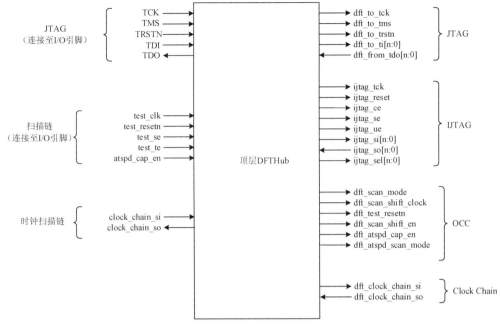

图 6.112　顶层 DFTHub 接口

顶层 DFTHub 完成 DFT 相关信号内部与外部的转换。其一侧与 JTAG TAP 控制器端口和 I/O 端口相连，另一侧则与各模块内部的 DFTHub 相连，如图 6.113 所示。

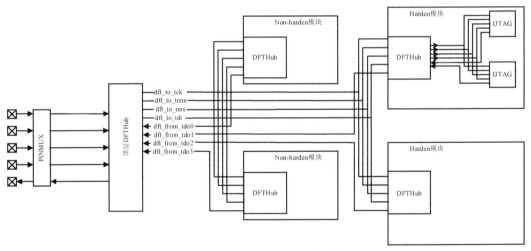

图 6.113　顶层 DFTHub 的连接

芯片级测试控制信号集成方式如图 6.114 所示，相关信号直接与顶层 DFTHub 和模块DFTHub 相连接。

2）芯片级 EDT 集成

芯片级 EDT 集成方式如图 6.115 所示，EDT I/O 信号直接与顶层 DFTHub 和模块DFTHub 相连接。

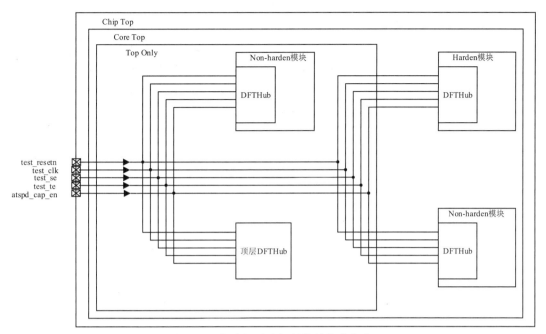

图 6.114 芯片级测试控制信号集成方式

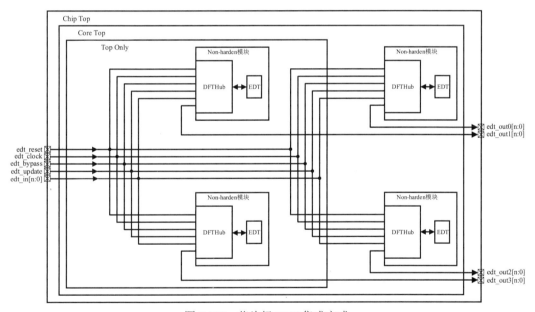

图 6.115 芯片级 EDT 集成方式

（1）Top Only 层扫描设计。

在 Top Only 层，有些模块内部不含 EDT 逻辑，其扫描链需要连接到顶层 EDT，如图 6.116 所示。

在图 6.117 中，模块级扫描链并联连接到顶层 EDT。

在图 6.118 中，模块级扫描链串联连接到顶层 EDT。

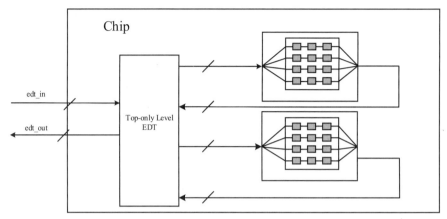

图 6.116　模块级扫描链直接连接到顶层 EDT

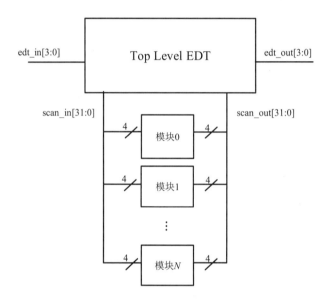

图 6.117　模块级扫描链并联连接到顶层 EDT

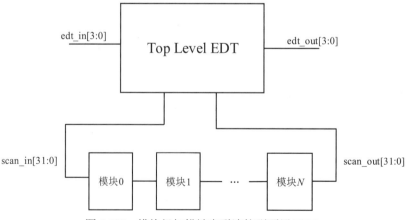

图 6.118　模块级扫描链串联连接到顶层 EDT

（2）测试引脚。

在图 6.119 中，所有 EDT 逻辑都有专属的 I/O 引脚。而在图 6.120 中，所有 EDT 逻辑共享输出引脚。

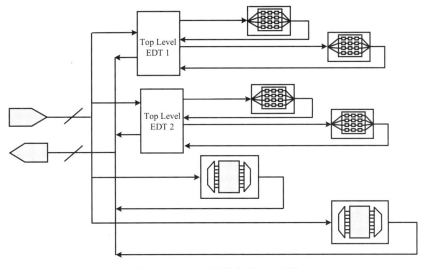

图 6.119　EDT 逻辑专享 I/O 引脚

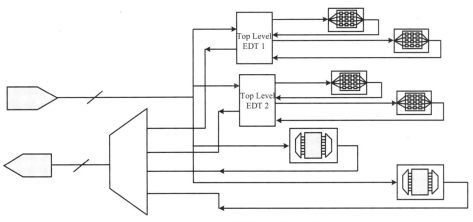

图 6.120　EDT 逻辑共享输出引脚

对于模块内部的 EDT 逻辑，如果需要，可将其扫描通道直接连接至芯片引脚，如图 6.121 所示。

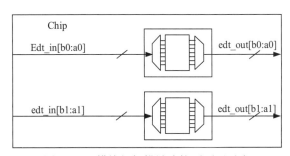

图 6.121　模块级扫描链连接到顶层引脚

3）时钟扫描链集成

在芯片级，时钟扫描链的起点和终点在顶层 DFTHub 上，各模块之间进行无顺序要求的串接，最后通过顶层 DFTHub 连接到 I/O 引脚上，为了减少后端实现时的绕线，建议按照实际的布局调整连接顺序。芯片级时钟扫描链集成方式如图 6.122 所示。

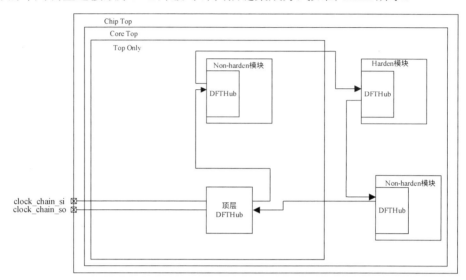

图 6.122　芯片级时钟扫描链集成方式

4）芯片级 MBIST 集成

模块可以使用内部 TAP 或 WTAP 控制器来控制其内部 MBIST 操作。顶层由工具生成 TAP 控制器，用于控制顶层 MBIST 的访问，以及通过 WTAP 实现模块内部 MBIST 的访问；此外，TAP 控制器还可用于边界扫描的控制。芯片级 MBIST 结构如图 6.123 所示。

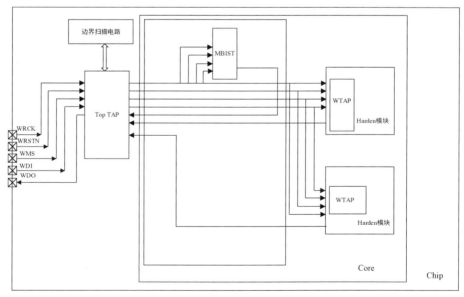

图 6.123　芯片级 MBIST 结构

（1）模块不带 WTAP 控制器。

在图 6.124 中，顶层 TAP 控制器可以直接控制顶层和模块内部不带控制器的 MBIST 操作。

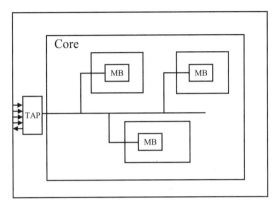

图 6.124　直接控制 MBIST 操作

（2）模块自带 WTAP 控制器。

在图 6.125 中，通过模块 WTAP 控制器来控制模块的 MBIST 操作。

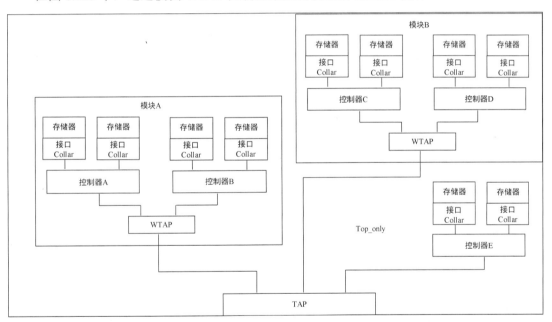

图 6.125　通过模块 WTAP 控制器来控制模块的 MBIST 操作

（3）MBIST 操作签名。

图 6.126 所示为芯片级 MBIST 操作签名原理图。其中，block_mbist_done 信号拉高意味着所有存储器测试通过，block_mbist_fail 信号拉高则意味着至少有一个存储器测试失败。

有些 Harden 模块内部自带引脚和边界扫描电路，可以通过内部或顶层的 TAP 控制器来控制，如图 6.127 所示；或者将该模块的边界扫描电路与芯片的边界扫描电路相连接，如图 6.128 所示。

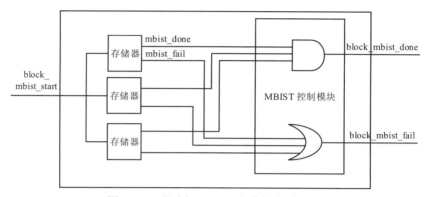

图 6.126　芯片级 MBIST 操作签名原理图

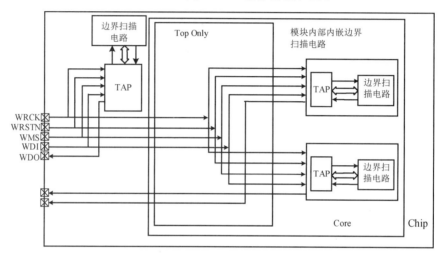

图 6.127　模块内部 TAP 控制器控制边界扫描电路

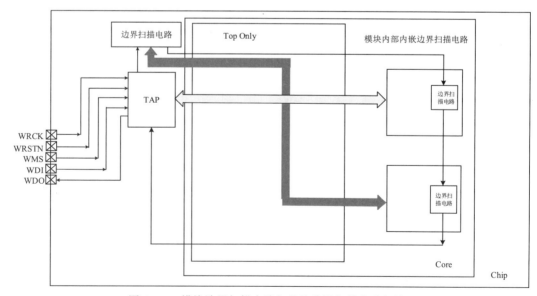

图 6.128　模块边界扫描电路与芯片边界扫描电路相连

DFT 模式下的 JTAG 接口可以与功能模式下的 JTAG 接口合并，当二者串联连接时，需要了解两种模式下的指令寄存器长度，串联连接后指令寄存器长度是各 JTAG 接口指令寄存器长度的总和，如图 6.129 所示。

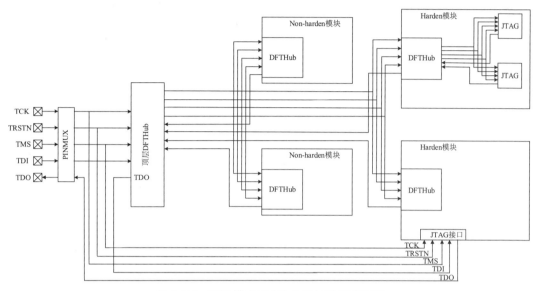

图 6.129 两种模式下 JTAG 接口的串联连接

3. 时序约束

1）时序约束文件

理论上，每个 DFT 模式都需要单独提供时序约束文件，如 MBIST SDC（Synopsys Design Constraint，Synopsys 设计约束）、扫描 SDC（包括扫描移位 SDC 和扫描捕获 SDC）、边界扫描 SDC。

太多的测试模式约束会导致大量且困难的时序优化、分析和收敛工作，可以设法加以合并。常用的一种方法是提供两份时序约束文件，一份是合并后的时序约束（Merge SDC）文件，主要用于综合、布局布线和静态时序分析；另一份是单独的扫描移位操作的时序约束（Shift SDC）文件，主要用于静态时序分析。

（1）扫描 SDC。

可以提供两份单独的时序约束文件，即扫描移位 SDC 和扫描捕获 SDC；也可以提供单一的时序约束（扫描 SDC）文件，同时覆盖扫描移位操作和捕获操作的时序约束。

（2）MBIST SDC。

MBIST 工具在 MBIST 设计过程中会产生单独的 MBIST SDC。将 MBIST SDC 与功能 SDC 合并在一起后，可以覆盖两种模式下的时序约束。

（3）JTAG SDC。

JTAG SDC 覆盖边界扫描模式下的时序约束。

2）综合注意事项

在综合时，最好不要对 DFTHub 和 EDT 模块进行边界优化，因为其内部逻辑主要是控制逻辑，预留了很多信号以用作后续扩展和 ECO 使用。此外，逻辑规模并不大，即便优化，所能节省的面积也有限。

3）时钟定义要求

测试时钟主要涉及功能时钟、EDT 时钟、ATE 时钟、MBIST 时钟和 TAP TCK 时钟。其中，功能时钟包含模块的输入时钟及模块内部的分频或多路选择时钟，先定义各个输入端口时钟，再创建相应的内部时钟。每个模块只有一个 EDT 时钟、一个 ATE 时钟、一个 TAP TCK 时钟需要定义。在合并的 SDC 中，不需要独立创建 MBIST 相关时钟。

（1）OCC_MUX 时钟定义。

对于 OCC_MUX，需要在时钟选择器（MUX）的输出端定义两个物理互斥时钟，如图 6.130 所示。

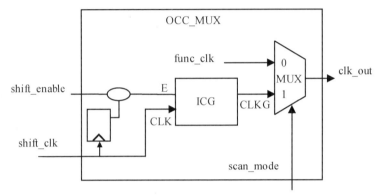

图 6.130　OCC_MUX 时钟定义

（2）OCC_SWITCH 时钟定义。

对于 OCC_SWITCH，需要在时钟选择器 1（MUX1）的输入端 I0 定义一个时钟，在输入端 I1 定义两个时钟，并且彼此都设置为物理互斥，如图 6.131 所示。

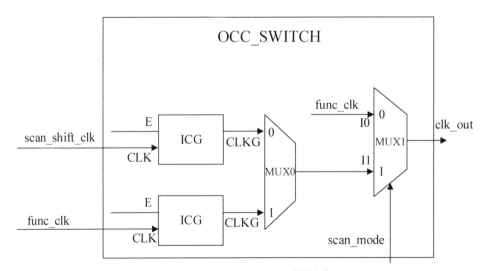

图 6.131　OCC_SWITCH 时钟定义

4）引脚复用

为了方便设置约束，在引脚复用逻辑设计中，对 I/O 信号需要添加缓冲器，例化标准单元，如图 6.132 所示。

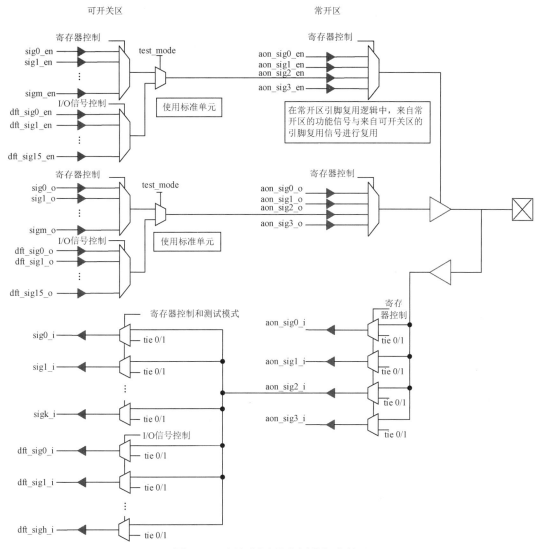

图 6.132　添加缓冲器和例化标准单元

当扫描路径太长时，需要在其路径上打上一拍或多拍，如图 6.133 所示。

5）对时钟/复位单元的要求

DFT 设计中对时钟和复位单元有一些控制需求，可通过 IJTAG 模块控制 PLL、分频器、时钟选择器、时钟门控、复位单元等。

例如，PLL 控制信号较多，通过 IJTAG 模块控制可以减少其顶层信号连线。在图 6.134 中，将 PLL 与 IJTAG 模块集成在一起，通过例化 PLL_WRAP 而调用 PLL。

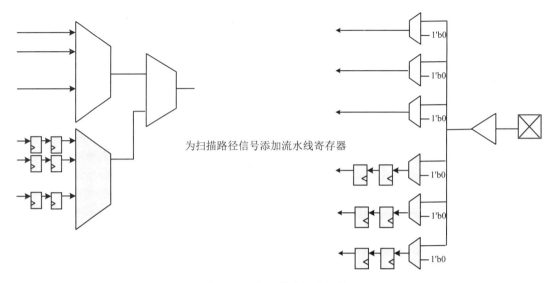

图 6.133　在扫描路径上打拍

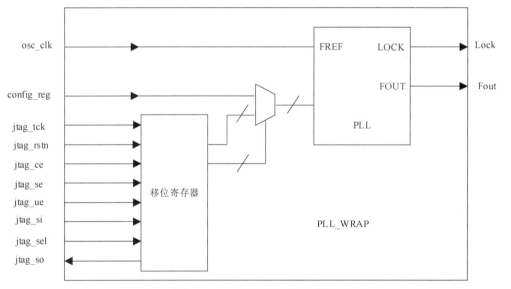

图 6.134　PLL_WRAP 结构图

4．CTS 策略

为了方便时序收敛，需要进行适当的 CTS（Clock Tree Synthesis，时钟树综合），以下是若干 CTS 策略。

（1）功能时钟按照彼此间的同异步关系进行 CTS，即同步时钟采用单一 CTS 策略，而异步时钟各自进行 CTS。

（2）如果在全芯片上实现测试时钟的同步化，则需要在功能和测试模式下实现时钟树的平衡。在图 6.135 所示结构中，MUX1 是实速测试时钟与 ATE 测试时钟的时钟选择器，MUX2 则是功能时钟与测试时钟的时钟选择器。时钟树平衡可以分三级实现：第一级用于不同 OCC（MUX2）输出的同步功能时钟；第二级用于公共 ATE 测试端口到不同 OCC

（MUX1）之间的 ATE 测试时钟路径；第三级用于公共 PLL 时钟源到不同 OCC（MUX1）之间的实速测试时钟路径。

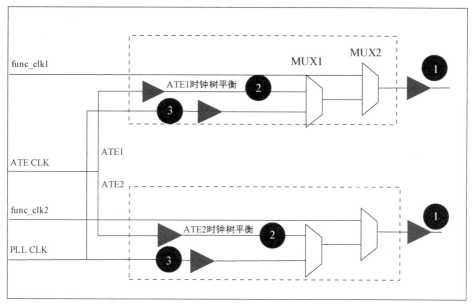

图 6.135　同步测试时钟结构

（3）如果在全芯片上实现测试时钟的异步化，那么不同 OCC 之后的移位时钟树不需要平衡，即来自 I/O 引脚的移位时钟到各 OCC 的移位时钟输入端需要进行 CTS，但是彼此之间不需要平衡。

异步测试时钟结构如图 6.136 所示。

图 6.137 所示为一个复杂芯片的时钟架构设计，其中插入了多个 OCC，还给出了不同的时钟树定义点。

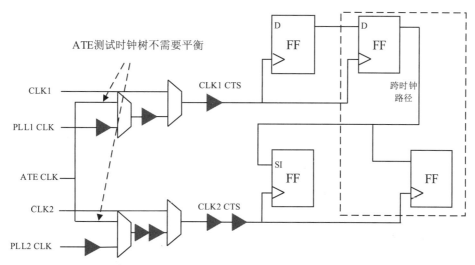

图 6.136　异步测试时钟结构

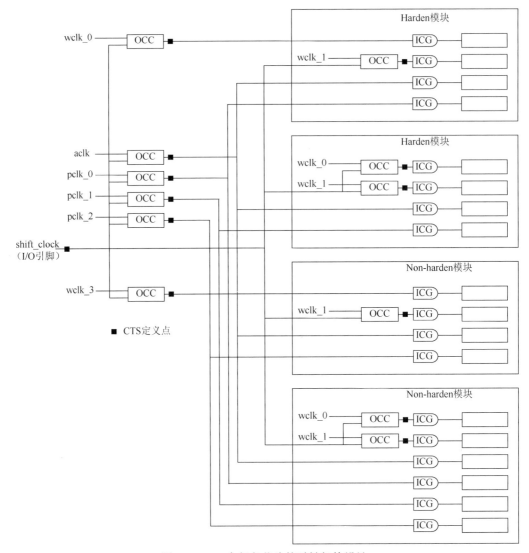

图 6.137　一个复杂芯片的时钟架构设计

小结

- 基于 IP 的 SoC 测试结构主要包含测试访问机制、测试环和测试调度。自顶向下的 SoC 测试和自底向上的 SoC 测试是两种 SoC 测试方法。
- DFT 旨在提高电路的可控性和可观察性，目前比较成熟的技术主要有扫描测试、内建自测试、边界扫描测试等。
- 嵌入式确定性测试是最常见的硬件测试压缩技术之一，其电路主要由解压缩器和压缩器组成，可以在保持相同故障覆盖率的情况下，减小扫描链长度，增加扫描链数量，从而缩短测试时间和降低测试成本。

- 内建自测试技术包括逻辑内建自测试（LBIST）技术和存储器内建自测试（MBIST）技术。
- 直接测试和基于 IEEE 标准的测试是实现 SoC IP 测试的主要方法。其中 IEEE 1149.1、IEEE 1500 和 IEEE 1687 是使用广泛的 IEEE 标准。
- SoC 芯片级 DFT 的目标是以较短测试时间和较低测试成本获得较高测试覆盖率。应根据 IP 的不同类型，设计和选择不同的 DFT 方法。
- 在芯片级 MBIST 中，模块级 MBIST 操作由其自带的 WTAP 控制器负责，其他 MBIST 操作则由顶层 TAP 控制器负责。

第 **7** 章

虚拟化设计

虚拟化是一种资源管理技术，将芯片的各种物理资源分割组合，分配给多个用户或环境，从而充分利用计算机的所有能力。物理资源的虚拟化可以归结为 CPU 虚拟化、内存虚拟化、I/O 虚拟化和中断虚拟化，目的是实现多个虚拟机各自独立、相互隔离地运行于一个物理机之上。

虚拟化具有分区、隔离、封装和独立等特点。其中分区是指对物理机分区，可实现在单一物理机上同时运行多个虚拟机；隔离意味着同一物理机上多个虚拟机相互隔离、相互不受影响；封装是指以虚拟机为粒度封装，可以实现热迁移、快照、克隆等功能；独立意味着虚拟机与底层的硬件没有直接的绑定关系，可以在其他物理机上不加修改地运行虚拟机。

本章首先介绍虚拟化，然后讨论内存虚拟化。

7.1 虚拟化

虚拟化技术可以将 CPU、内存和 I/O 设备等计算机物理资源转化为更通用更易用的虚拟形式，供多个操作系统共享。

7.1.1 虚拟化技术基础

1. 操作系统

操作系统（Operating System，OS）是管理计算机硬件与软件资源的计算机程序，需要处理内存配置与内存管理、决定系统资源供需的优先次序、控制 I/O 设备、操作网络与管理文件系统等基本事务，如图 7.1 所示。

1）操作系统分类

操作系统根据工作方式可分为批处理操作系统、分时操作系统、实时操作系统、网络操作系统和分布式操作系统等；根据架构可分为单内核操作系统和多内核操作系统等；根据运行环境可分为桌面操作系统和嵌入式操作系统等；根据指令长度可分为 8bit、16bit、32bit 和 64bit 的操作系统。

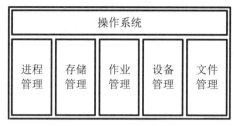

图 7.1　操作系统

2）操作系统功能

操作系统具有五大功能，分别是进程管理、存储管理、作业管理、设备管理和文件管理。

在单用户单任务的情况下，CPU 仅为一个用户的一个任务所独占，进程管理的工作十分简单。但在多道程序或多用户的情况下，当组织多个作业或任务时，需要通过进程管理来解决 CPU 的调度、分配和回收等问题。

存储管理主要是针对内存的管理，包括存储分配、存储共享、存储保护和存储扩张，保证各作业占用的存储空间不发生矛盾，各作业不互相干扰。

作业是指每个用户请求计算机系统完成的一个独立操作。作业管理是指针对用户提交的诸多作业进行管理，包括作业的组织、控制和调度等，以尽可能高效地利用整个系统的资源。

设备管理是指负责各类外设的分配、启动和故障处理等。当用户使用外设时必须提出要求，待操作系统统一分配后方可使用，当用户程序运行到要使用某外设时，由操作系统负责驱动外设，操作系统还具有处理外设中断请求的能力。操作系统中的设备管理功能包括：缓冲管理，即通过设置缓冲区来缓解 CPU 与 I/O 设备的速度不匹配，提高 CPU 和 I/O 设备利用率，提高系统吞吐量；设备分配，即根据用户的 I/O 请求分配所需设备，以及相应的控制器和通道；设备处理，即设备处理程序（或称设备驱动程序）用于实现 CPU 与设备控制器之间的通信；设备独立性和虚拟设备，即用户向系统申请和使用的设备与实际操作的设备无关。

文件管理是指操作系统对信息资源的管理，包括文件的存储、检索和修改等操作及文件的保护功能。

2. 进程

进程是 Linux 操作系统的一个重要概念，一个进程是一个程序的一次执行过程。程序是静态的，由保存在存储器上的可执行的代码和数据集合构成。对一个简单的计算机而言，在某一时刻只能运行一个程序，不过当计算机计算能力很强时，一个程序运行的内容和占用的 CPU 时间不是特别长，此时可以让计算机同时运行多个程序，以尽可能充分地利用计算机资源。进程是动态的，是 Linux 操作系统的基本调度单位，Linux 操作系统可以同时启动多个进程。一个程序中可以有多个进程同时或不同时执行，同时执行多进程意味着可以同时进行多个任务，如可以一边编程，一边听音乐。

内核是运行在硬件之上负责管理硬件资源，并且将硬件资源虚拟化提供给上层的应用程序。操作系统内核使用进程来控制对 CPU 和其他系统资源的访问，决定在 CPU 上运行哪个程序、运行多久及采用什么特性来运行。每个程序运行时需要内核的调度器负责在所有进程之间分配 CPU 执行时间，称为时间片（Time Slice），每个进程在分得的时间片内得到控制权。如果 CPU 比较快，而时间片非常小，就仿佛多个进程在同时运行。

如果某一应用程序直接运行在硬件之上，则此程序就可以控制硬件的各种属性，其他程序运行时可能彼此会产生干扰，一个恶意的程序可能导致其他程序都退出，因此需要统一的资源管理者。虽然每个程序使用硬件都必须通过内核来完成，但内核并不会让程序直接访问硬件，而是通过提供一个个系统调用（System Call）来实现，但是通过底层的系统调用来编程将非常烦琐。另外，许多程序具有相同功能，如 Word 和 Excel 都需要打印，如果各自开发打印模块，那么不但功能相同，而且会占用额外的空间而造成资源浪费。因此操作系统除提供内核外，通常还需要将内核所提供的系统调用以较为高层的调用接口输出出来，此种接口称为库，或者称为应用程序接口（API），库本身也是应用程序，只是没有程序的执行入口，不能独立运行，只有通过其他程序调用时才能执行，所以程序开发所需的硬件调用可以通过库调用或直接在内核上的系统调用来实现，如图 7.2 所示。

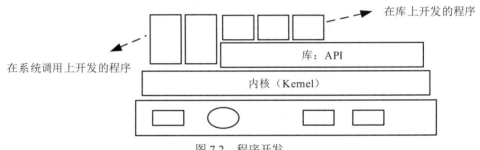

图 7.2　程序开发

3．虚拟地址空间

对 32 位操作系统而言，其寻址空间（虚拟地址空间或称线性地址空间）为 4GB，也就是说，一个进程的最大地址空间为 4GB。操作系统的核心是内核，内核独立于普通的应用程序，可以访问受保护的内存空间，也有访问底层硬件设备的所有权限。为了保证内核的安全，操作系统一般会强制用户进程不能直接操作内核，具体的实现方式基本都是由操作系统将虚拟地址空间划分为两个部分，一部分为内核空间，另一部分则为用户空间。针对 Linux 操作系统而言，最高的 1GB（从虚拟地址 0xC0000000 到 0xFFFFFFFF）由内核使用，称为内核空间，而较低的 3GB（从虚拟地址 0x00000000 到 0xBFFFFFFF）由各个进程使用，称为用户空间。

因此，在每个进程的 4GB 地址空间中，最高 1GB 都是一样的，即内核空间，只有剩余的 3GB 才可以自己使用。换句话说，最高 1GB 的内核空间是被所有进程共享的。图 7.3 描述了每个进程 4GB 地址空间的分配情况。

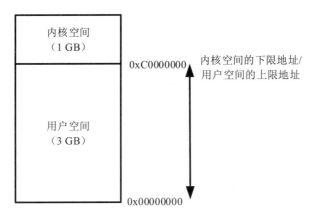

内核空间的下限地址/
用户空间的上限地址

图 7.3　进程的地址空间分配

在 CPU 的所有指令中，有些指令非常危险，如果错用，如清内存、设置时钟等，将导致系统崩溃。如果允许所有的程序都可以使用这些指令，那么系统崩溃的概率将大大增加。所以，CPU 将指令分为特权指令和非特权指令，对于危险的指令，只允许操作系统及其相关模块使用，而普通应用程序只能使用不会造成灾难的指令。操作系统将运行状态分为内核态和用户态，目的是针对访问能力进行限制，防止随意进行一些比较危险的操作。在内核态下，进程运行在内核空间，此时 CPU 可以执行任何指令，运行的代码不受任何限制，可以自由地访问任何有效地址，也可以直接访问端口。在用户态下，进程运行在用户空间，被执行的代码要受到 CPU 的诸多检查，只能访问映射其地址空间的页表项中规定的在用户态下可访问页面的虚拟地址，且只能对规定的可访问端口进行直接访问。

其实所有的系统资源管理都在内核空间中完成，如读写磁盘文件、分配回收内存、从网络接口读写数据等。应用程序无法直接进行这样的操作，但是可以通过内核提供的接口来完成。例如，应用程序要读取磁盘上的一个文件，可以向内核发起一个系统调用告诉内核：我要读取磁盘上的某某文件，其实就是通过一个特殊指令让进程从用户态进入内核态。在内核空间中，CPU 可以执行任何指令，当然也包括从磁盘上读取数据。具体过程是先将数据读取到内核空间中，再将数据拷贝到用户空间并从内核态切换到用户态。此时应用程序已经从系统调用中返回并且获取了需要的数据，可以往下继续执行。对于一个进程而言，从用户空间进入内核空间并最终返回用户空间的过程十分复杂，系统调用、异常和外设中断是用户态切换到内核态的三种主要方式，其中系统调用可以认为是用户进程主动发起的，而异常和外设中断是被动的。

从内核空间和用户空间的角度看，整个 Linux 操作系统的结构大体可以分为三个部分，从下往上依次为硬件→内核空间→用户空间，如图 7.4 所示。

在硬件之上，内核空间中的代码控制了硬件资源的使用权，用户空间中的代码只有通过内核提供的系统调用接口（System Call Interface）才能使用系统中的硬件资源。因此，对于 Linux 操作系统来说，通过区分内核空间和用户空间的设计，隔离了操作系统代码与应用程序代码。即便单个应用程序出现错误，也不会影响操作系统的稳定性，此时其他程序还可以正常运行。

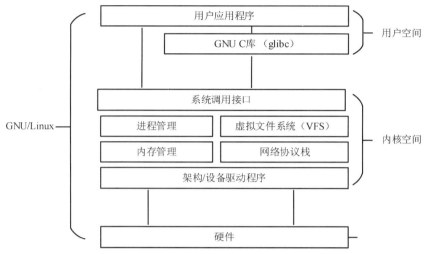

图 7.4　Linux 操作系统的结构

现代操作系统大都通过采用内核空间和用户空间的设计来保护操作系统自身的安全性和稳定性。其中内核空间能够操作硬件，具有特权，而应用进程一般运行在用户空间中，当需要执行特权指令或使用硬件时，则通过系统调用来实现。

基于 x86 的操作系统在一开始就被设计为能够直接运行在裸机硬件环境之上，所以自然拥有整个机器硬件的控制权限。为确保操作系统能够安全地操作底层硬件，x86 平台使用了特权模式和用户模式的概念对内核程序与用户应用程序进行隔离。在这个模型下，CPU提供了 4 个特权级别，分别是 Ring0、Ring1、Ring2 和 Ring3，如图 7.5 所示。Ring0 是最高特权级别，拥有对硬件的直接访问控制权。Ring1、Ring2 和 Ring3 权限依次降低，无法执行操作系统级别的指令。相应地，运行于 Ring0 的指令称为特权指令；而运行于其他级别的指令称为非特权指令。常见的操作系统（如 Linux 与 Windows）内核都运行于 Ring0，而用户应用程序运行于 Ring3。如果低特权级别的程序执行了特权指令，会引起陷入（Trap）内核态，并抛出一个异常。用户空间中的进程在运行时，只要不是特权指令就直接在 CPU上执行，如果是特权指令，则该指令由内核捕获，通过系统调用的方式在 Ring0 上执行，执行后再将结果返回给进程。

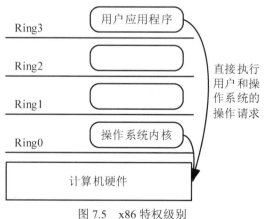

图 7.5　x86 特权级别

7.1.2　虚拟化技术

虚拟化是资源的抽象化,是单一物理资源的多个逻辑表示,具有兼容和隔离的优良特性。

1. 虚拟化平台

虚拟化平台如图 7.6 所示。

1)底层物理资源

底层物理资源包括 CPU、内存、存储设备等硬件资源,一般将包含物理资源的物理机称为宿主机(Host Machine)。

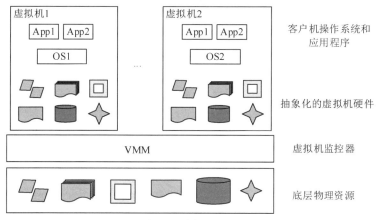

图 7.6　虚拟化平台

2)虚拟机

虚拟化技术将一个物理计算机虚拟为多个逻辑计算机,从而在一个物理机上可以运行多个虚拟机(Virtual Machine,VM)。虚拟机也称为客户机(Guest Machine),运行其上的操作系统则称为客户机操作系统(Guest OS),由内核空间和用户空间组成。虚拟机运行所需要的环境与物理机毫无差异,受分配得到的物理资源大小、竞争或宿主机的限制,运行速度可能低于在真实物理机上的运行速度。

3)虚拟机监控器

虚拟机监控器(Virtual Machine Monitor,VMM)是位于虚拟机与底层硬件设备之间的虚拟层,负责对硬件资源进行抽象,为上层虚拟机提供运行环境所需资源,并使每个虚拟机都能够互不干扰、相互独立地运行于同一系统中。通过 VMM 的隔离机制,每个虚拟机都认为自己是一个独立系统,拥有自己的虚拟硬件(如 CPU、内存和设备等),也可以拥有操作系统,在一个独立的虚拟环境中运行。多个虚拟机共享物理机的处理器、内存、I/O 资源等,但逻辑上彼此互相隔离。

4)抽象化的虚拟机硬件

虚拟层呈现的是虚拟化的硬件设备。虚拟机能够发现哪种硬件设施,完全由 VMM 决定。虚拟设备可以是模拟的真实设备,也可以是物理上并不存在的虚拟设备。

2. Hypervisor

在早期计算机界,操作系统被称为 Supervisor,其所运行的下层操作系统则被称为

Hypervisor。虚拟化技术中经常使用的术语 Hypervisor，是指位于虚拟机与底层物理硬件之间的虚拟层，它在很多架构（如 KVM 和 Xen）中其实就等于 VMM。但在有些架构（如 VMWare ESX）中，Hypervisor 与 VMM 仍有一定区别，其中 VMM 是与上层的虚拟机一一对应的进程，负责对指令集、内存、中断与基本的 I/O 设备进行虚拟化，当运行一个虚拟机时，Hypervisor 会装载 VMM，虚拟机直接运行于 VMM 之上，并通过 VMM 的接口与 Hypervisor 进行通信，如图 7.7 所示。

Hypervisor 允许多个操作系统和应用共享物理机上的所有物理设备，通过限制或允许访问 CPU、内存和外设等资源来定义每个虚拟机可用的功能。例如，CPU 上的处理时间可以划分为多个时间片，并根据需要分配给不同的虚拟机，一个虚拟机可以访问多个 CPU 内核。类似地，存储器和外设可以共享或分配给单个虚拟机。虚拟机根本不知道或无须知道彼此的存在，并且无法访问未提供的资源。

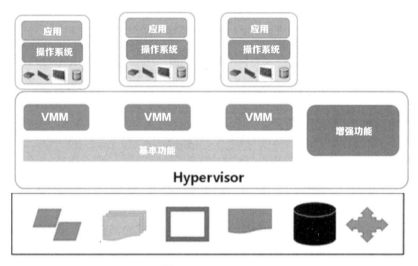

图 7.7　Hypervisor

Hypervisor 是所有虚拟化技术的核心，根据其实现方式，主要存在两种类型：裸机模型和宿主模型，如图 7.8 所示。

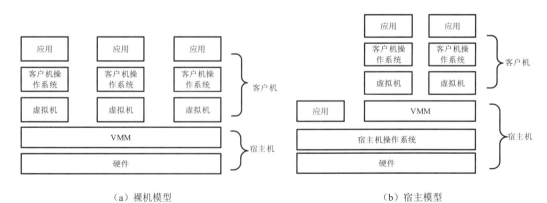

（a）裸机模型　　　　　　　　　（b）宿主模型

图 7.8　Hypervisor 类型

1）裸机模型

在裸机（Bare-metal）模型中，VMM 直接安装在物理硬件之上，可以理解成仅对物理硬件资源进行虚拟和调度的薄操作系统，但并不提供常规的宿主机操作系统功能。此模型中不需要完整的宿主机操作系统。由于 VMM 专门负责将物理硬件资源转换为虚拟资源供客户机操作系统使用，因此看起来就像直接运行在物理硬件之上控制物理硬件资源及客户机，所以称为裸机模型。

在裸机模型中，VMM 承担管理资源的责任，还负责虚拟环境的创建和管理，故虚拟化的效率较高。但是，VMM 完全拥有物理资源，需要进行物理资源的管理（包括设备驱动），而设备驱动的开发工作量很大，对 VMM 而言是个很大的挑战。采用该模型的有 VMWare ESX Server、WindRiver Hypervisor 和 KVM（后期）。

2）宿主模型

在宿主（OS-hosted）模型中，宿主机操作系统是传统操作系统，如 Windows 和 Linux，负责管理物理资源，但本身并不具备虚拟化功能。实际的虚拟化功能由 VMM 提供，VMM 通常是宿主机操作系统的独立内核模块。VMM 通过调用宿主机操作系统的服务来获得资源，实现 CPU、内存和 I/O 设备的虚拟化。VMM 创建出虚拟机后，通常将虚拟机作为宿主机操作系统的一个进程参与调度。

在宿主模型中，客户机操作系统对底层资源的访问路径较长，故性能相对裸机模型有所损失。但 VMM 可以利用宿主机操作系统的大部分功能，而无须重复实现对底层资源的管理和分配，也无须重写硬件驱动。采用该模型的有 VMWare Workstation、VMWare Server（GSX）、Virtual PC、Virtual Server、KVM（早期）。

3）混合模型

混合（Hybrid）模型是上述两种模型的混合体，如图 7.9 所示。VMM 直接运行在物理硬件上，具有最高的特权级别，所有虚拟机都运行在 VMM 之上。与裸机模型不同，此模型中 VMM 虽然拥有物理资源，但会主动将对大部分外设的访问交给一个运行在特权虚拟机中的特权操作系统（RootOS）来处理，即利用该特权操作系统的 I/O 设备驱动。相应地，VMM 虚拟化职责也被分担，即处理器和内存的虚拟化依然由 VMM 来完成，而 I/O 设备的虚拟化由 VMM 和特权操作系统共同来完成。采用该模型的有 Xen 等。

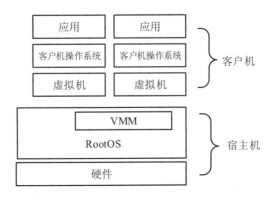

图 7.9　混合模型

7.2 内存虚拟化

在多任务操作系统设计中，一般进程之间使用不同的相互隔离的虚拟地址空间，由操作系统负责维护进程页表，CPU 的内存管理单元负责执行地址转换，页表查找表缓存最近用到的转换结果，加速转换效率。

内存虚拟化是指将内存按空间切割。其实内存本身就是虚拟化的，每个进程识别到的是线性地址空间，而非物理地址空间。在简单的单机场景中，安装完操作系统后，内核能够使用整段物理内存空间。但在虚拟环境中，通过 Hypervisor 来管理物理内存，而在 Hypervisor 中内存被分成内存页后再划分给各虚拟机，因此虚拟机获得的内存是离散的。

7.2.1 虚拟内存

早期的计算机程序直接使用物理地址来访问内存，当同时运行多个程序时，必须保证用到的内存总量小于计算机实际物理内存的大小。在支持多进程的系统中，如果各个进程的镜像文件都使用物理地址，则加载到同一物理内存空间时可能发生冲突，出现恶意程序访问为其他程序分配的物理内存。同时，由于物理内存有限，多个进程需要通过分时复用来共享同一物理页面。为此，采用内存地址重映射的方式，使程序中访问的内存地址是虚拟地址而非实际的物理内存地址，由操作系统使用地址重映射、内存复用等技术对此虚拟地址进行管理。只要操作系统管理好虚拟地址到物理内存地址的映射，就可以保证不同程序最终访问的内存地址位于不同的区域，而且可以加上地址保护策略，以隔绝程序间互相访问。

现代处理器系统都支持虚拟内存（Virtual Memory），程序所使用的内存地址称为虚拟内存地址（Virtual Memory Address），而实际存在的硬件空间地址称为物理内存地址（Physical Memory Address）。虽然每个进程都以为自己可以使用所有的物理内存，实际上其所得到的内存地址空间仅是一个连续的虚拟地址空间，而非实际存储时的连续物理地址空间。任何时候当某个进程想要访问内存时，其所发出的虚拟地址由 CPU 内存管理单元转换成对应的物理地址。

程序必须在真实的内存上运行，所以，必须在虚拟地址与物理地址之间建立一种映射关系。内存管理单元（Memory Management Unit，MMU）负责将虚拟地址转换为物理地址，如图 7.10 所示。此外，MMU 还提供硬件机制的内存访问授权，从而实现内存保护。

将虚拟地址转换为物理地址的过程，需要 MMU 和页表（Page Table）共同参与。内存管理单元包含页表查找表（Translation Lookaside Buffer，TLB）和页表遍历单元（Table Walk Unit，TWU），如图 7.11 所示。其中 TLB 用于从缓存虚拟地址到物理地址的转换关系，TWU 则负责从内存中读取地址转换表，即页表。

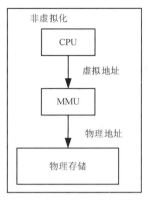

图 7.10　非虚拟化的内存寻址

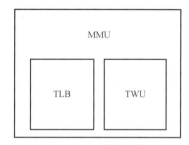

图 7.11　内存管理单元

页表为每个进程所独有，由软件实现，存储在内存（如 DDR SDRAM）中。访问内存中的页表相对耗时，尤其在使用多级页表的情况下，需要多次访问内存。为了加快访问速度，为页表设计了一个硬件缓存：TLB。TLB 中含有的条目数较少，而且已经集成进 CPU，几乎可以按 CPU 速度运行，所以 CPU 会首先在 TLB 中快速查找。如果没有 TLB，则每次取数据都需要多次访问内存而获得物理地址。

如果在 TLB 中找到了含有该虚拟地址的条目（TLB 命中），则可从该条目中直接获取对应的物理地址，否则就称为 TLB 未命中，此时 MMU 会指令 TWU 遍历内存页表查找相应的映射关系，以找到正确的物理地址。如果找到，那么首先要查询该物理地址的内容是否存在于缓存中，若缓存命中，则直接取出物理地址对应的内容返回给 CPU；若缓存没有命中，则会进一步访问内存获取相应的内容，然后回写到缓存并返回给 CPU。如果没有找到，那么意味着 MMU 要访问的虚拟地址的页没有在物理内存中，此时会触发一个与 MMU 有关的缺页异常，并交由软件（操作系统）处理。

MMU 支持多级页表，以二级页表为例，从 TLB 开始，依此访问一级页表、二级页表和物理页面。所以每次 CPU 读写数据时，首先 3 次访问物理内存而获得物理地址，然后依据该物理地址访问内存数据。上述 4 步操作都由 MMU 自动完成，不需要编写指令去指示 MMU 如何操作，当然前提是操作系统要维护页表的正确性，即每次分配内存时填写相应的页表，每次释放内存时清除相应的页表，必要的时候要分配或释放整个页表。

不过有些架构在出现 TLB 未命中后，CPU 就不再参与，而由操作系统通过软件的方式来查找页表。

7.2.2　处理器访问内存

对于非虚拟化的操作系统来说，物理内存需要有两个特性，即物理地址从 0 开始，以及物理地址是连续的。在虚拟化的环境中，物理内存要被多个客户机操作系统同时使用，但真实的物理内存只有一份，物理地址的起始地址 0 也只有一个，无法满足所有客户机地址从 0 开始的需求。因此，需要"欺骗"客户机操作系统，让其在使用物理内存时，依然可以满足上述两点要求。此欺骗过程，便称为内存虚拟化。

1．地址转换

内存虚拟化的核心就是引入了一层新的地址空间，即客户机物理地址空间。当操作系统运行在虚拟机上时，其指令目标地址是一个客户机物理地址（Guest Physical Address，GPA），但是此地址只是一个中间的物理地址（Intermediate Physical Address，IPA），无虚拟化时为实际的物理地址，有虚拟化时还需要由 VMM 负责将其转换成一个最终的宿主机物理地址（Host Physical Address，HPA），再交由宿主机的物理处理器执行。由于 VMM 对客户机操作系统所访问的内存进行一定程度的虚拟化，因此模拟出来的内存仍然符合客户机操作系统对内存的假定和认识。

内存虚拟化后，对客户机来说，其物理地址空间是一个隔离的、从 0 开始且连续的内存地址空间，但对于宿主机来说，客户机的物理地址空间并不一定是连续的，有可能映射在若干个不连续的宿主机虚拟地址（Host Virtual Address，HVA）区间，如图 7.12所示。

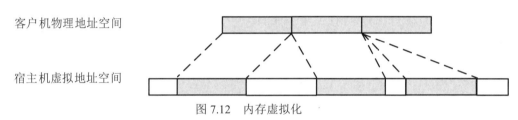

图 7.12　内存虚拟化

虚拟化技术引入后，内存地址空间更加复杂了，客户机负责客户机虚拟地址（Guest Virtual Address，GVA）与客户机物理地址之间的转换；宿主机负责宿主机虚拟地址与宿主机物理地址之间的转换；客户机物理地址与宿主机虚拟地址之间的转换，则需要由 Hypervisor 辅助实现。

实现内存虚拟化，关键是需要将客户机虚拟地址转换为宿主机物理地址。在传统的实现方案中，此过程需要经历 GVA→GPA→HVA→HPA 的转换过程，即需要对地址进行多次转换。

2．MMU 虚拟化

为了提高地址转换效率，有两种方式来实现客户机虚拟地址与宿主机物理地址之间的直接转换。其一是基于纯软件；其二是基于硬件辅助 MMU，也称为 Virtualization MMU（vMMU），此时虚拟机进程通过 vMMU 自动将客户机虚拟地址转换为真正的物理地址（HPA），如图 7.13 所示。

Intel 的扩展页表（Enhanced Page Table，EPT）技术和 AMD 的嵌套页表（Nested Page Table，NTP）技术，都是由硬件自动完成虚拟内存到物理内存的两次地址转换的。其原理是客户机操作系统控制一组地址转换表，先将虚拟地址空间映射到其所认为的物理地址空间（GPA），再由 VMM 负责控制第二步地址转换，得到真正的物理地址（HPA），如图 7.14所示。

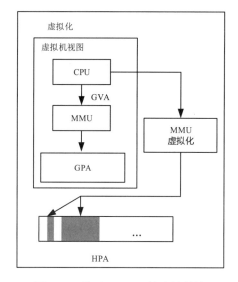

图 7.13　基于 vMMU 的地址转换

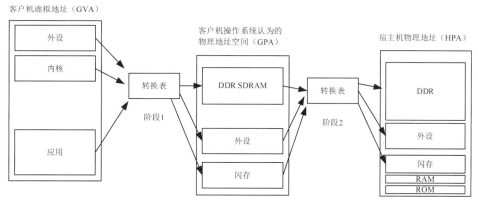

图 7.14　虚拟机内存地址转换

7.2.3　设备访问内存

负责非 CPU 设备的重映射操作硬件在 x86 阵营被称为 IOMMU，ARM 则推出了对应的 SMMU（System MMU）。

（1）IOMMU。

客户机操作系统看到的内存并非真实的物理内存，在系统长时间运行后，物理内存可能产生大量的碎片，导致驱动向系统申请的大块连续内存操作失败，设备无法正常地分配缓存。于是，针对非 CPU 的外设，现代计算机设计引入了 IOMMU 架构，即提供一个 MMU 组件，将设备访问的虚拟地址转换为物理地址，如图 7.15 所示。为了防止设备错误地访问内存，有些 IOMMU 还提供了内存访问保护机制。

（2）SMMU。

ARMv8-A 支持两级（两个阶段）地址转换。与 CPU 的 MMU 组件功能类似，SMMU 是 ARM 架构下对非 CPU 设备提供虚拟地址的管理、映射和翻译工作的组件。

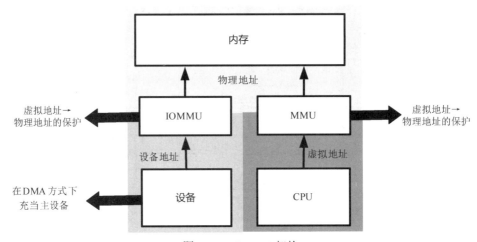

图 7.15　IOMMU 架构

直接内存存取（Direct Memory Access，DMA）是一种外设不通过 CPU 而直接与系统内存交换数据的接口技术，当设备以 DMA 方式工作时，不能像 CPU 一样通过 MMU 操作虚拟地址，此时可以通过连接其上的 SMMU 对设备所用地址进行转换，如图 7.16 所示。

SMMU 既支持同时进行两个阶段的转换，也支持各自进行单个阶段的转换，如图 7.17 所示。

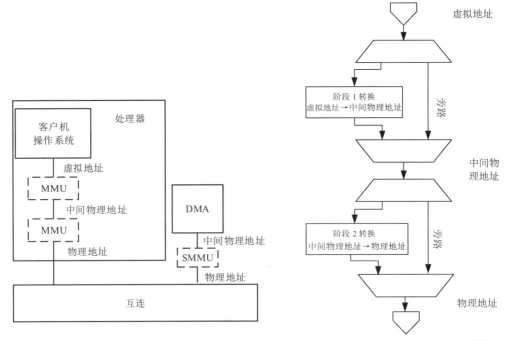

图 7.16　DMA 通过 SMMU 访问内存　　　　图 7.17　SMMU 支持内存地址转换

在图 7.18 所示 SoC 架构中，多个主设备都使用了 SMMU，以支持内存虚拟化。

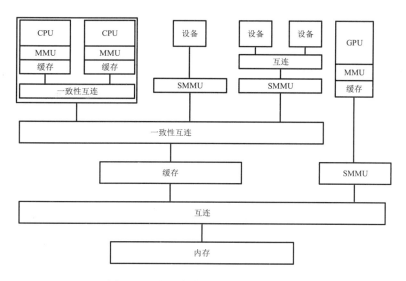

图 7.18　支持内存虚拟化的 SoC 架构

1. SMMU 地址转换

1）SMMU 数据结构

SMMU 含有流表项（Stream Table Entry，STE）和上下文描述符（Context Descriptor，CD），以区分不同设备及相同设备上的不同内存访问流，如图 7.19 所示。流表既包含阶段 1 的翻译表结构，也包含阶段 2 的翻译表结构。一个 SMMU 可以管理很多设备，而每个设备分配一个流表项，由该设备的唯一设备标识（Device ID）即流标识（StreamID，SID）定位。流表项中包含两个指针，分别指向阶段 2 地址翻译表和 CD。CD 包含了指向阶段 1 地址翻译表的基地址指针。SMMU 用于地址翻译的数据结构都存放在内存中，由 SMMU 寄存器保存它们在内存中的基地址。为了加快翻译速度，SMMU 还使用了 TLB。

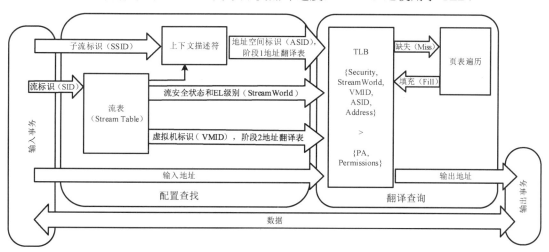

图 7.19　SMMU 数据结构

流表在结构上使用线性流表（Linear Stream Table）或两级流表（2-level Stream Table）的格式，其中线性流表将整个流表在内存中线性展开为一个数组，用流标识作为索引进行查找，如图 7.20 所示，此格式实现简单，只需要一次索引，速度快，但当平台上外设较少时，会浪费连续的内存空间。

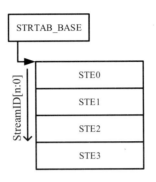

图 7.20　线性流表

两级流表则包含两级表，其中第一级表包含了指向二级 STE 的基地址，第二级表是线性流表，如图 7.21 所示。此格式的优点是更加节省内存。

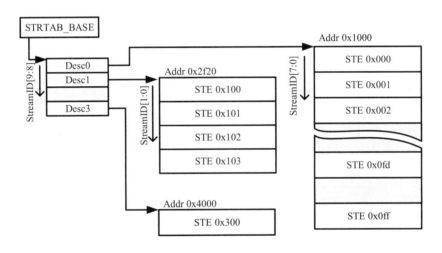

图 7.21　两级流表

如果每个设备上运行多个任务，而这些任务同时使用了不同的页表，那么 SMMU 便采用 CD 表来管理每个页表，由子流标识（SubstreamID，SSID）协助查找。CD 表可以是线性或两级的，原理与流表一样。

2）地址翻译流程

在使能 SMMU 两级地址翻译的情况下，阶段 1 负责将设备 DMA 请求发出的虚拟地址（VA）翻译为中间物理地址（IPA），并作为阶段 2 的输入，阶段 2 再次进行翻译得到物理地址（PA），使 DMA 请求能正确地访问用户所要操作的地址空间。

具体的地址翻译流程步骤如下。

（1）用户驱动发起 DMA 请求，此 DMA 请求包含 VA、SID 和 SSID。

（2）DMA 请求到达 SMMU，SMMU 提取 DMA 请求中的 SID，获知发送请求的设备，然后去流表中索引对应的 STE。

（3）从对应的 STE 表中查找到对应的 CD，然后用 SSID 对 CD 进行索引找到对应的阶段 1 的页表。

（4）进行阶段 1 页表遍历，将 VA 翻译成 IPA 并作为阶段 2 的输入。

（5）执行阶段 2 页表遍历，将 IPA 翻译成 PA，地址转换结束。

2. SMMU IP

SMMU 架构版本包括 Version1.0、Version 2.0、Version 3.0 和 Version 3.2，其实现包括 MMU-401、MMU-500、MMU-600、MMU-600AE、MMU-700 等一系列 IP。

SMMU 架构版本和实现 IP 如图 7.22 所示。

图 7.22　SMMU 架构版本和实现 IP

SMMU IP 包含两个主要构件：翻译缓冲单元（Translation Buffer Unit，TBU）和翻译控制单元（Translation Control Unit，TCU），如图 7.23 所示。

TBU 主要用于缓存设备与 SMMU 之间交互的事务，以提高系统性能。当设备发送一个内存访问请求到 SMMU 时，TBU 会将请求缓存到内部的事务队列中，并等待 SMMU 完成相关操作后将结果返回给设备。这样，在多个访问请求之间可以实现乱序执行，从而提高系统并发的吞吐量。

当外设访问内存时，SMMU 会首先将虚拟地址发送给 TBU 进行翻译。TBU 会在其 TLB 中查找匹配的翻译，如果找到，则会将物理地址传递给 TCU 进行权限控制，然后输出传输事务；如果未找到，则会通过分布式转换接口（Distributed Translation Interface，DTI）向 TCU 请求新的翻译，当收到来自 TCU 的转换结果时，会将其缓存在自身 TLB 中，并输出传输事务。

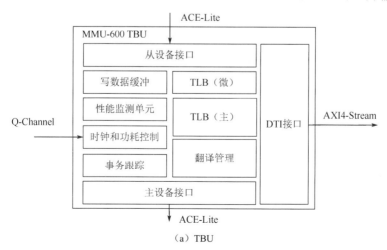

（a）TBU

图 7.23　SMMU IP 的主要构件

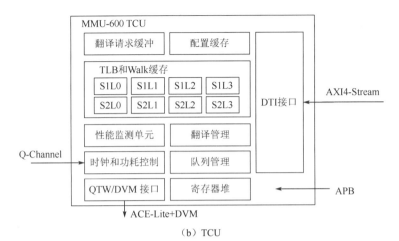

（b）TCU

图 7.23　SMMU IP 的主要构件（续）

TCU 主要负责地址转换和内存访问权限的控制。当 TCU 收到 DTI 传来的转换请求时，会查找内部的遍历缓存以找到相应的映射关系。如果找到，则将物理地址传递给 TBU，否则将遍历内存页表查找相应的映射关系，以找到正确的物理地址。同时，TCU 负责检查物理地址的权限信息，以确保设备对内存的访问是合法的。如果访问被允许，则 TCU 将告知 TBU，由 TBU 传递访问请求给外设或系统内存，否则 TCU 将拒绝访问请求并引发异常。TCU 的缓存由端口输入的控制信号来更新维护。

每个主设备需要连接到一个 TBU，而多个主设备需要使用多个 TBU 来独立管理各自的地址翻译，但在同一时间只有一个共享的 TCU 负责翻译控制。AMBA DTI 协议定义了与 TCU 通信的标准，通过 DTI 将多个 TBU 与 TCU 相连接。

图 7.24 所示的 SoC 集成了单一的 MMU-600。

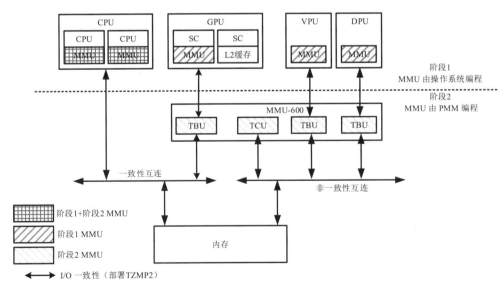

图 7.24　单一的 MMU-600 集成

在图 7.25 中，多个 TBU 和 TCU 分别连接到互连网络。

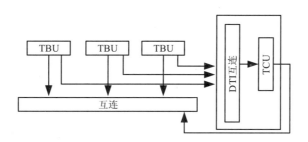

图 7.25 分布式 TBU 和 TCU 连接

小结

- 虚拟化技术将一个物理计算机抽象成了多个虚拟计算机，实现了对计算机物理资源的模拟、隔离和共享。虚拟化设计涉及 CPU 虚拟化、内存虚拟化、I/O 虚拟化和中断虚拟化。
- 虚拟机监控器（VMM）是位于虚拟机与底层硬件设备之间的虚拟层，直接运行于硬件设备之上，负责对硬件资源进行抽象，为上层虚拟机提供运行环境所需资源。根据其实现方式，主要存在两种类型：裸机模型和宿主模型。通过虚拟机监控器的隔离机制，每个虚拟机都能够互不干扰、相互独立地运行于同一系统中，多个虚拟机共享物理机的 CPU、内存、I/O 资源等，但逻辑上彼此互相隔离。
- 内存虚拟化是指将内存按空间切割，主要思想是引入了客户机物理地址空间。运行在虚拟机上的客户机虚拟地址，需要进行两次地址转换，最终产生物理内存地址。SMMU 是 ARM 架构下一种对非 CPU 设备提供地址翻译服务的组件。

第 **8** 章

安全设计

芯片安全涉及芯片设计的每一个环节，从晶体管设计到标准单元库选用，从系统架构设计到密码算法实现等。芯片安全设计的体系结构是分层的，每一层的安全都基于对下一层的信任，系统的底层由被称为信任根的模块组成，如图 8.1 所示。

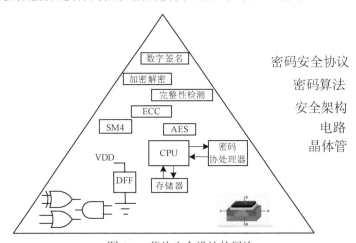

图 8.1　芯片安全设计的层次

在 SoC 的安全启动中，将信任根设置于 SoC 内部，并对密钥进行安全存储，利用加密和数字签名的方式实现对引导程序、操作系统及应用程序的验证，从根本上保证了各固件和软件的安全可信，从而提升了安全性。

ARM TrustZone 是应用极为广泛的安全设计硬件架构，其原理是通过隔离来构建一个安全框架以抵御各种可能的攻击。RISC-V 安全扩展可采用类似的方案。

本章首先介绍 SoC 安全设计，然后讨论 ARM TrustZone 和 RISC-V 安全扩展。

8.1　SoC 安全设计

SoC 安全设计涉及安全存储、安全启动、安全调试、安全时间等。

8.1.1　安全解决方案

基于软件的安全解决方案（软件安全解决方案）是发展最早、成本最低的安全解决方案，由于缺乏硬件支持，根密钥相对容易被破解并致使整个系统的安全解决方案被破解，所以纯粹的软件安全解决方案并不适合采用。

1．传统安全解决方案

传统安全解决方案有三种，分别为安全元件、可信执行环境和安全芯片，适用于不同的系统应用场景，如表 8.1 所示。

表 8.1　不同安全解决方案比较

	安全元件	可信执行环境	安全芯片
敏感信息存放	安全区域	可信区域	通用区域
密码算法	硬件	软件	软件
运算时间	短	长	长
身份识别	强	中	弱
物理安全	强	弱	弱
BOM 成本	高	中	低
使用成本	高	中	低

1）安全元件

将密钥存储到简单的安全元件（Secure Element，SE）中，可以解决复杂的软件不可控问题，即关键信息易被偷窃盗用的安全风险。在安全元件方案中，因为软件系统简单，硬件元器件相对较少，所以容易建立物理防护和实施安全保障，从而提高安全元件的安全强度，并服务于要求更高的安全系统。

随着移动互联网的发展，在移动终端上使用额外的外置安全元件会导致成本提高，用户体验感下降，因而需要一种更为便捷易用和价格低廉的密钥保护技术。

2）可信执行环境

可信执行环境（Trusted Execution Environment，TEE）提供了介于典型操作系统与安全元件之间的一种适度安全性，其目标是在主芯片中建立一个可信赖的环境，为可信应用（通过 TEE 授权的、可信的软件）提供可信赖的运行环境，从而通过对机密性和完整性的保护及对数据访问权限的控制，来确保端到端的安全。但是，TEE 方案无法提供硬件隔离级别的密钥安全存储和运行环境，在某些模式下 TEE 方案的安全弱点仍然存在。

3）安全芯片

基于微控制器（MCU）的安全芯片内置微控制器、硬件密码算法加速引擎和安全单元、嵌入式高速闪存、低功耗电源管理电路和一些数模混合电路，具有高集成度、高性能和低功耗等特征，可广泛应用于穿戴式设备、智能家庭物联终端设备（如智能家电、智能门锁/门禁等）、生物识别、通信、传感器控制及机器人等领域。

专门的安全加密芯片大幅提升了设备的安全等级，具有诸多安全特性，如加密下载、读写保护、安全存储、密码算法加速、分区权限管理、固件安全更新、侵入检测和安全时钟系统等，其算法依赖内部硬件实现，比之软件要快数十倍甚至百倍。但由于其主要目的是解决根密钥的安全存储问题，因而仍存在较严重的安全隐患。如在加密和解密过程中，安全芯片与主芯片间的通信信息容易被非法窃取，解密后的密钥等明文信息一般保存在系统内存中，也易被黑客非法读取。

2. SoC 安全解决方案

在基于芯片的系统安全解决方案中，将传统的外置安全元件或安全芯片集成到 SoC 中，避免了板级走线带来的安全风险和外部数据传输性能的瓶颈。内置的芯片支持安全技术，旨在提供可信赖的基础，保护用户所依赖的计算免受已受损软件的干扰，同时不需要额外的元件和芯片，从而降低了整体成本。

SoC 安全框架主要包括如下内容。

- TEE：通过硬件强制隔离代码、数据和存储信息。
- 信任根（Root of Trust）：唯一 ID 和证书及私钥的安全保存。
- 安全启动：阻止非授权认证代码的启动，确保仅运行正确且未更改的软件。
- 安全调试和更新机制。
- SoC 防护：包含算法安全防护、系统安全防护、环境安全防护和物理安全防护。

8.1.2 TEE

TEE 是一个安全区域，通过隔离的执行环境，提供一个执行空间，该空间相比 REE 侧操作系统具有更强的安全性，比安全芯片功能更丰富，提供代码和数据的机密性和完整性保护。其主要特征如下。

- 隔离：隔离可以通过软件或硬件实现，实现软件、硬件、IP、总线一体的安全机制。
- 算力共享：能使用 CPU 的同等算力、硬件资源。
- 开放性：有对应的 REE 侧，才有 TEE 的必要性，只有在开放性系统中才需要 TEE 的保护。

TEE 由国际组织 GlobalPlatform（GP）提出，如今大多数基于 TEE 技术的 Trusted OS 都遵循了 GP 的标准规范。

与 TEE 相对应的是 REE（Rich Execution Environment，富执行环境），包括运行在通用嵌入式处理器上的 Rich OS（Rich Operating System，富操作系统）及其上的客户端应用程序。在 REE 中采取了很多安全措施，如设备访问控制、设备数据加密机制、应用运行时的隔离机制、基于权限的访问控制等，但仍无法保证敏感数据的安全性。例如，将用户认证、移动支付等高安全等级应用和其他应用运行在同一个操作系统中无法保证高安全等级应用的安全性，将用户指纹、证书等机密数据和普通应用数据保存在同一个操作系统中也无法保证数据机密性、完整性和可用性。

REE 可以提供丰富而灵活的功能，但安全性低；TEE 功能较单一，但安全性高。当 REE 侧需要进行隐私计算时，将加密的数据送入 TEE，解密为明文后再进行计算，其中硬件隔离保证了 TEE 侧明文数据和计算逻辑的安全，明文的计算方式则保证了高性能的计算和计算结果的高可用性。TEE 通常用于执行高安全需求操作、保存敏感数据、保护高价值数据等，其中高安全需求操作包括安全键盘密码输入、指纹输入、用户认证、移动支付；保存敏感数据包括用户证书私钥的存储、指纹数据存储；保护高价值数据包括 DRM（数字版权管理）等。

TEE 内部运行一个完整而紧凑的操作系统，分为内核（TEE Kernel）和多个用户的应用程序（Trust Application，TA），一般只有 10KB～10MB。

TEE 目前在移动、支付、汽车、无人机和物联网等应用领域已基本成为标配。较为成熟的处理器 TEE 技术主要有 ARM 的 TrustZone、Intel 的 SGX 及 AMD 的 SEV 等。

8.1.3　信任根

信任根（Root of Trust，RoT）是建立信任链的来源，也是 SoC 系统的安全根基。硬件信任根是 SoC 最安全的实现方式，可使硬件和软件免受恶意软件攻击，涉及密钥管理和安全启动两个部分。

基于芯片的硬件和软件信任根分为两种类别：固定功能信任根和可编程信任根。其中固定功能信任根是指状态机，用于执行一系列特定功能，如数据加密、证书验证和基础密钥管理等功能，尤为适用于物联网设备；可编程信任根围绕处理器而构建，能够执行一系列更为复杂的安全功能，运行全新加密算法和安全应用，以应对不断变化发展的攻击载体。

1．加解密算法

1）对称加密算法

对称加密算法（Symmetric-key Algorithm）是密码学中的一类加密算法，又称为私钥加密算法、共享密钥加密算法，其特点是在加密和解密时使用相同规则，使之成为两个或多个成员间的共同秘密，以维持专属的通信联系。

在对称加密算法中，一方通过密钥将信息加密后，将密文传递给另一方，另一方则通过相同的密钥将密文解密，转换成可以理解的明文，如图 8.2 所示。此种加密模式的最大弱点是甲方必须将加密规则告知乙方，否则无法解密，因而保存和传递密钥便成为难题。

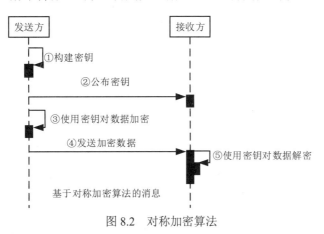

图 8.2　对称加密算法

AES（Advanced Encryption Standard，高级加密标准）是目前国际上使用广泛的对称加密算法，其他常见的对称加密算法还有 DES、3DES、Blowfish、IDEA、RC5、RC6、Base64 等。

2）非对称加密算法

非对称加密算法（Asymmetric Cryptography Algorithm）是密码学中的另一类加密算法，又称为公开密钥加密（Public-key Cryptography）算法，其特点是加密和解密时可以使用不同规则，只要两种规则之间存在某种对应关系即可，从而可以避免直接传递密钥。

此方法中需要一对数学相关的密钥：私人密钥（私钥）和公开密钥（公钥）。公钥是公开的，任何人都可以获得，私钥则是保密的。甲方获取乙方的公钥，然后用其对信息加密，乙方得到加密后的信息，并用私钥予以解密，此密钥对由乙方生成。由于公钥加密的信息只有私钥解得开，因此只要私钥不泄露，该通信便是安全的。

非对称加密是指加密是单向的，无须共享通用密钥，解密所用私钥不会发往任何用户，因此公钥即便被截获，如果没有与其匹配的私钥，也无法用于解密。此方法的缺点是加解密速度要远远慢于对称加密。

1977 年，三位数学家 Rivest、Shamir 和 Adleman 设计了一种算法，可以实现非对称加密。该算法因三人名字而得名为 RSA 算法，已成为使用广泛的非对称加密算法，如图 8.3 所示。该算法非常可靠，密钥越长，则越难被破解，通常认为 1024 位的 RSA 密钥基本安全，而 2048 位的密钥极其安全。

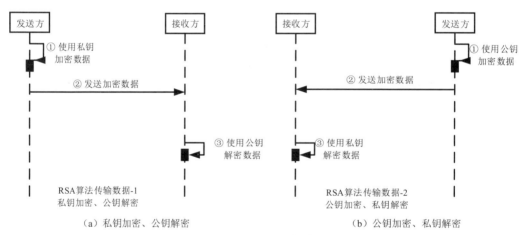

图 8.3　RSA 算法

其他常见的非对称加密算法还有 ElGamal、背包算法、Rabin 算法（RSA 算法的特例）、迪菲-赫尔曼密钥交换协议中的公钥加密算法、椭圆曲线加密（Elliptic Curve Cryptography，ECC）算法等。非对称加密算法广泛应用于电子证书、电子签名和电子身份证等。

3）哈希算法

哈希（Hash）算法是一种将任意长度的消息压缩到某一固定长度的消息摘要的算法，也称为散列、指纹（Fingerprint）或摘要（Digest）算法。

哈希算法能将任意长度的二进制明文串映射为较短的（通常是固定长度的）二进制串（哈希值），并且不同的明文很难映射为相同的哈希值。可以将哈希算法理解为空间映射函数，从一个非常大的取值空间映射到一个非常小的取值空间，由于不是一对一映射，因此哈希函数转换后不可逆，意指不可能通过逆操作和哈希值还原出原始值。

大多数哈希算法都是计算敏感型算法，在强大的计算芯片上完成得更快。因此可以考虑硬件加速来提升哈希算法的性能。数字摘要是哈希算法的重要用途之一，通过对原始的数字内容进行哈希运算而获取唯一的摘要值。

4）真随机数发生器

利用物理方法实现的真随机数发生器（True Random Number Generator，TRNG）是自然界真实随机物理过程的反映，为多种加密算法和协议生成真随机数，即使算法等信息都被暴露，都无法猜测其结果，即高质量的 TRNG 产生的随机数永远不具备周期性。广泛应用的伪随机数发生器（Pseudo Random Number Generator，PRNG）是基于数学算法的随机数发生器，由真随机的种子和伪随机网络构成，一旦真随机的种子被暴露，PRNG 的结果就能确定，因此伪随机数存在周期性问题。

真随机数评价有一套非常严格的评价标准，如德国的 BSI、美国 NIST（美国国家标准与技术研究院）的 SP800/900，还有国标的真随机数评价标准。图 8.4 所示为真随机数评价标准和实现方法。

2．数字签名

数字签名是指通过一些密码算法对数据进行签名以保护源数据，包括以下步骤。

（1）密钥生成：输出配对的公钥和私钥。

（2）签名：用私钥对给定数据进行加密来生成签名。

（3）验证：用公钥对加密过的数据进行解密验证。

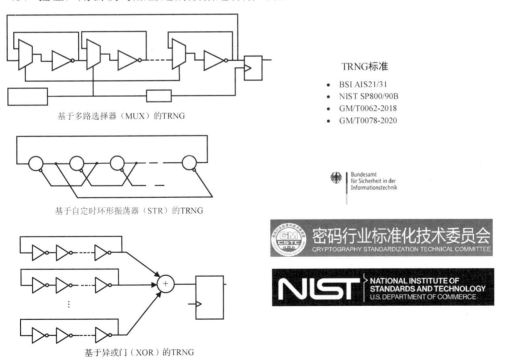

图 8.4　真随机数评价标准和实现方法

典型数字签名方案如图 8.5 所示。

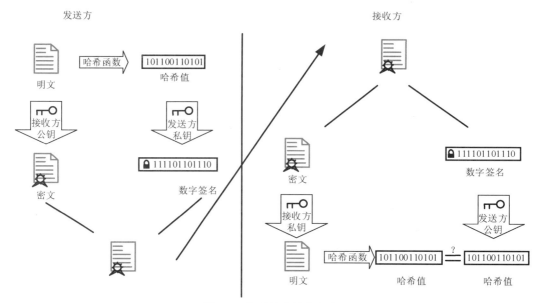

图 8.5　典型数字签名方案

发送方首先用一个哈希函数从报文文本中生成报文摘要，然后用自己的私钥对此摘要进行加密，得到该报文对应的数字签名，最后用接收方的公钥对要发送的明文进行加密，并将数字签名和密文一并传递给接收方。

接收方在收到数字签名和密文后，首先用自己的私钥对密文进行解密，得到明文，然后用同一个哈希函数从报文中生成摘要 A，另外用发送方提供的公钥对数字签名进行解密，得到摘要 B，对比 A 和 B 是否相同，就可以确保发送方身份的准确性，以及得知报文有没有被篡改过。

3．密钥管理

系统需要密钥来保护其数据、IP 和操作。这些密钥可以由设备制造商提供，也可以在更早阶段由芯片供应商提供给设备制造商，不过在设备上安全地存储密钥绝非易事。

1）OTP

密钥具有机密性，一般存储在 NVM（Non-Volatile Memory，非易失性存储器）中，如 OTP（One Time Programmable ROM，一次性可编程存储器）。需要结合芯片生命周期，管控其烧写、使用和调试权限。

在安全应用中，一块很小的 OTP，大小为 1KB 左右，用于存放一些固定值，如每个设备唯一的根密钥（Master Key），设备唯一 ID（Device Unique ID）或 MAC 地址，一些安全配置或秘密值（软件的哈希值、启动模式等）。

设备制造商购买芯片并组装产品后，要烧写其内容，其中包括两种根密钥：加解密用的对称密钥，每个设备随机生成而不相同；验签用的公钥，由设备制造商自己生成，有些芯片会烧存公钥的哈希值以减少 OTP 的空间使用。

除读写基础寄存器外，还可以通过控制寄存器禁止别的程序访问 OTP，以保护其中的密钥。因此 OTP 中的根密钥及启动 ROM 将作为安全启动的信任根。

但是 NVM 也容易受到硬件攻击，读取 NVM 内容的硬件攻击正变得越来越普遍，这使未受保护的密钥存储变得不可行。

2）物理不可克隆功能

由于制造工艺的差异，芯片中每个晶体管的物理特性都会略有不同，导致电子特性（如晶体管阈值电压和增益因数）存在微小但可测量的差异，因为不可预测和不可控制，所以复制或克隆几乎不可能。物理不可克隆功能（Physical Unclonable Function，PUF）可以被用作唯一且不可篡改的设备标识符，也可以用于安全密钥生成和存储，其主要特点如下。

- 随机性：相当于芯片自带硬件随机数发生器，为加密算法提供基础原料。
- 唯一性：利用芯片制造过程中不可控制因素产生的芯片物理结构差异来产生完全随机的 ID。
- 易用性：不用安全存储，随用随取。

通过芯片内部的电路，将微小的差异转换为 0 和 1 的数字模式，并且随时间推移可重复，从而形成对于特定芯片的唯一硅指纹。使用某些处理算法，才能将硅指纹转换为该芯片唯一的加密密钥并用作根密钥，这是因为在不同的测量之间，除初始的工艺变化外，电子特性还将受到周围条件（如温度和电源）的影响，导致硅指纹略有噪声，因此良好的 PUF 实施需要将带噪指纹转换为 0 和 1 的完全稳定且完全随机的字符串。只要需要，就可以用 PUF 可靠地重建根密钥，而无须将其存储在任何形式的内存中，这使利用 PUF 进行密钥存储非常安全。

目前在 CMOS 上实现的数字电路 PUF，主要有两种方法。

（1）基于存储器的 PUF。

SRAM 单元的行为取决于其晶体管的阈值电压之差，即使再小的差异也会被放大，并将其推入两个稳定状态之一。在制造过程中，虽然电路架构完全一样，但是电路驱动能力有强弱之分，导致 SRAM 单元在上电时的 0、1 状态呈随机分布。利用此特征的 SRAM PUF 已成为使用晶体管阈值电压来构建标识符的最直接和最稳定的方法。

（2）基于传播延迟的 PUF。

受晶体管通道长度、宽度、阈值电压、氧化层厚度、金属线形状等各种因素的影响，数字信号的传播延迟存在部分随机性。典型代表有 Arbiter（仲裁器）PUF、RO（环形振荡器）PUF 和 Via（通孔）PUF。其中 Arbiter PUF 源自同一信号从起点到终点所用时间（延迟）在制造过程中会存在误差；RO PUF 源自 RO 电路，在不同芯片制造出来之后，频率产生会存在误差；Via PUF 是指利用规则，设计从小到大的 Via，依据其工艺特性而提取出 Via PUF。

图 8.6 列举了 PUF 的一些实现方法。

PUF 技术与后续要讨论的 TrustZone 技术存在本质区别，并非所有 PUF 都不可克隆，事实上其在实验室环境中已被成功攻击过。

4. 硬件加解密引擎

为了满足高性能加解密及密钥保护的需求，使用硬件 IP 模块已成为一种有效保障安全性的方式。硬件加解密引擎进行数据加解密及密钥派生等操作，可以提升密钥运算的性能和安全性，避免软件访问关键密钥，实现高等级的安全认证密钥硬件化。硬件加解密引擎目前支持的主要算法及功能如图 8.7 所示。

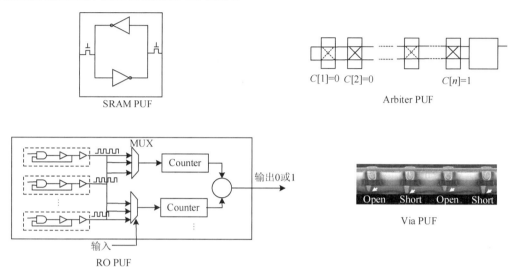

SRAM PUF

$C[1]=0$ $C[2]=0$ $C[n]=1$

Arbiter PUF

输出0或1

输入

RO PUF

Via PUF

图 8.6　PUF 的一些实现方法

	功能	
标识和密钥交换（非对称）	RSA	密钥生成、签名/验证
	ECC	密钥生成、ECDSA、ECDH
	DSA	签名/验证
加密（对称）	AES	ECB、CBC、CTR
		GCM
		XTS、CCM
	3DES	ECB
		CBC
		CTR
数据完整性	哈希算法	GHASH
		SHA1/224/256
	TRNG	真随机数发生器
	Key Ladder	密钥派生
	Lifecycle	生命周期管理

图 8.7　硬件加解密引擎目前支持的主要算法及功能

图 8.8 所示为 ARM 提供的硬件安全单元，包含了多种安全引擎。系统上电后，主芯片内的安全模块首先启动，并完成对底层引导程序的校验，然后对操作系统文件和分区进行校验，通过后才加载进入系统。安全模块被集成到主芯片里面，密钥读取与加解密均在安全模块内完成。该模块作为一个独立子系统，主处理器不能读取其安全相关数据，因而大幅提升了安全性。在广播数字电视和移动支付等领域，主芯片内部集成独立的安全子模块

并通过第三方实验室认证测试，早已成为行业准入的基本要求。

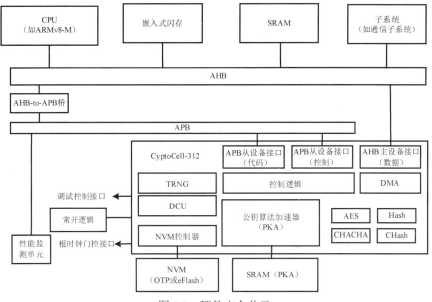

图 8.8　硬件安全单元

8.1.4　安全启动

安全启动（Secure Boot）是指在启动过程中，前一个部件验证后一个部件的数字签名，验证通过后，运行后一个部件，否则就终止或复位系统。可信启动（Trusted Boot）是指在启动过程中，前一个部件度量（计算哈希值）后一个部件，将度量值安全保存下来，如放到一个集中的部件上（或云端），设备启动后的一致性（完整性）校验则由集中的部件负责完成。加密启动（Encrypted Boot）是指存储在闪存中的镜像（Image）是密文，在启动过程中会先解密再启动。加密启动过程本身没有信任链的构建。

三种启动方式（安全启动、可信启动和加密启动）并不互斥，可以依据实际应用场景和性能要求结合起来使用。例如，安全启动和加密启动相结合，既可以确保启动过程中系统软件的一致性（没有加载被篡改过的系统软件），又可以确保闪存中已被加密的软件镜像不被逆向破解。

1. 安全启动概念

安全启动是防止设备在启动过程中加载并运行未经授权应用的安全机制。启动程序通过签名公钥来验证软件的数字签名，以确保软件的完整性和可信性。只有通过签名校验的镜像文件才可以加载运行，包括启动引导程序、内核镜像、固件镜像等文件。在启动过程的任何阶段，如果签名验证失败，则启动过程会被终止。

设备启动时最初执行的是固化在芯片中的一段引导程序，称为片内引导程序（Boot Strap），在芯片制造时被写入芯片内部只读 ROM 中，出厂后即无法修改，因而成为设备启动的信任根。该片内引导程序执行基本的系统初始化，从闪存存储芯片中加载二级引导程序。

使用保存在主芯片内部 eFuse 空间的公钥哈希值对公钥进行校验后，片内引导程序利用公钥对二级引导程序镜像的数字签名进行校验，成功后运行二级引导程序。该二级引导程序进行平台系统初始化，如初始化 DDR SDRAM 控制器，并且加载和验证下一个安全或非安全镜像，如 TEE 或 UEFI（统一可扩展固件接口）。以此类推，直到整个系统启动完成，从而保证启动过程的信任链传递，防止未经授权的程序被恶意加载运行。

安全启动的简单流程如图 8.9 所示。

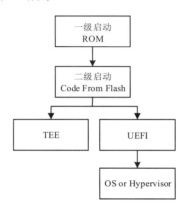

图 8.9　安全启动的简单流程

2．安全启动流程示例

芯片通过安全启动方案，从硬件的可信根出发，构建一条自下而上的信任链。信任链开始于 BootROM，芯片上电后，引导程序会检查启动源中代码的可靠性和完整性，如果代码正确则予以执行。芯片选用 OTP 来存放安全密钥相关信息，如 RSA 的验签公钥、代码解密的密钥和初始化向量。

1）初始启动流程

初始启动流程如图 8.10 所示。

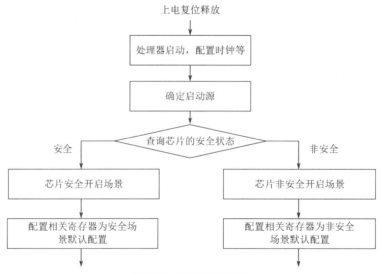

图 8.10　初始启动流程

（1）系统上电硬件复位释放后，处理器从 ROM 开始启动，配置所需时钟、复位和电源。

（2）读取外部引脚的配置值以确定外部启动源，如 eMMC、USB 和 SD 等。

（3）当芯片刚生产出来时，OTP 中都是默认值 0，可以通过烧写 OTP 来存储安全密钥等数据。当芯片上电后，引导程序会读取 OTP 中的安全使能值，如果为 0 则进行非安全启动，为 1 则读取位于 RSA_KEY 域的 RSA 验签公钥，开始安全启动流程。

（4）如果是安全启动，则需要根据芯片的场景，配置安全资源等相关控制。芯片安全相关的配置与芯片实现有关，需要考虑各 IP 厂商的特定安全启动需求。

2）数字证书验证流程

数字证书验证流程如图 8.11 所示。

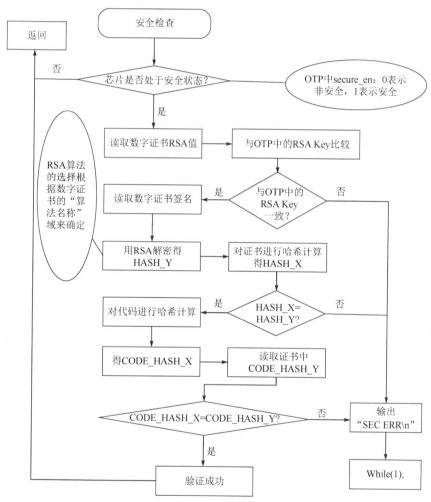

图 8.11 数字证书验证流程

（1）检查代码证书中公钥的有效性。

- RSA 公钥直接以明文的方式存储在 OTP 中。
- 引导程序读出存储在 OTP 中的 RSA 公钥。
- 引导程序读取下一级代码。

- 引导程序读取下一级代码中的证书。
- 将证书中的 RSA 公钥与 OTP 中读出的 RSA 公钥相对比，如果相等，则说明证书中存储的公钥没被修改过，可以进行下一步启动流程；如果不相等，则启动失败。

（2）检查数字证书签名的有效性。

- 如果公钥（PUK）有效，则引导程序调用哈希算法计算数字证书的哈希值，记为 HASH_X。
- 引导程序调用模块 RSA，并使用公钥对证书中的数字签名进行解密，得到解密后的哈希值，记为 HASH_Y。
- 比较 HASH_X 和 HASH_Y，如果两值相等，则数字证书为合法，继续下一步启动流程；如果两值不相等，则数字证书为非法，终止启动流程。

（3）检查代码的有效性。

- 引导程序调用哈希算法计算代码的哈希值，记为 HASH_CODE_X。
- 引导程序调用模块 RSA，并使用公钥对证书中已加密代码的哈希值进行解密，得到解密后的哈希值，记为 HASH_CODE_Y。
- 比较 HASH_CODE_X 和 HASH_CODE_Y，如果两值相等，则代码为合法，继续下一步启动流程；如果两值不相等，则代码为非法，终止启动流程。

3）代码解密流程

代码解密流程如下。

（1）引导程序判断证书中的加密区域，判断代码是否进行过加密。

（2）引导程序调用解密模块，使用 OTP 中的密钥和初始化向量进行代码解密。

（3）解密之后的内容根据文件中的 Magic Number 判断解密是否正确。

8.1.5 安全调试

现代处理器配备了基于硬件的调试功能，通常需要电缆连接才能使用。如果诊断过程没有合适的安全机制，则很容易被黑客利用。处理器调试如图 8.12 所示。

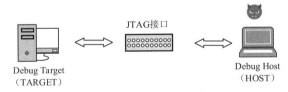

图 8.12 处理器调试

依据芯片安全要求，只有授权的调试设备才能访问 JTAG 接口，而未经授权的 JTAG 访问尝试将被拒绝。安全调试（Secure Debug）的操作原理如下。

（1）用户通过 JTAG 接口请求调试。

（2）SoC 以唯一产品标识符（PID）响应。

（3）根据芯片 PID，用户找到相应的密钥。

（4）用户通过 JTAG 接口提交密钥。

（5）芯片安全模块将收到的密钥与预先配置的密钥进行比较。

（6）如果匹配，则启用调试功能。

8.1.6 安全岛

将外部安全模块的功能集成到芯片内部，使一个芯片上至少具有两个处理器核：一个普通核和一个安全核。其中安全核和其他硬件扩展构建了一个受信子系统，也称安全岛（Crypto Island）。在此方案下，处理器核间通信在芯片内部实现，但通信速度较慢，而且单独的安全核性能有限，占用芯片面积较大，成本较高。

图 8.13 所示为一个典型的安全岛设计，其通过标准接口总线与外部系统总线相连，通过安全密钥总线连接外部逻辑密钥。

- RISC-V CPU（专用安全核）：一种经过安全优化的处理器。
- 内部总线：在安全岛内连接各种硬件模块。
- 专用存储：内存保护单元、ROM，以及连接外部存储安全资产的 SRAM 接口。
- TRNG：为多种加密算法和协议生成真随机数。
- DMA 控制器：将数据移入或移出内核。
- 加密引擎：至少包含三个（默认）加密引擎，一个公钥引擎，一个哈希引擎，以及一个 AES 引擎。
- OTP 管理模块：管理存储密钥和其他安全资产的一次性可编程内存。
- 密钥传输模块：管理可外部使用的密钥。
- 密钥派生模块：允许为不同应用程序派生多个密钥，同时保持密钥的加密隔离状态。

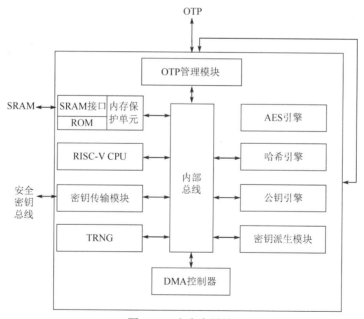

图 8.13 安全岛设计

图 8.14 所示为 ARM 安全岛 IP，包含安全处理器、安全单元、总线、外设、存储和安全调试接口等，可直接集成在 SoC 系统上。

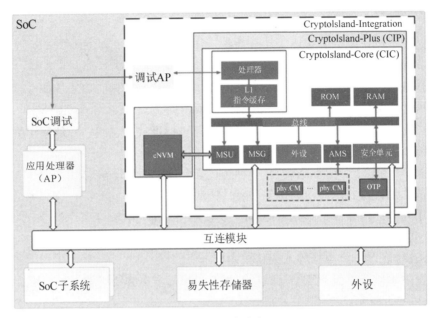

图 8.14　ARM 安全岛 IP

8.2　ARM TrustZone

为了增强移动设备运行环境的安全性，ARM 在 ARMv6 架构中首次引入了 TrustZone 技术，其目的是构建一个安全框架来抵御各种可能的攻击。

TrustZone 在概念上将 SoC 的硬件和软件资源划分为安全和普通两个世界，所有需要保密的操作（如指纹识别、密码处理、数据加解密、安全认证等）在安全世界执行，其余操作（如用户操作系统、各种应用程序等）在普通世界执行，安全世界与普通世界的转换通过监控模式进行，如图 8.15 所示。

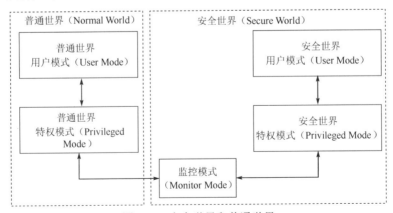

图 8.15　安全世界和普通世界

TrustZone 系统架构如图 8.16 所示。其中 REE 表示用户操作环境，可以运行各种应用，如电视机或手机的用户操作系统；TEE 表示系统的安全环境，运行可信操作系统，在此基础上执行可信任应用，包括身份验证、授权管理、DRM 认证等，这部分隐藏在用户界面背后，独立于用户操作环境，为用户操作环境提供安全服务。硬件级别的隔离和保护机制确保了即便普通世界中运行的用户操作系统获取了根权限，也无法访问安全世界中的资源。

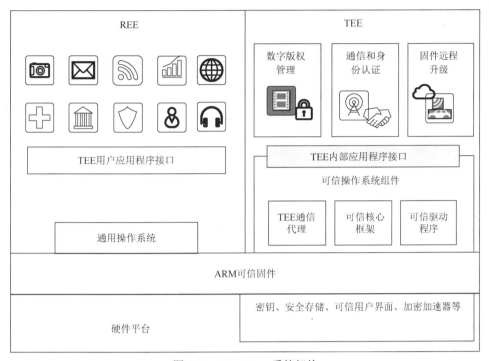

图 8.16　TrustZone 系统架构

ARMv8-A 架构中首次引入了异常等级（Exception Level，EL）概念，每个 EL 代表了不同的特权级别，共分为 4 级，分别是 EL0、EL1、EL2、EL3；每级特权不一样，其特权大小 EL0<EL1<EL2<EL3，如图 8.17 所示。

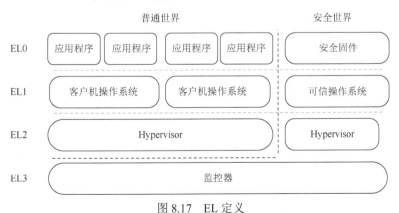

图 8.17　EL 定义

- EL0：用户空间，在普通世界中运行的应用程序，在安全世界中就是可信应用程序（Trust Application，TA）。

- EL1：操作系统，位于普通世界中，如 Linux 操作系统或 Windows CE 操作系统，在安全世界中就是可信操作系统，如 QSEE、OP-TEE 等。
- EL2：ARM 为了支持虚拟化而设计的 Hypervisor 层，只能在普通世界中使用；ARMv8.4-A 架构开始引入 Secure EL2 扩展，在安全世界中增加了对虚拟化的支持，可以在非安全状态下执行虚拟化功能而进入安全状态。
- EL3：监控器用于普通世界与安全世界的切换。当普通世界想访问安全世界时，需要首先发送 SMC 指令进入监控器层，然后进入安全世界。

ARM 一直将隔离机制作为 TEE 的一个基础安全功能，隔离可以是 CPU 上的隔离，也可以是安全区域内部的隔离。ARM 设计的 TrustZone 隔离机制及 ATF（ARM Trusted Firmware）实现，加上 TEE OS，共同构成了 TEE 的丰富内容。TrustZone 隔离机制设计如图 8.18 所示。

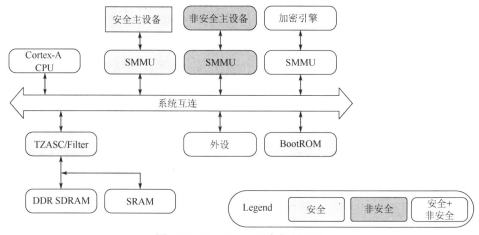

图 8.18　TrustZone 隔离机制设计

8.2.1　处理器的安全设计

处理器的安全设计模型包括处理器模型、内存模型和中断模型。

1．处理器模型

ARMv7 架构和 ARMv8 架构都将每个物理核虚拟为两个核：安全核（Secure Core），运行安全世界的代码；非安全核（Non-secure Core，NS Core），运行普通世界的代码，二者由安全配置寄存器（Secure Configuration Register，SCR）的最低位 NS 来区分，上电后都默认为安全模式（Secure Mode）。两个虚拟核采用时间片机制轮流运行在同一物理核上，通过监控模式在安全世界和普通世界之间切换。

在图 8.19 中，处理器簇内含 4 个物理核，每个物理核又分为两个虚拟核：安全核和非安全核。

2．内存模型

在安全和非安全模式下，处理器核对中断处理、MMU/缓存访问、定时器、调试（Debug）等都做了相应的安全扩展。

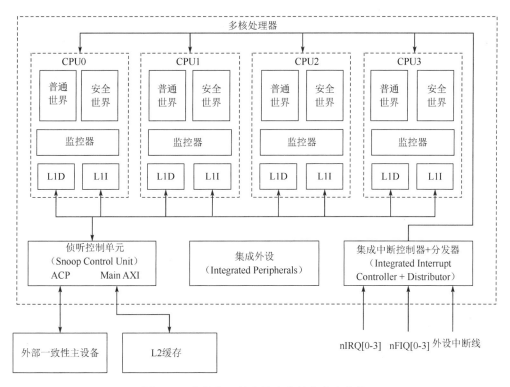

图 8.19 多核处理器上的安全核和非安全核

（1）MMU。

MMU 是负责处理 CPU 的内存访问请求的计算机硬件，其功能包括从虚拟地址到物理地址的转换、内存保护、CPU 高速缓存的控制。

当 CPU 发出一个虚拟地址时，该地址被送到 MMU，与 TLB 中的所有条目同时（并行地）进行比较，如果其虚页号在 TLB 中，并且访问没有违反保护位，那么页面会直接从 TLB 中取出而不再访问页表，从而提高了地址转换效率。

安全世界和普通世界都有自身的虚拟 MMU，各自管理物理地址的映射，但 TLB 缓存只有一套硬件，为两个世界所共享。通过 NS 位来标识所属世界，从而避免在两个世界间进行切换时重新刷新 TLB。

（2）缓存。

在硬件上，两个世界共享一套缓存，具体的缓存数据所属世界由其 NS 位指定，在不同世界间切换不需要刷新。这种设计既确保了缓存数据的一致性，又保证了不同世界对缓存数据的访问控制。

3. 中断模型

基于 TrustZone 的处理器有三套异常向量表，分别用于普通世界、安全世界和监控模式，它们的基地址在运行时可以通过特定寄存器进行修改。

在默认情况下，IRQ 和 FIQ 异常发生后，系统直接进入监控模式，由于 IRQ 是绝大多数环境下常见的中断源，因此 ARM 建议将 IRQ 配置成普通世界的中断源，FIQ 则作为安全世界的中断源。当处理器运行在普通世界时，IRQ 直接进入普通世界的处理函数；如果处理器运行在安全世界，那么当 IRQ 发生时，会首先进入监控模式，然后跳到普通世界的 IRQ 处理函数执行，如图 8.20 所示。

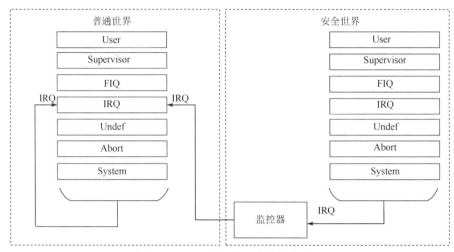

图 8.20　IRQ 作为普通世界的中断源

支持 Trustzone 的中断控制器，如 GIC-400 和 GIC-500 等，能够区分安全中断（Secure Interrupt）和非安全中断（Non-secure Interrupt），以实现对中断处理的隔离。

基于 TrustZone 的系统有三种状态，安全世界、普通世界和用于二者切换的监控模式。安全世界和普通世界不存在直接切换，所有切换操作都通过监控模式来执行。

尽管 TrustZone 相当成熟，已经广泛应用于 ARM Cortex-A 系列处理器上，但并非所有的 ARM Cortex-M 微控制器都能够支持 TrustZone。由于一般通用型微控制器都基于 M0、M3 或 M4 内核，故享受不到 TrustZone 带来的安全保障。此外，还存在一些总线主设备是 Non-TrustZone Aware 的，如 GPU 和 DMA 等，它们访问总线时无法提供安全信息或每次都提供同样的安全信息，对此需要采取的措施：给设备固定的访问地址；为主设备访问添加安全信息逻辑单元；对于一个可信主设备，可利用 SMMU。

8.2.2　总线隔离机制

作为 TrustZone 的基础架构设施，AMBA3 AXI（AMBA3 Advanced eXtensible Interface）总线提供了安全世界和普通世界的隔离机制，确保非安全核只能访问普通世界的系统资源，而安全核能访问所有资源，因此安全世界的资源不会被普通世界访问。

1. AXI 系统总线

针对 TrustZone，AMBA3 AXI 总线进行了扩展设计，为每一个信道的读写操作都增加了一个额外的控制信号位，即 NS（Non-Secure，非安全）位，分别为 ARPORT[1] 和 AWPORT[1]。

- ARPROT[1]：用于读操作（Read Transaction），低表示安全，高表示非安全。
- AWPROT[1]：用于写操作（Write Transaction），低表示安全，高表示非安全。

当设备向总线提出读写请求时，必须将此控制信号发送到总线上。当主设备处于非安全状态发起读写请求时，NS 位必须置为高电平；当主设备处于安全状态发起读写请求时，NS 位必须置为低电平。总线或从设备会对 NS 位加以辨识，以确保主设备发起的操作在安全上没有违规，防止非安全程序/设备读写安全设备。普通世界的主设备尝试访问安全世界的从设备会引发访问错误，也就是说，对普通世界主设备发出的地址信号进行解码时在安全世界中找不到对应的从设备，从而导致操作失败。

NS 位可以看作原有地址的扩展位，对于原有的 32 位寻址，增加 NS 位后可以看作 33 位寻址，其中一半的 32 位物理寻址位于安全世界，另一半的 32 位物理寻址则位于普通世界。

2．AXI-to-APB 桥

APB 总线上不存在类似 AXI 总线上的 NS 位。为了兼容既有设计，AMBA3 规范中包含了 AXI-to-APB 桥，以确保基于 AMBA2 APB 的外设与 AMBA3 AXI 的系统兼容。AXI-to-APB 桥负责管理 APB 总线设备的安全事宜，保证不合理的安全请求不会被转发到相应的外设（包括中断控制器、定时器等），如图 8.21 所示。老一代芯片的设计可以通过增加 AXI-to-APB 桥而使其外设支持 TrustZone。

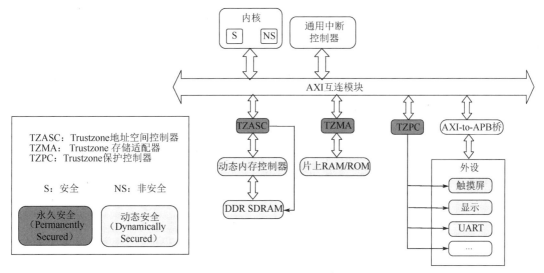

图 8.21　AXI-to-APB 桥

8.2.3　内存和外设隔离机制

1．内存隔离机制

片上 ROM 和 SRAM，以及外部 DDR SDRAM 的隔离和保护通过总线组件 TZASC 和 TZMA 的配置来实现。

（1）TZASC。

TZASC（TrustZone Address Space Controller，TrustZone 地址空间控制器）通常放置在处理器与 DDR SDRAM 控制器之间，将外部 DDR SDRAM 分成多个区域，每个区域可以单独配置为安全或非安全区域，普通世界的代码和应用只能访问非安全区域，如图 8.22 所示。TZASC 只能用于内存设备，不适合配置块设备，如 Nand Flash。

现在一般使用 TZC-400，也可以自行设计类似的存储保护单元（Memory Protection Unit），或者集成在 DDR SDRAM 控制器（DMC）内部。只有安全访问可以配置 TZASC 的寄存器，如 TZC-400 可以支持 9 个区域的配置。

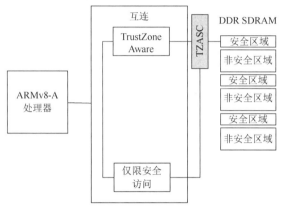

图 8.22　TZASC 示意图

（2）TZMA。

TZMA（TrustZone Memory Adapter，TrustZone 存储适配器）可以将片上 ROM 和 SRAM 隔离出安全和非安全区域。最大可以将片上存储的低 2MB 配置为安全区域，其余部分则配置为非安全区域。可以在芯片出厂前设置固定大小的片上安全区域，也可运行 TZPC（TrustZone Protection Controller，TrustZone 保护控制器）实现动态配置。TZMA 在使用上有些限制，不适用于外部内存划分，而且只能配置一个安全区域。

（3）互连。

互连实现内存隔离如图 8.23 所示。主设备告知访问权限，由互连执行内存系统权限检查，以决定是否允许访问。例如，NIC-400 可以设置如下属性：安全意味着安全访问可以通过，总线对非安全访问产生异常，因此非安全访问不会抵达设备；非安全意味着非安全访问可以通过，总线对安全访问产生异常，因此安全访问不会抵达设备；启动配置是指系统初始化时可以配置设备为安全或非安全，默认为安全；TrustZone 兼容是指总线允许所有访问通过，连接的设备自身负责隔离。

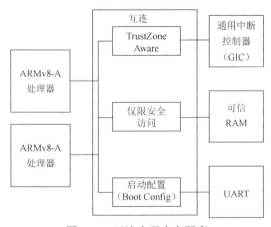

图 8.23　互连实现内存隔离

2. 外设隔离机制

APB 总线没有与 TrustZone 安全相关的控制信号，需要由 AXI-to-APB 桥来负责，桥上的 DECPROT 信号输入用于配置外设的安全或非安全属性，该信号可以在 SoC 设计时静态配置，也可以通过对 TZPC 进行编程而在程序运行时动态配置。例如，将某外设配置成安全属性后，处理器发起的非安全访问将会被拒绝，而非法访问将会返回错误给 AXI 总线。

图 8.24 中支持 TrustZone 的 ARM 核通过 AXI 互连与 TZMA、SRAM 和 AXI-to-APB 桥相连，其中 AXI-to-APB 桥上连接了 4 个外设，其中 TZPC 永远配置为安全外设，其配置只能由处理器在安全模式下实现，即只有可信操作系统才能配置 TZPC；定时器和 RTC（实时计数器）为非安全外设；而 KMI（Keyboard and Mouse Interface，键盘和鼠标接口）是否为安全外设可由软件配置，即可以在运行时动态配置。例如，键盘平时可以作为非安全的输入设备，在输入密码时可以配置为安全设备。

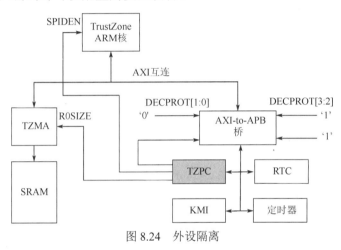

图 8.24 外设隔离

TZPC 还可以连接到片上的 ROM/RAM 设备上，用于配置片上存储器的安全区域。如果外设需要访问 DRAM 或 SRAM 的安全区域，则可通过 TZPC 实现对外设的安全属性控制。

8.3 RISC-V 安全扩展

RISC-V 技术提供了两种具备安全扩展能力的属性：物理内存保护（PMP）和机器模式。

8.3.1 处理器的安全设计

RISC-V 架构定义了 4 种工作模式：机器模式（Machine，M 模式）、管理模式（Supervisor，S 模式）、用户模式（User，U 模式）和监控模式（Hypervisor，H 模式）。通常设计时仅考虑前 3 种模式，其中机器模式为必选模式，管理模式和用户模式为可选模式。通过不同的模式组合可以实现不同的系统。RISC-V 处理器整体运行在 REE 中，如图 8.25 所示。

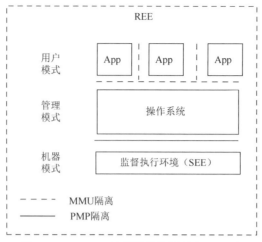

图 8.25　RISC-V 处理器整体运行在 REE 中

8.3.2　隔离机制

ARM 架构和 RISC-V 架构的安全理念都是基于隔离机制的，但 ARM 架构在实现硬件安全时会将两个域硬编码到硬件中，RISC-V 架构则由软件定义域，通过硬件来强化。

RISC-V 架构支持几种不同的内存地址管理机制，包括物理地址和虚拟地址的管理机制，这使 RISC-V 架构能够支持各种系统，从简单的嵌入式系统（直接操作物理地址）到复杂的操作系统（直接操作虚拟地址）。

基于 RISC-V 架构的 SoC 安全系统如图 8.26 所示。

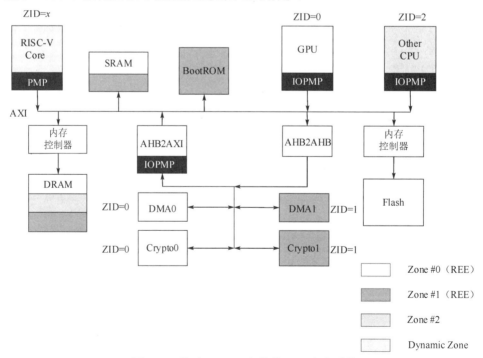

图 8.26　基于 RISC-V 架构的 SoC 安全系统

1．物理内存保护

RISC-V 架构提供了一种物理内存保护（Physical Memory Protection，PMP）机制，用于保护 RISC-V 处理器在不同特权模式下对内存和 MMIO（内存映射 I/O）的访问。PMP 机制将处理器的访问空间划分成任意大小的物理内存区域，不同的区域可以授予不同的访问权限；只有机器模式才有权限配置 PMP，将多个监督模式的环境相互隔离，管理多个监督模式环境的执行，并能拦截来自任何监督/用户模式环境的中断和异常。

图 8.27 所示为一个典型的多区域 PMP 配置图，其中 SHM 区域是允许共同访问的共享内存区域。当硬件线程从一个区域切换到另一个区域时，PMP 配置需要同时切换。机器模式可信固件需要首先保存当前区域的 PMP 配置，然后载入下一个即将切换的区域的 PMP 配置，完成对内存和 MMIO 访问权限的切换。当多个区域需要共享内存时，可以将需要共同访问的内存区域的访问权限同时授予多个区域，也就是将该块内存的允许访问权限分别写到每个区域的 PMP 配置表中，该表会在区域切换时由可信固件进行更新。

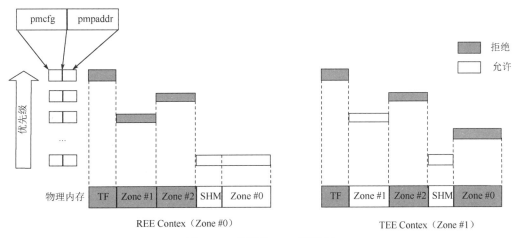

图 8.27 多区域 PMP 配置图

2．IOPMP

总线上的其他主设备同样需要对内存访问进行保护。IOPMP 可以像 PMP 一样定义访问权限，检查从总线或主设备过来的读、写请求是否符合权限访问规则，只有合法的读、写请求才能进一步传输到目标设备上。通常有以下三种方法来集成 IOPMP。

（1）请求端连接 IOPMP。

在主设备和系统互连模块之间增加一个 IOPMP，类似 RISC-V 的 PMP。不同的主设备需要分别连接各自的 IOPMP，多个 IOPMP 之间则互相独立，如图 8.28 所示。此设计简单、灵活，但 IOPMP 不能在主设备之间共享。

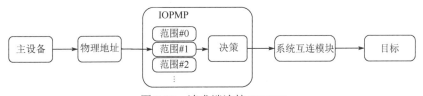

图 8.28 请求端连接 IOPMP

（2）目标端连接 IOPMP。

目标端前增设 IOPMP，以对不同主设备发来的传输进行区分，因此每个主设备的访问请求都要附带额外的主设备 ID，如图 8.29 所示。

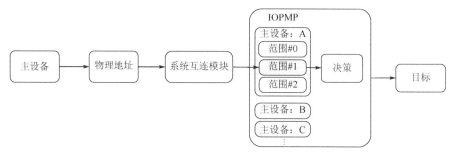

图 8.29　目标端连接 IOPMP

（3）请求端和目标端级联 IOPMP。

在复杂 SoC 系统中，往往存在请求端和目标端都使用 IOPMP 的情况。典型场景就是 RISC-V 内核自身带有 PMP，不需要目标端的 IOPMP 对其访问进行过滤，通常在 IOPMP 的表项中取消对 CPU 的访问约束，但这样会占用 IOPMP 表项，影响效率。为了提高 IOPMP 级联的访问效率，IOPMP 需要提供一种机制来直通部分主设备，如提供可配置的以直通模式访问的主设备列表。

小结

- 芯片内置的安全技术，旨在为用户提供可信赖的基础，实现安全传输、安全执行、安全存储等业务需求。
- 可信执行环境是一种基于硬件和操作系统的安全架构，通过时分复用处理器或划分部分内存地址作为安全空间，构建出与外部隔离的安全计算环境，用于部署计算逻辑和处理敏感数据。
- 硬件信任根是 SoC 最安全的实现方式，可使硬件免受恶意软件攻击，涉及密钥管理和安全启动两个部分。
- 数字签名是指通过一些密码算法对数据进行签名以保护源数据，包括密钥生成、加密和解密、签名和验证。
- 密钥一般存储于非易失性存储器。物理不可克隆函数电路是一种依赖芯片特征的硬件函数实现电路，具有唯一性和随机性，通过提取芯片制造过程中必然引入的工艺参数偏差，实现激励信号与响应信号唯一对应的函数功能。
- 安全启动信任链的底层是芯片的 BootROM 及 OTP，安全启动将防止设备在启动过程中加载并运行未经授权应用。启动程序通过签名公钥验证软件的数字签名，确保软件的完整性和可信性。
- ARM 和 RISC-V 的安全架构都是基于隔离机制的，涉及处理器、总线、存储器和外设。

反侵权盗版声明

电子工业出版社依法对本作品享有专有出版权。任何未经权利人书面许可，复制、销售或通过信息网络传播本作品的行为；歪曲、篡改、剽窃本作品的行为，均违反《中华人民共和国著作权法》，其行为人应承担相应的民事责任和行政责任，构成犯罪的，将被依法追究刑事责任。

为了维护市场秩序，保护权利人的合法权益，我社将依法查处和打击侵权盗版的单位和个人。欢迎社会各界人士积极举报侵权盗版行为，本社将奖励举报有功人员，并保证举报人的信息不被泄露。

举报电话：（010）88254396；（010）88258888

传　　真：（010）88254397

E-m a i l：dbqq@phei.com.cn

通信地址：北京市万寿路 173 信箱
　　　　　电子工业出版社总编办公室

邮　　编：100036